应用型本科电气工程及自动化专业系列教材
天津市一流本科建设课程配套教材
天津市课程思政示范课程配套教材

U0169801

电力电子应用技术

刘艺柱　包西平　主编

西安电子科技大学出版社

内 容 简 介

本书遵循"器件—经典电路—应用中共性问题—仿真验证"的思路编写,系统性地介绍了电力二极管、普通晶闸管、双向晶闸管、电力晶体管、电力场效应晶体管和绝缘栅双极型晶体管等电力电子器件的结构、原理、特性和参数,重点讲解了整流电路、变换电路、隔离型与非隔离型直流斩波电路和逆变电路的电路组成、工作原理、分析方法、相关物理量的计算和典型应用案例,以及各种控制电路的电路结构与工作原理,强调了器件驱动电路的设计及应用中共性问题的解决方案。书中的经典电路配有PSIM仿真实验,便于读者自主学习。

本书可作为应用型本科和本科层次职业教育电气工程类、自动化类、机电类等相关专业的教学用书,也可供从事电力电子技术和相关研究的工程技术人员学习参考。

图书在版编目(CIP)数据

电力电子应用技术 / 刘艺柱,包西平主编. —西安:
西安电子科技大学出版社,2021.6(2021.12 重印)
ISBN 978 - 7 - 5606 - 6100 - 1

Ⅰ. ①电… Ⅱ. ①刘… ②包… Ⅲ. ①电力电子技术—研究 Ⅳ. ①TM1

中国版本图书馆 CIP 数据核字(2021)第 139203 号

策划编辑　明政珠
责任编辑　阎　彬　王　瑛
出版发行　西安电子科技大学出版社(西安市太白南路 2 号)
电　　话　(029)88202421　88201467　　邮　　编　710071
网　　址　www.xduph.com　　　　　　　　电子邮箱　xdupfxb001@163.com
经　　销　新华书店
印刷单位　陕西天意印务有限责任公司
版　　次　2021 年 6 月第 1 版　2021 年 12 月第 2 次印刷
开　　本　787 毫米×1092 毫米　1/16　印张　20
字　　数　475 千字
印　　数　501~3500 册
定　　价　51.00 元
ISBN 978 - 7 - 5606 - 6100 - 1 / TM

XDUP 6402001 - 2

* * * 如有印装问题可调换 * * *

前　言

2019 年初，国务院印发《国家职业教育改革实施方案》（以下简称《方案》），提出了深化职业教育改革的路线图、时间表、任务书，明确了今后 5 年的工作重点，为实现 2035 年中长期目标以及 2050 年远景目标奠定重要基础。《方案》第一句话即指出"职业教育与普通教育是两种不同教育类型，具有同等重要地位"，明确了职业教育在整个教育体系中的重要性。本书就是为解决应用型本科，尤其是本科层次职业教育电力电子技术教材较为缺乏的问题而编写的。

电力电子技术是在电力、电子与控制技术基础上发展起来的一门新兴交叉学科，主要涉及利用电力电子器件进行电能变换和控制的技术。电能作为目前使用最方便、最清洁的能源，在推动社会进步、促进科学发展和提高人民生活水平方面发挥着极为重要的作用。近 20 年来，电力电子技术已经渗透到国民经济的各个领域，并取得了迅速的发展，未来更多的电能将通过电力电子技术处理后再加以利用。目前，电力电子技术已在高铁动车、新能源汽车、光伏风电、交直流传动、智能制造、直流输电、智能电网等领域获得了极为广泛的应用，并在未来发展中进一步拓展和延伸。电力电子技术作为电气工程类、自动化类、机电类相关专业的一门重要的专业基础课，主要讲述电力电子器件、电力电子电路及变流技术的基本理论、基本概念和基本分析方法，为之后学习其他课程打下良好的基础。

本书结合电气工程类、自动化类、机电类等相关专业的教学要求，以及本科层次职业教育对实践能力的培养要求，立足于应用型人才培养，在编写上以帮助学生建立系统思维、梳理知识脉络、掌握电路分析方法为本，注重培养学生分析电路的能力，引导学生应用电力电子技术解决工程实际问题。

本书内容在编写上具有以下特点。

（1）具有"注重工程应用，适用范围广，学时适中"的特点。

（2）压缩了传统晶闸管及整流电路的内容，加大了全控型器件、直流变换电路、脉宽调制技术、PWM 整流技术、软开关技术等新知识的介绍，补充了变频器、伺服驱动器、开关电源、无线传能等装置应用技术的讲解。

（3）体例设计层次清晰。本书以电力电子器件发展史为"干"，以器件组成的经典电路为"枝"，以电路具体应用的工程案例为"叶"，注重实例讲解、例题解析，紧密围绕电力电子器件及电力变换技术，将器件、电路与应用有机结合在一起。

（4）本书专门安排了典型电力电子电路的 PSIM 仿真。仿真调试可以验证设计方案的可行性，提升学生的创新实践能力，在保障实验过程中的安全、减少元器件损耗方面有着积极的作用。

全书共分五章，各章内容相对独立，可进行适当的选择和组合。每章都以电力电子器件为基础，以各种电力变换电路为重点，分析各种电路的结构、工作原理和数量关系，以及配套应用该技术的工程案例。本书建议用 56～64 学时来学习，可根据具体情况适当调整教学内容。

本书由天津中德应用技术大学刘艺柱、徐州工业职业技术学院包西平主编。具体编写分工是：徐州工业职业技术学院王毅编写了第 1 章，包西平编写了第 2 章，刘艺柱编写了第 3、4、5 章。本书在编写过程中得到了天津中德应用技术大学领导和同事以及西安电子科技大学出版社的大力支持，在此表示衷心的感谢！本书的编写参考了很多同类教材，一部分在参考文献中列出，但还有很多不能一一列出，在此谨向这些书刊资料的作者表示衷心的感谢！天津中德应用技术大学 17 级自动化 04 班冯华同学参与了仿真验证等工作，在此表示感谢！

本书是 2019 年天津市线下一流本科课程建设项目"电力电子应用技术"的配套教材，也是 2021 年天津市高校课程思政示范课程"电力电子技术"的配套教材。

本书在本次重印的过程中增加了立体资源，包括同步思考题的解析视频、实验仿真视频、重难点知识的讲解视频等，这些视频资源可通过扫书中的二维码获得。另外，本书还提供了一些国际化资源的增值知识服务，可登录西安电子科技大学出版社官方网站（www.xduph.com）搜索本书获得国际化资源知识。

由于作者水平有限，书中难免存在不妥之处，敬请广大读者批评、指正。

作者 E-mail：luoyangpeony@sina.com。

刘艺柱

2021 年 3 月于天津海河教育园

目　　录

第 1 章　电力二极管和晶闸管及其应用

课程思政

知识脉络图

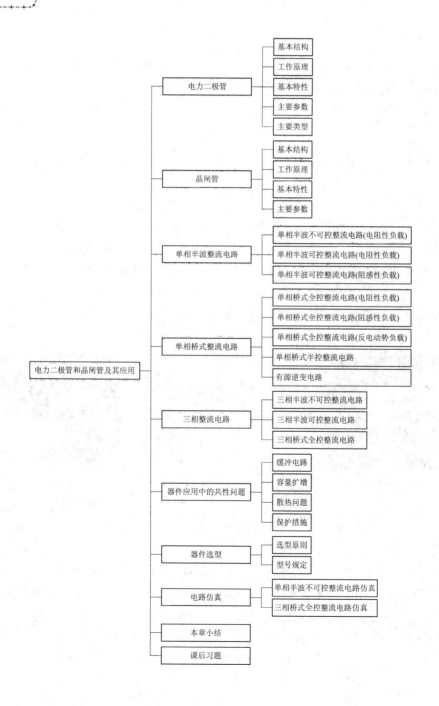

1.1　电力二极管

　　电力二极管是电力电子器件中结构最简单、应用最多的一种器件。20世纪 50 年代初，由电力二极管组成的半导体整流器取代了水银整流器，并获得了广泛应用。电力二极管作为不可控整流电路的核心器件，有普通型、快恢复型和肖特基型等多种类型供选择使用。

1.1.1　基本结构

　　电力二极管的基本结构与信息电子电路中的二极管相似，都是以半导体 PN 结为基础的单向导电器件，不同的是电力二极管是由一个面积较大的 PN 结和两端引线以及封装组成的。电力二极管的结构和电气图形符号如图 1-1 所示，在 PN 结的 P 区引出的电极称为阳极 A，在 N 区引出的电极称为阴极 K。

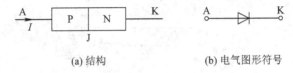

(a) 结构　　　　　　　　　　(b) 电气图形符号

图 1-1　电力二极管的结构和电气图形符号

　　从外形上看，电力二极管有螺栓式、平板式、模块式等多种封装形式。由于电力二极管的电流等级与 PN 结的面积成正比，因此 200 A 以下的器件多采用螺栓式封装，如图 1-2(a)所示，这种二极管安装方便；200 A 以上则多采用平板式封装，如图 1-2(b)所示；若将几个电力二极管组装在一起(以方便用户使用)，则构成模块式封装形式，如图 1-2(c)所示。

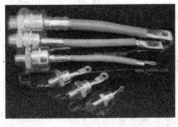  

(a) 螺栓式　　　　　　　　　　(b) 平板式　　　　　　　　　　(c) 模块式

图 1-2　电力二极管的外形

1.1.2　工作原理

　　N 型半导体和 P 型半导体结合后构成了 PN 结，如图 1-3(a)所示。N 型半导体内电子浓度大，P 型半导体内空穴浓度大。由于浓度差的存在，P 区的空穴必然向 N 区扩散，与此同时，N 区的自由电子也必然向 P 区扩散，扩散到 P 区的自由电子与空穴复合，扩散到 N 区的空穴与自由电子复合。在交界面附近多子的浓度下降，P 区出现负电荷区，N 区出现正电荷区，从而形成内电场，其方向由 N 区指向 P 区。内电场阻止了载流子扩散运动的进行，又称为空间电荷区,如图 1-3(b)所示。

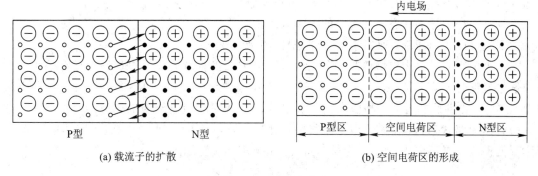

(a) 载流子的扩散　　　　　　　　　　　　　(b) 空间电荷区的形成

图 1-3　PN 结的形成

当 PN 结外加正向电压(正向偏置)时,外加电场与 PN 结的内电场方向相反,空间电荷区变窄,外电路形成自 P 区流入而从 N 区流出的电流,称为正向电流。正向偏置下的 PN 结如图 1-4(a)所示。当外加电压升高时,内电场将进一步被削弱,扩散电流进一步增加,此时 PN 结表现为低阻态,称为正向导通状态。当 PN 结外加反向电压(反向偏置)时,外加电场与 PN 结内电场方向相同,空间电荷区变宽,外电路形成自 N 区流入而从 P 区流出的电流,称为反向电流。反向偏置下的 PN 结如图 1-4(b)所示。反向电流一般仅为微安级,此时 PN 结表现为高阻态,称为反向截止状态。以上分析说明 PN 结具有单向导电性。

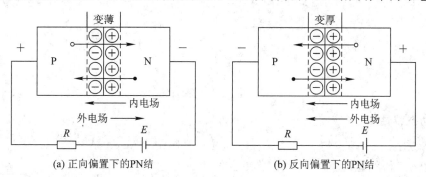

(a) 正向偏置下的PN结　　　　　　　　　　(b) 反向偏置下的PN结

图 1-4　不同偏置下的 PN 结

必须注意,在外加电压的作用下,PN 结的空间电荷区可以看成一个平板电容器,电荷量随外加电压的变化而变化,呈现电容效应,称为结电容 C_J,又称为微分电容。结电容按其产生机制和作用的差别可分为势垒电容 C_B 和扩散电容 C_D。势垒电容只在外加电压变化时才起作用,外加电压频率越高,势垒电容作用越明显。结电容影响 PN 结的工作频率,特别是在高速开关的状态下,可能使其单向导电性变差,甚至不能工作,应用时要加以注意。

1.1.3　基本特性

电力二极管的基本特性包括静态特性和动态特性。

1. 静态特性

电力二极管的静态特性主要是指伏安特性,即电力二极管 A、K 两极之间所加电压 U 与流过电流 I 之间的关系,如图 1-5 所示,特性曲线位于第 I 象限和第 III 象限。

第Ⅰ象限对应电力二极管正向偏置时。当电力二极管承受的正向电压 $U \leqslant U_{TO}$（门槛电压）时，电流 $I \approx 0$，称为二极管的死区。当正向电压 $U > U_{TO}$ 时，正向电流明显增加，电力二极管进入稳定导通状态，电流 I 的大小取决于电路负载。与正向电流 I_F 对应的 U_F 称为电力二极管的正向压降，取决于器件的材料、生产工艺。

第Ⅲ象限对应电力二极管反向偏置时。当电力二极管承受反向电压时，只有很小的反向漏电流流过，呈现高阻态；当电压超过 U_{RO}（反向击穿电压）时，PN 结反向击穿，漏电流急剧增大。击穿后的电力二极管若为开路状态，则器件两端电压为电源电压；若击穿后的二极管为短路状态，则器件两端电压很小，电流较大，如图 1-5 中虚线所示。图中，U_{RSM} 为反向不重复峰值电压；U_{RRM} 为反向重复峰值电压。

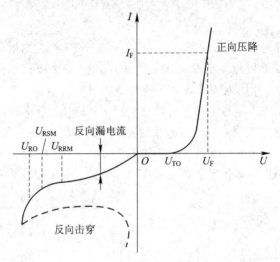

图 1-5　电力二极管的伏安特性

2. 动态特性

因为结电容的存在，电力二极管在零偏置、正向偏置和反向偏置这三种状态之间转换时，必然会经历一个过渡过程。在这个过程中，电压 U 与流过电流 I 之间的关系是随着时间变化的，不能用前面的伏安特性来描述，这就是电力二极管的动态特性，又称开关特性。

电力二极管开通（由零偏置转换为正向偏置）时的动态过程波形如图 1-6 所示。由于外电路中电感的存在，电力二极管正向导通时，其正向压降先出现一个过冲电压 U_{FP}，然后经过一段时间接近稳态值 U_F。这一动态过程时间称为正向恢复时间 t_{fr}。

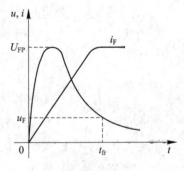

图 1-6　电力二极管的开通特性

电力二极管关断（由正向偏置转换为反向偏置）时的动态过程波形如图 1-7 所示。外加电压突然反向时，处于正向导通状态的电力二极管并不能立即关断，而是需经过一段短暂的时间后才能重新获得反向阻断能力，进入截止状态。这一动态过程时间称为反向恢复时间 t_{rr}。器件关断之前有较大的反向电流出现，并伴随明显的反向电压过冲。图 1-7 中，

t_d 为延迟时间，t_f 为电流下降时间，I_{RP} 为反向电流最大值，U_{RP} 为反向过冲电压，U_R 为反向电压。

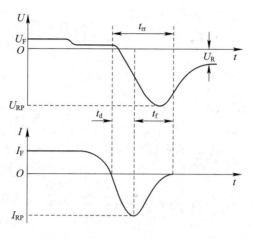

图 1-7　电力二极管的关断特性

电力二极管的动态特性影响了器件的开关速度，限制了器件的工作频率。1 kHz 以下的整流电路对器件的开关速度要求不高，但在高频电力电子电路中，必须考虑器件的动态特性和动态参数的影响，选用恢复时间短的器件。

1.1.4　主要参数

器件参数是定量描述器件性能和安全工作范围的重要数据，是合理选择和正确使用器件的依据。参数一般从产品手册中查到，也可以通过直接测量得到。

电力二极管的主要参数包括：

(1) 正向通态平均电流。

正向通态平均电流是指电力二极管长期运行时，在指定的管壳温度（简称壳温）和散热条件下，其允许流过的最大工频正弦半波电流的平均值，以 $I_{F(AV)}$ 表示。在此电流下，电力二极管的正向压降引起的损耗造成的 PN 结结温（升高）不会超过所允许的最高工作结温。在有关电力二极管参数手册上给出的标称额定电流就是对正向通态平均电流 $I_{F(AV)}$ 值取规定系列的电流等级而得到的。

(2) 反向重复峰值电压。

反向重复峰值电压是指对电力二极管所能重复施加的反向最高峰值电压，以 U_{RRM} 表示。在有关电力二极管参数手册上给出的标称额定电压就是对反向重复峰值电压 U_{RRM} 值取规定系列的电压等级而得到的。

(3) 正向压降。

正向压降是指电力二极管在规定环境温度和标准散热条件下，流过某一指定的稳态正向电流时对应的正向压降，简称管压降，以 U_F 表示。器件的发热损耗与 U_F 直接相关。

(4) 最高工作结温。

结温是指电力二极管管芯 PN 结的平均温度，以 T_j 表示。最高工作结温是指在器件 PN 结不致损坏的前提下所能承受的最高平均温度，以 T_{JM} 表示。T_{JM} 通常在 125～175℃ 范围内。

1.1.5　主要类型

电力二极管按照正向压降、反向耐压和反向漏电流等性能，特别是反向恢复特性的不同，分为以下三类。

1. 整流二极管

整流二极管又称普通二极管，其特点是：漏电流小，反向恢复时间较长（几十微秒）。其正向压降典型值为 1.0～1.8 V，额定电流和额定电压分别可达数千安和数千伏以上，多用于开关频率要求不高（1 kHz 以下）的牵引、充电、电镀等装置的整流电路中。

2. 快恢复二极管

反向恢复时间在 5 μs 以下的二极管称为快恢复二极管，简称快速二极管。其正向压降典型值一般在 0.9 V 左右，反向耐压值在 1200 V 以下，多用于斩波、逆变等电路中。快恢复二极管从性能上可分为快速恢复和超快速恢复两个等级。前者反向恢复时间在 100 ns 以上；后者则在 100 ns 以下，甚至达到 20～30 ns。

3. 肖特基二极管

肖特基二极管（Schottky Barrier Diode，SBD）在信息电子电路中早就得到了应用，但直到 20 世纪 80 年代，才在高频低压开关电路、高频低压整流电路中被广泛应用。肖特基二极管的优点在于：反向恢复时间很短（10～40 ns）；正向压降典型值为 0.4～0.6 V，明显低于快恢复二极管。因此，肖特基二极管的损耗比快恢复二极管还要小，效率更高。肖特基二极管多用于 200 V 以下的低压场合，反向漏电流较大且对温度敏感。因此，对于肖特基二极管，必须严格限制其工作温度，且其反向稳态损耗不能忽略。

整流二极管、快恢复二极管和肖特基二极管参数对比如表 1-1 所示。

表 1-1　三种类型二极管参数对比

二极管类型		反向恢复时间	反向耐压
整流二极管		>5μs	数千伏
快恢复二极管	快速恢复二极管	>100 ns	<1200 V
	超快速恢复二极管	<100 ns	—
肖特基二极管		10～40 ns	<200 V

1.2　晶　闸　管

电力二极管被应用后不久，1956 年美国贝尔实验室发明了晶闸管。1957 年美国通用电气公司开发出了第一只晶闸管产品，并于 1958 年商业化，这标志着电力电子技术的诞生。以晶闸管为代表的电力半导体器件的广泛应用，被称为继晶体管发明和应用之后的又一次电子技术革命。20 世纪 80 年代以来，晶闸管开始被性能更好的全控型器件取代，但由于晶闸管具有体积小、效率高、操作简单和寿命长等特点，并且能承受的电压和电流容量高，工作可靠，因此它在大容量电力应用场合仍具有重要地位。

　　晶闸管全称为晶体闸流管（Thyristor），也称为晶闸管整流器（Silicon Controlled Rectifier，SCR）。晶闸管这个名称往往专指晶闸管的基本类型——普通晶闸管，其实晶闸管有许多类型的派生器件，如快速晶闸管（Fast Switching Thyristor，FST）、双向晶闸管（Triode AC Switch，TRIAC 或 Bidirectional Triode Thyristor）、逆导晶闸管（Reverse Conducting Thyristor，RCT）、光控晶闸管（Light Triggered Thyristor，LTT）等。

1.2.1　基本结构

　　晶闸管内部是 PNPN 四层半导体结构，如图 1-8(a)所示，从上到下分别命名为 P_1、N_1、P_2、N_2 区，形成 $J_1(P_1N_1)$、$J_2(N_1P_2)$ 和 $J_3(P_2N_2)$ 3 个 PN 结，P_1 层、N_2 层和 P_2 层分别引出阳极 A（Anode）、阴极 K（Kathode）和门极 G（Gate），门极也称控制极。晶闸管的电气图形符号如图 1-8(b)所示。

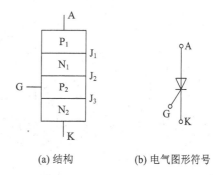

(a) 结构　　　(b) 电气图形符号

图 1-8　晶闸管的结构与电气图形符号

　　从外形上看，晶闸管有塑封式、螺栓式和平板式等多种封装形式。如图 1-9(a)所示，塑封式晶闸管的额定电流多在 10 A 以下，器件管脚定义不统一，使用时需查阅器件资料。螺栓式晶闸管的额定电流一般为 10～200 A，螺栓一端通常是阳极 A，另一侧粗引线是阴极 K，细引线是门极 G，如图 1-9(b)所示。平板式晶闸管的额定电流在 200 A 以上，器件的两面分别是阳极 A 和阴极 K，中间细长引线是门极 G，如图 1-9(c)所示。

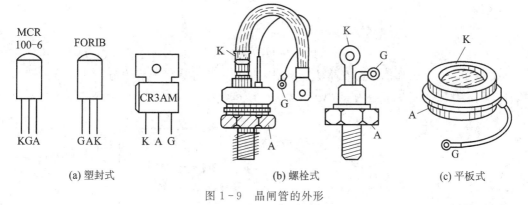

(a) 塑封式　　　　　　(b) 螺栓式　　　　　　(c) 平板式

图 1-9　晶闸管的外形

1.2.2　工作原理

器件选型与工程应用

　　为了能够直观地演示晶闸管的工作原理，下面介绍晶闸管的导通与关断实验。如图1-10(a)所示，实验主电路由晶闸管 VT、电源 E_a、白炽灯 HL 串联组成，晶闸管阳极 A 与电源正极相连，阴极 K 与电源负极相连；控制电路由电源 E_g、开关 S 和晶闸管的门极 G 组成，也称为晶闸管的触发电路。晶闸管与电源的这种连接方式称为正向连接，即晶闸管阳极 A 和门极 G 所加的都是正向电压。

　　晶闸管起始上电，控制电路中开关 S 断开时，白炽灯不亮，如图 1-10(a)所示，说明晶闸管不导通；如果此时开关 S 闭合，白炽灯点亮，如图 1-10(b)所示，说明晶闸管导通；晶闸管导通后，开关 S 断开，白炽灯依然亮，如图 1-10(c)所示，说明开关 S 不起作用了。若电源E_a反向，则无论开关 S 是否闭合，白炽灯都不会亮，如图 1-10(d)所示。通过这个实验可以说明：晶闸管导通一是需要在它的阳极 A 与阴极 K 之间加上正向电压，二是需要在它的门极 G 与阴极 K 之间输入一个正向触发电压；同时还说明，导通后的晶闸管去掉触发电压后，晶闸管继续导通，门极没有关断晶闸管的控制作用。

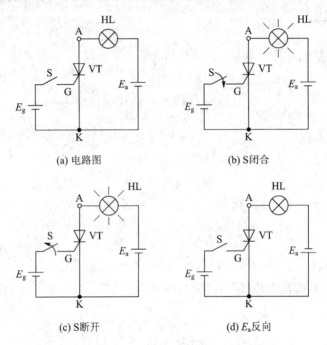

(a) 电路图　　　　　　　　　　　　　　　(b) S闭合

(c) S断开　　　　　　　　　　　　　　　(d) E_a反向

图 1-10　晶闸管的原理实验电路

　　晶闸管的工作原理也可用双晶体管模型来说明，即将晶闸管等效为互补连接的两个晶体管，上层为 PNP 管，下层为 NPN 管，如图 1-11(a)所示。晶闸管的双晶体管等效电路如

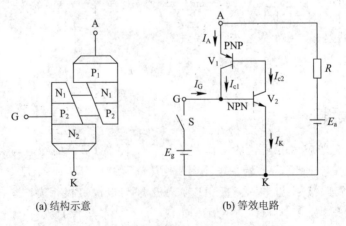

(a) 结构示意　　　　　　　　　　　　　　(b) 等效电路

图 1-11　晶闸管的双晶体管模型

图 1-11(b)所示。PNP 管的发射极电流为晶闸管的阳极电流 I_A，NPN 管的发射极电流为晶闸管的阴极电流 I_K。设图中 PNP 管和 NPN 管共基极放大系数分别为 α_1 和 α_2，在晶体管饱和导通时，有 $I_{c1}=\alpha_1 I_A$，$I_{c2}=\alpha_2 I_K$。当晶闸管阳极加正向电压，门极也加正向电压时，有电流 I_G 从门极流入 NPN 管的基极，经 NPN 管放大后，集电极电流 I_{c2} 流入 PNP 管的基极，再经 PNP 管的放大，其集电极电流 I_{c1} 又流入 NPN 管的基极，如此循环，产生强烈的增强式正反馈过程，使两个三极管很快饱和导通，从而使晶闸管由关断状态迅速变为导通状态。

晶闸管一旦导通，即使 $I_G=0$，因 I_{c1} 的电流在内部直接流入 NPN 管的基极，晶闸管仍将继续保持导通状态。晶闸管一旦导通，其门极就失去控制作用，这就是晶闸管的半控性。

若要使晶闸管关断，就需 NPN 管关断，即减小 I_{c1}，使流过晶闸管的阳极电流小于维持电流 I_H。I_{c1} 电流减小，晶闸管恢复为关断状态的有效措施是：使阳极电压降低到零或阳极加反向电压。

总结一下，晶闸管开通和关断具有以下特点：晶闸管只有同时承受正向阳极电压和正向门极电压时才能导通，二者缺一不可。晶闸管一旦稳定导通后，其门极就失去控制作用；门极控制电压只要是有一定宽度的正向脉冲电压即可，这个脉冲称为触发脉冲。要使已经导通的晶闸管关断，必须使阳极电流降低到维持电流 I_H 以下，这可以通过增加负载电阻或通过给晶闸管施加反向电压来实现。

┌─────────┐
│ 同步思考 │
└─────────┘

在晶闸管的门极通入几十毫安的小电流可以控制阳极几十、几百安培的大电流的导通，它与晶体管用较小的基极电流控制较大的集电极电流有什么不同？晶闸管能不能像晶体管一样构成放大器？

1.2.3　基本特性

晶闸管的基本特性包含静态特性和动态特性。

1. 静态特性

晶闸管的类比学习

1）晶闸管的阳极伏安特性

晶闸管的阳极伏安特性是指晶闸管阳极、阴极之间的电压 U_{AK} 和阳极电流 I_A 之间的关系，如图 1-12 所示，其中门极电流 $I_{G2}>I_{G1}>I_{G0}$。同电力二极管一样，晶闸管阳极的特性曲线也位于第 I 象限和第 III 象限。

第 I 象限为正向特性区，正向特性区又分为正向阻断状态和正向导通状态。在门极电流 $I_G=0$ 情况下，逐渐增大晶闸管的正向阳极电压 U_{AK}，这时晶闸管处于断态，只有很小的正向漏电流；随着 U_{AK} 的增加，当达到正向转折电压 U_{BO} 时，正向漏电流突然剧增，晶闸管从阻断状态突变为正向导通状态。这种在 $I_G=0$ 时；依靠增大阳极电压而强迫晶闸管导通的方式会使晶闸管损坏，通常不允许这样做！

门极电流愈大（$I_{G2}>I_{G1}>I_{G0}$），晶闸管阳极电压的转折点愈低。晶闸管正向导通状态时的伏安特性与电力二极管的正向特性相似，这里不再赘述。要使正向导通后的晶闸管恢复阻断，只有逐步减少阳极电流 I_A。当 I_A 下降到维持电流 I_H 以下时，晶闸管由正向导通状

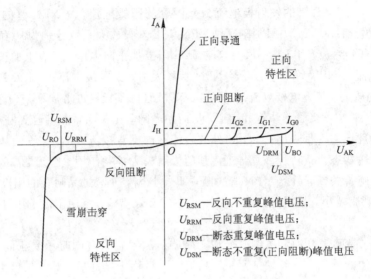

图 1 - 12　晶闸管的阳极伏安特性

态变为正向阻断状态。

第Ⅲ象限为反向特性区。晶闸管的反向特性与电力二极管相似，这里不再赘述。

2) 晶闸管的门极伏安特性

当给晶闸管门极加上一定的功率后，会引起门极附近发热。当加入过大功率时，晶闸管整个结温上升，直接影响其正常工作，甚至会使门极烧坏。所以施加于门极的电压、电流和功率是有一定限制的。

晶闸管的门极伏安特性是指晶闸管门极电压 U_G 和门极电流 I_G 之间的关系。由于晶闸管的门极伏安特性很分散，因此常以极限低阻值门极伏安特性 OD 和极限高阻值门极伏安特性 OG 之间的区域来代表同一规格器件的伏安特性，称为门极伏安特性区域，如图 1 - 13 所示。由门极正向峰值电流 I_{FGM}、允许的瞬时最大功率 P_{GM} 和正向峰值电压 U_{FGM} 划定的区

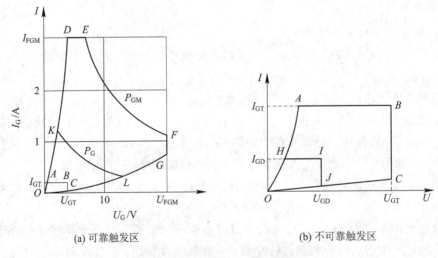

(a) 可靠触发区　　　　　　　　　　　　(b) 不可靠触发区

图 1 - 13　晶闸管的门极伏安特性

域称为可靠触发区，如图 1-13(a)所示。正常使用时门极触发电流I_G和触发电压U_G应处于该区内。此外，在可靠触发区内，门极的平均功率损耗不应超过规定的平均功率P_G，如图 1-13(a)所示曲线KL；$ABCJIHA$区为晶闸管不可靠触发区，$OHIJO$区为不触发区，如图 1-13(b)所示。

2. 动态特性

由于内部载流子的变化，晶闸管的开通和关断过程及相应的损耗如图 1-14 所示。

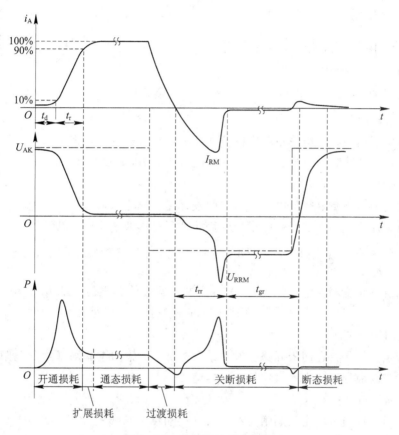

图 1-14　晶闸管的动态特性

1) 开通特性

在晶闸管门极施加触发电压，使它由阻断变成导通，阳极电流I_A要经过延迟时间t_d才开始上升，再经过上升时间t_r才达到电流的稳定值。晶闸管开通时间为

$$t_{on} = t_d + t_r \tag{1-1}$$

式中：t_d为延迟时间，即从门极电流阶跃时刻开始到阳极电流上升到稳态值的 10% 所用的时间。普通晶闸管的延迟时间t_d为 0.5～1.5 μs。延迟时间随门极电流的增大而减小。

t_r为上升时间，即阳极电流从稳态值的 10% 上升到 90% 所用的时间。普通晶闸管的上升时间t_r为 0.5～3 μs。上升时间受晶闸管本身特性的影响，还受外电路电感的影响。

2) 关断特性

晶闸管在阳极电流减小为零以后，如果立即施加正向阳极电压，即使没有门极脉冲也

会再次导通，故电路必须给晶闸管提供足够长的时间，保证晶闸管充分恢复其阻断能力，才能使它工作可靠。晶闸管的关断时间为

$$t_{off} = t_{rr} + t_{gr} \qquad (1-2)$$

式中：t_{rr} 为反向阻断恢复时间；t_{gr} 为正向阻断恢复时间。

一般普通晶闸管的 t_{off} 约为 $150 \sim 200 \ \mu s$；快速晶闸管的 t_{off} 约为 $10 \sim 50 \ \mu s$。由于晶闸管的开通时间和关断时间较长，限制了其工作频率。

1.2.4　主要参数

要正确使用晶闸管，除了要了解晶闸管的静态、动态特性外，还必须掌握晶闸管的一些主要参数。

晶闸管应用分析

1. 电压参数

（1）正向转折电压。

晶闸管的正向转折电压是指在门极开路和额定结温条件下，施加于晶闸管的正向阳极电压使器件由阻断状态变成导通状态所对应的电压峰值，以 U_{BO} 表示。

（2）断态不重复峰值电压。

晶闸管的断态不重复峰值电压是指在门极开路和额定结温条件下，施加于晶闸管的正向阳极电压增加到正向伏安特性曲线急剧弯曲处所对应的电压值，以 U_{DSM} 表示。这个电压不可长期重复施加。$U_{DSM} < U_{BO}$。

（3）断态重复（正向阻断）峰值电压。

定义断态不重复峰值电压 U_{DSM} 的 90% 为断态重复峰值电压，以 U_{DRM} 表示。"重复"表示这个电压被允许以每秒 50 次、每次持续时间不大于 10 ms 的频率施加在晶闸管上。

（4）反向转折电压。

反向转折电压是指在门极开路和额定结温条件下，施加于晶闸管的反向阳极电压使器件由阻断状态变成导通状态所对应的电压峰值，以 U_{RO} 表示。

（5）反向不重复峰值电压。

反向不重复峰值电压是指晶闸管在门极开路和额定结温条件下，施加于晶闸管的反向阳极电压增加到反向伏安特性曲线急剧弯曲处所对应的电压值，以 U_{RSM} 表示，这个电压不可长期重复施加。

（6）反向重复峰值电压。

定义反向不重复峰值电压 U_{RSM} 的 90% 为反向重复峰值电压，以 U_{RRM} 表示。

（7）额定电压。

通常取晶闸管的 U_{DRM} 和 U_{RRM} 中较小的一个，并按标准电压级别取其整数，作为晶闸管的额定电压，以 U_T 表示。如某晶闸管，测得 U_{DRM} 为 840 V，U_{RRM} 为 960 V，取小者为 840 V，查表 1-2 对应的标准电压级别为 800 V；器件铭牌上额定电压 U_T 标为 800 V，电压级别为 8 级。

如表 1-2 所示，晶闸管电压等级在 1000 V 以下时每 100 V 一个级别；在 $1000 \sim 3000$ V 之间时每 200 V 一个级别。

表 1-2　晶闸管的电压等级

级别	正，反向重复峰值电压/V	级别	正，反向重复峰值电压/V	级别	正，反向重复峰值电压/V
1	100	8	800	20	2000
2	200	9	900	22	2200
3	300	10	1000	24	2400
4	400	12	1200	26	2600
5	500	14	1400	28	2800
6	600	16	1600	30	3000
7	700	18	1800		

（8）通态平均电压。

通态平均电压是指在规定环境温度和标准散热条件下，通过晶闸管的电流为额定电流时，其阳极 A 与阴极 K 之间电压降的平均值，又称管压降，以 $U_{T(AV)}$ 表示。在晶闸管型号中，常按通态平均电压的数值进行分组，以大写英文字母 A～I 表示。通态平均电压影响器件的损耗与发热，应选用管压降小的器件。

2. 电流参数

（1）额定通态平均电流。

在环境温度为 +40℃ 和规定的冷却条件下，晶闸管在导通角不小于 170° 的电阻性负载电路中，额定结温时允许流过的最大工频正弦半波电流的平均值，称为额定通态平均电流，以 $I_{T(AV)}$ 表示。将该电流按晶闸管标准电流系列取整数值后，称为该晶闸管的额定电流。

与电力二极管一样，晶闸管也是以平均电流而非有效值电流作为它的额定电流，这是因为晶闸管较多用于可控整流电路，而整流电路往往是按电流平均值来计算的。

（2）维持电流。

晶闸管被触发导通以后，在室温和门极开路条件下，流过晶闸管的电流从较大的通态电流降到恰能保持其导通的最小阳极电流，称为维持电流，以 I_H 表示。维持电流的大小与晶闸管的结温有关，结温越高，维持电流越小，晶闸管越难关断。同一型号的晶闸管，其维持电流也各不相同，维持电流大的管子容易关断。

若要使已导通的晶闸管恢复阻断，应设法使晶闸管的阳极电流 I_A 减小到维持电流 I_H 以下，使其内部正反馈无法维持，晶闸管就会恢复阻断，这种关断方式称为自然关断。在实际工程中，还可以给晶闸管施加反向阳极电压，使其关断，这种关断方式称为强迫关断。

（3）擎住电流。

晶闸管加上触发电压后，从正向阻断状态刚转为导通状态时就去掉触发电压，在这种情况下要保持晶闸管维持导通所需要的最小阳极电流，这个电流称为擎住电流，以 I_L 表示。晶闸管的擎住电流 I_L 通常是其维持电流 I_H 的 2～4 倍。

判定一只晶闸管是否由断态转为通态，标准就是看其阳极电流 I_A 是否大于其所对应的擎住电流 I_L。只有 $I_A > I_L$，才表明晶闸管彻底导通。

3. 其他参数

(1) 门极触发电流与门极触发电压。

在规定的环境温度下，给晶闸管加 6 V 正向阳极电压，使晶闸管从正向阻断状态转变为导通状态时，所需要的最小门极直流电流称为门极触发电流，以 I_{GT} 表示，对应的电压称为门极触发电压，以 U_{GT} 表示。一般 U_{GT} 为 1.5 V，I_{GT} 为几十到几百毫安。

触发电压 U_{GT} 是一个最小值的概念，是晶闸管能够被触发导通门极所需要的触发电压的最小值。为保证晶闸管能够被可靠地触发导通，实际外加的触发电压必须大于这个最小值。由于触发信号通常是脉冲的形式，只要不超过晶闸管的允许值，脉冲电压的幅值可以数倍于触发电压 U_{GT}。

(2) 断态电压临界上升率。

晶闸管在阻断状态下，它的 J_3 结面存在着一个等效电容，若加在晶闸管上的阳极正向电压变化率较大时，便会有较大的充电电流流过 J_3 结面，起到触发电流的作用，有可能使器件误导通。

在额定结温和门极断路条件下，使晶闸管从断态转入通态的最低电压上升率称为断态电压临界上升率，以 du/dt 表示，单位是 $V/\mu s$。晶闸管使用中要求断态下阳极电压的上升率低于此值。若电压上升率过大，超越了电压临界上升率，晶闸管就会在无门极信号的情况下导通，即使此时加在晶闸管两端的正向电压值远低于其电压额定值。

为了限制断态正向电压的上升率，可以给器件并联一个阻容支路，利用电容两端电压不能突变的特性来限制电压上升率。另外，利用门极的反向偏置也可达到同样的效果。

(3) 通态电流临界上升率。

在规定的条件下，晶闸管由门极进行触发导通时，晶闸管能够承受而不致损坏的通态平均电流的最大上升率，称为通态电流临界上升率，以 di/dt 表示，单位是 $A/\mu s$。晶闸管开通过程中，当门极输入触发电流后，导通面积扩展并不是瞬间完成的，最初只有紧靠门极很小一部分的阴极区域导通，随后导通面积以一定速度扩展到整个阴极面。若初始导通面积过小，阳极电流上升率过大，则电流密度会很高，就会造成 J_2 结面局部过热而出现"烧焦点"，使用一段时间后，器件将造成永久性损坏。为此规定了通态电流上升率的极限值，应用时晶闸管所允许的最大电流上升率要小于这个数值。

同步思考

(1) 晶闸管调试电路如图 1-15 所示，在断开负载电阻 R_d 测量输出电压 U_d 是否正确可调时，发现电压表读数不正常，接上 R_d 后一切正常，为什么？

(2) 温度升高时，晶闸管的触发电流、正反向漏电电流、维持电流以及正向转折电压和反向击穿电压将如何变化？

(3) 在夏天，工作正常的晶闸管装置到冬天变得不可靠了，可能是什么原因？冬天工作正常，夏天工作不正常又可能是什么原因？

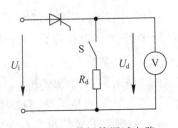

图 1-15　晶闸管调试电路

应用案例

　　实用三位数密码锁电路如图 1-16 所示。接通电源后,密码锁的锁舌将锁顶住。该电路将 S_1 先与 6 接通,9 V 电源的正极通过发光二极管 VD_2、电阻 R_2 加到晶闸管 VT_1 的阳极,同时经电阻 R_4 和 R_5 限流后加到晶闸管 VT_1 的控制极,则晶闸管 VT_1 导通,发光二极管 VD_2 发光。当 S_1 与 10 接通时,9 V 电源的正极通过发光二极管 VD_1、电阻 R_1 加到晶闸管 VT_2 的阳极,同时经电阻 R_4 和 R_3 限流后加到晶闸管 VT_2 的控制极,则晶闸管 VT_2 导通。当 S_1 与 2 接通时,9 V 电源的正极经继电器 KA 的线圈加到晶闸管 VT_3 的阳极,同时经电阻 R_4 和 R_6 加到晶闸管 VT_3 的控制极,则晶闸管 VT_3 导通。这样 9 V 电源加到继电器线圈两端,带动锁舌。

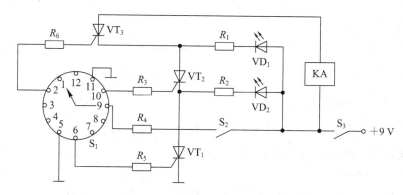

图 1-16　实用三位数密码锁电路

　　如果不是按 6、10、2 的顺序,而按其他顺序接通,例如 2、6、10 这个顺序,晶闸管不会导通,达不到开锁的目的。除了这三个保密数字外,按动其他端子,都不会使继电器 KA 得电,锁都不会打开。当然,若想换密码,则需要重新调换 R_5、R_3、R_6 的接点,即可实现。

1.3　单相半波整流电路

1.3.1　单相半波不可控整流电路(电阻性负载)

　　单相半波不可控整流电路实际应用较少,但其电路简单、结构清晰,便于深入理解整流原理。在日常生活中使用的电灯、电炉和电炊具,生产中使用的电解、电镀等装备,通常都认为是电阻性负载(阻性负载)。电阻性负载有两个特点:其一,电阻是一个耗能元件,它只能消耗电能,而不能储存或释放电能;其二,负载两端的电压和流过它的电流成正比,波形相同,相位相同。

1. 电路组成与工作原理

　　单相半波不可控整流电路(电阻性负载)是一种最简单的整流电路,由电源变压器 T、整流二极管 VD_1 和负载电阻 R_L 串联组成,电路图如图 1-17(a)所示。电源变压器的作用是实现交流输入电压与直流输出电压之间的匹配以及交流电网与整流电路之间的电气隔离，其原边和副边的电压瞬时值分别为u_1和u_2，有效值分别为U_1和U_2。负载电压即输出电压为u_d，负载电流即输出电流为i_d，整流二极管两端电压为u_{VD1}。电路工作波形如图$1-17$(b)所示。

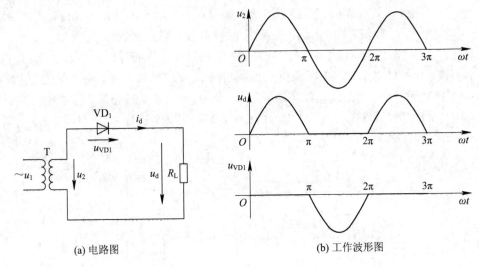

(a) 电路图　　　　　　　　　　(b) 工作波形图

图$1-17$　单相半波不可控整流电路(电阻性负载)及工作波形

$0\sim\pi$ 期间：$\omega t = 0$ 时刻，电源电压u_2过零变正，二极管VD_1导通，u_2全部加在负载R_L上，即$u_{VD1}=0$，$u_d=u_2$，$i_d=u_2/R_L$；

$\pi\sim2\pi$ 期间：$\omega t=\pi$ 时刻，电源电压u_2过零变负，VD_1承受反压而截止，u_2全部加在VD_1上，即$u_{VD1}=u_2$，$u_d=0$，$i_d=0$。

在一个周期内，二极管VD_1导通半个周期，负载R_L只获得半个周期的电压，故称该电路为半波整流电路。

┌─────────┐
│ 应用案例 │
└─────────┘

电热毯电路由整流二极管VD_1、发光二极管VD_2、开关S_1、开关S_2、电阻R_1和电阻丝R_L等组成，电路图如图$1-18$所示。

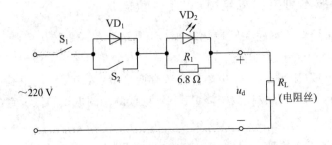

图$1-18$　电热毯电路图

电热毯接通$220\ V$交流电源后，合上开关S_1和S_2，发光二极管VD_2发光指示电热毯已接通电源，电阻丝R_L通过电流发热升温。当电热毯升到一定温度后，可将S_2打开，VD_1管接入，电路成为半波整流电路，电热毯处于保温状态。

2. 数量关系

设 $f(t)$ 为表示电压或电流的函数，则它在 α 至 β 期间的平均值和有效值用下式来定义：

平均值为

$$\frac{1}{\beta-\alpha}\int_\alpha^\beta f(t)\,\mathrm{d}t \tag{1-3}$$

有效值为

$$\sqrt{\frac{1}{\beta-\alpha}\int_\alpha^\beta f^2(t)\,\mathrm{d}t} \tag{1-4}$$

1) 整流输出电压、电流平均值

根据图 1-17(b) 所示的工作波形可知，输出电压平均值为

$$U_\mathrm{d}=\frac{1}{2\pi}\int_0^\pi \sqrt{2}U_2\sin\omega t\,\mathrm{d}(\omega t)=\frac{\sqrt{2}}{\pi}U_2=0.45U_2 \tag{1-5}$$

U_d 的大小只与 U_2 有关而不能被调控，故称该电路为不可控整流电路。实际应用中，U_d 就是连接于负载两端直流电压表上的读数。

根据欧姆定律，输出电流平均值为

$$I_\mathrm{d}=\frac{U_\mathrm{d}}{R_\mathrm{L}}=\frac{0.45U_2}{R_\mathrm{L}} \tag{1-6}$$

2) 整流输出电压、电流有效值

根据有效值的定义：输出电压有效值应是负载电压 u_d 的均方根值，即

$$U=\sqrt{\frac{1}{2\pi}\int_0^\pi \left(\sqrt{2}U_2\sin\omega t\right)^2\mathrm{d}(\omega t)}=\frac{U_2}{\sqrt{2}}=0.707U_2 \tag{1-7}$$

输出电流有效值为

$$I=\frac{U}{R_\mathrm{L}}=\frac{0.707U_2}{R_\mathrm{L}} \tag{1-8}$$

3) 流过电力二极管的电流平均值、有效值

根据工作原理分析，电力二极管与负载串联，故电力二极管的电流平均值、有效值分别为

$$I_\mathrm{dVD}=I_\mathrm{d} \tag{1-9}$$

$$I_\mathrm{VD}=I \tag{1-10}$$

4) 电力二极管承受的最高电压

电力二极管在截止时承受的最高电压为 u_2 的最大值，即

$$U_\mathrm{RM}=\sqrt{2}U_2 \tag{1-11}$$

┌┅┅┅┅┅┐
│例题解析│
└┅┅┅┅┅┘

例 1-1　一个 100 Ω 电阻，由采用理想二极管组成的单相半波不可控整流电路供电。如果交流电源电压有效值为 220 V，计算：① 加在负载上的电压最大值；② 负载电压、电流平

均值；③ 负载电压、电流有效值；④ 负载消耗的功率；⑤ 二极管承受的最高反向电压。

解　① 因为采用"理想"二极管，故二极管本身不存在压降，并且负载电压最大值等于电源电压最大值，即

$$U_{dm} = \sqrt{2} U_2 = \sqrt{2} \times 220 \approx 311 \text{ V}$$

② 负载电压、电流平均值分别为

$$U_d = 0.45 U_2 = 0.45 \times 220 = 99 \text{ V}$$

$$I_d = \frac{U_d}{R} = \frac{99}{100} = 0.99 \text{ A}$$

③ 负载电压、电流有效值分别为

$$U = 0.707 U_2 = 0.707 \times 220 \text{ V} \approx 156 \text{ V}$$

$$I = \frac{U}{R_L} = \frac{156}{100} \approx 1.56 \text{ A}$$

④ 负载的功率损耗为

$$P = I_d^2 R = 0.99^2 \times 100 = 98 \text{ W}$$

⑤ 二极管承受的最高反向电压等于电源峰值电压，即

$$U_{RM} = \sqrt{2} U_2 \approx 311 \text{ V}$$

1.3.2　单相半波可控整流电路(电阻性负载)

将不可控整流电路中的电力二极管改换为晶闸管，就构成了单相半波可控整流电路。

单相半波可控
整流电路仿真

1. 电路结构及工作原理

单相半波可控整流电路(电阻性负载)由电源变压器 T、晶闸管 VT_1 和负载电阻 R_L 串联组成，如图 1-19(a)所示。电路中晶闸管两端电压为 u_{VT}，晶闸管门极触发信号为 u_G，其余信息见图 1-17 标注。电路工作波形如图 1-19(b)所示。

$0 \sim \omega t_1$ 期间：$\omega t = 0$ 时刻，电源电压 u_2 过零变正，晶闸管 VT_1 虽承受正向电压，但没有得到门极触发信号 u_G，晶闸管 VT_1 不导通(截止状态)；u_2 全部加在 VT_1 上，即 $u_{VT1} = u_2$，$u_d = 0$，$i_d = 0$。

$\omega t_1 \sim \pi$ 期间：ωt_1 时刻给晶闸管 VT_1 门极加触发信号 u_G，VT_1 导通，u_2 全部加在负载 R_L 上，即 $u_{VT1} = 0$，$u_d = u_2$，$i_d = u_2 / R_L$。

$\pi \sim 2\pi$ 期间：$\omega t = \pi$ 时刻，电源电压 u_2 过零变负，流过晶闸管的电流为零，VT_1 自然关断，u_2 全部加在 VT_1 上，即 $u_{VT1} = u_2$，$u_d = 0$，$i_d = 0$。在此期间晶闸管承受反向电压，即使有门极触发信号 u_G 也不会导通。

根据上述电路工作原理，定义了如下术语概念：

(1) 触发角：从晶闸管开始承受正向阳极电压起到被触发导通之间的电角度，称为触发角，以 α 表示，又称为触发延迟角或控制角。在图 1-19(b)中，$0 \sim \omega t_1$ 之间的电角度就是触发角 α。

(2) 导通角：晶闸管在一个周期中处于导通的电角度，称为导通角，以 θ 表示。在图 1-19(b)中，$\omega t_1 \sim \pi$ 之间的电角度就是导通角 θ。在单相半波可控整流电路(电阻性负载)

中，$\theta = \pi - \alpha$。

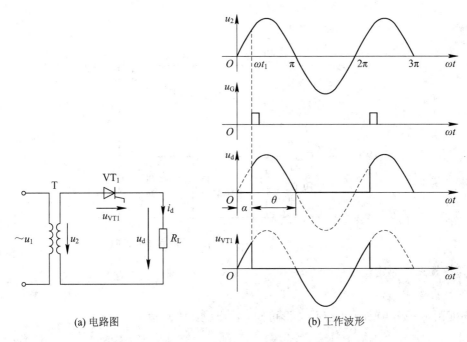

(a) 电路图　　　　　　　　(b) 工作波形

图 1-19　单相半波可控整流电路（电阻性负载）及工作波形

（3）移相：改变触发角 α 的大小，即改变晶闸管门极触发信号 u_G 出现的相位，称为移相。

（4）移相控制：通过改变触发角 α 的大小，从而调节整流电路输出电压大小的控制方式称为移相控制。

（5）移相范围：触发角 α 的允许调节范围。当触发角 α 从 0 到 α_{max} 变化时，整流电路的输出电压也完成从最大值到最小值的变化。移相范围和整流电路的结构、负载性质有关。

（6）自然换相点：当整流电路中的可控器件全部由电力二极管替代时，电力二极管自然导通的时刻点，称为自然换相点。图 1-19(b) 中 $\omega t = 0$ 时刻就是该电路的自然换相点。自然换相点是晶闸管可能导通的最早时刻，也可以说是触发角 α 的起点位置，即此时 $\alpha = 0°$。整流电路的结构不同，自然换相点也可能不同。

（7）同步：要使整流电路的输出电压稳定，触发信号和交流电源电压（即晶闸管阳极电压）在频率和相位上要协调配合，每个周期的 α 角都相同，这种相互协调配合的关系称为同步。

┌─┐ 应用案例

三相电源相序/缺相检测器主要用来检测三相交流电源的接线是否缺相及相序是否正确，其电路原理如图 1-20 所示。当 U 相、W 相、V 相分别连接至晶闸管 A、G、K 极时，晶闸管 VT 将在单相半个周期内导通，发光二极管 VL 发光正常；连接 U、W、V 三相的顺序不正确时，晶闸管 VT 的导通时间将会变短，平均电流随之减小，VL 亮度也就大为降低。当三相交流电缺（断）其中一相或两相时，VT 截止，VL 熄灭，R_3、R_4 和 C 的数值将决

定延迟时间 t 的长短。电路中 $R_1 \sim R_5$ 均选用线绕电阻器；C 选用涤纶电容器或 CBB 电容器；VT_1 选用耐压 1000V/1 A 的晶闸管。

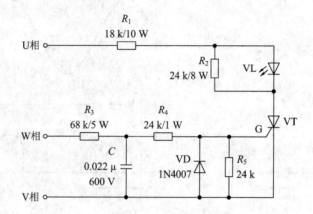

图 1-20　三相电源相序/缺相检测器电路原理图

2. 数量关系

1）输出电压、电流平均值

根据图 1-19(b)所示的工作波形可知，输出电压平均值为

$$U_d = \frac{1}{2\pi}\int_{\alpha}^{\pi} \sqrt{2}U_2 \sin\omega t\, d(\omega t) = 0.45U_2\frac{1+\cos\alpha}{2} \qquad (1-12)$$

由此可见，输出电压平均值 U_d 与交流电压 U_2 和控制角 α 有关。当 U_2 给定后，U_d 仅与 α 有关。触发角 $\alpha = 0°$ 时，输出电压平均值最大，$U_d = 0.45U_2$；触发角 $\alpha = 180°$ 时，输出电压平均值最小，$U_d = 0$。控制触发角 α，U_d 就可以在 $0 \sim 0.45U_2$ 之间连续可调。触发角 α 的移相范围是 $0° \sim 180°$。

根据欧姆定律，输出电流平均值为

$$I_d = \frac{U_d}{R_L} = 0.45\frac{U_2}{R_L}\cdot\frac{1+\cos\alpha}{2} \qquad (1-13)$$

2）输出电压、电流有效值

根据非正弦周期量的有效值定义，输出电压有效值应是负载电压 u_d 的均方根值，即

$$U = \sqrt{\frac{1}{2\pi}\int_{\alpha}^{\pi}(\sqrt{2}U_2\sin\omega t)^2 d(\omega t)} = U_2\sqrt{\frac{\pi-\alpha}{2\pi}+\frac{\sin2\alpha}{4\pi}} \qquad (1-14)$$

输出电流有效值为

$$I = \frac{U}{R_L} = \frac{U_2}{R_L}\sqrt{\frac{\pi-\alpha}{2\pi}+\frac{\sin2\alpha}{4\pi}} \qquad (1-15)$$

3）流过晶闸管的电流平均值、有效值

根据工作原理分析，流过晶闸管的电流平均值和有效值分别为

$$I_{dVT} = I_d \qquad (1-16)$$

$$I_{VT} = I \qquad (1-17)$$

4）晶闸管承受的最高电压

由图 1-19(b)的工作波形可知，晶闸管两端承受的最高电压为 u_2 的最大值，即

$$U_{RM} = \sqrt{2} U_2 \qquad (1-18)$$

5）变压器副边电流有效值

变压器副边电流有效值I_2与输出电流有效值I相等，即

$$I_2 = I \qquad (1-19)$$

6）整流电路的功率因数

变压器副边所供给的有功功率 $P = I^2 R_L = UI$，供给的视在功率 $S = U_2 I_2$，那么

$$\cos\varphi = \frac{P}{S} = \frac{UI}{U_2 I_2} = \sqrt{\frac{\pi - \alpha}{2\pi} + \frac{\sin 2\alpha}{4\pi}} \qquad (1-20)$$

当 $\alpha = 0°$ 时，$\cos\varphi = 0.707$。这是因为半波整流电路是非正弦电路，存在谐波电流，虽然为电阻性负载，电源的功率因数也不会是 1，且 α 越大，$\cos\varphi$ 越小，设备的利用率越低。

7）波形系数

电流波形的有效值与平均值之比定义为这个电流的波形系数，用 K_f 表示。以单相半波可控整流电路为例，波形系数

$$K_f = \frac{I}{I_d} = \frac{\sqrt{\dfrac{1}{2\pi}\sin 2\alpha + \dfrac{\pi - \alpha}{2\pi}}}{0.45\dfrac{1 + \cos\alpha}{2}} \qquad (1-21)$$

$\alpha = 0°$ 时，正弦半波电流的波形系数 $K_f = 1.57$。

综上分析，U_d/U_2、I_2/I_d、$\cos\varphi$ 与 α 角的关系如图 1-21 所示；U_d/U_2、$\cos\varphi$ 和 K_f 随 α 角变化的数值见表 1-3。

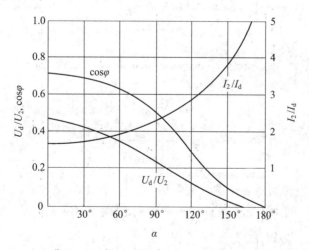

图 1-21　单相半波可控整流电路的 U_d/U_2、I_2/I_d、$\cos\varphi$ 与 α 角的关系

表 1-3　U_d/U_2、$\cos\varphi$、K_f 随 α 角变化的数值

α	$0°$	$30°$	$60°$	$90°$	$120°$	$150°$	$180°$
U_d/U_2	0.45	0.42	0.34	0.23	0.11	0.03	0
$\cos\varphi$	0.707	0.635	0.608	0.508	0.302	0.12	0
K_f	1.57	1.66	1.88	2.22	2.78	3.99	—

┌─────────┐
│·例题解析·│
└─────────┘

例 1-2　图 1-22 中阴影部分为晶闸管处于通态区间的电流波形，各波形的电流最大值均为 I_m，计算各波形的电流平均值 I_{d1}、I_{d2}、I_{d3} 与电流有效值 I_1、I_2、I_3。

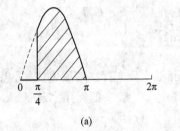　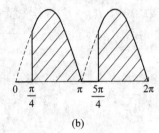　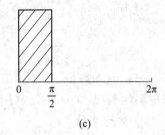

図 1-22　晶闸管通态区间的电流波形

解　图 1-22（a）：

$$I_{d1} = \frac{1}{2\pi}\int_{\frac{\pi}{4}}^{\pi} I_m\sin\omega t\, d(\omega t) = \frac{I_m}{2\pi}\left(\frac{\sqrt{2}}{2}+1\right) \approx 0.2717 I_m$$

$$I_1 = \sqrt{\frac{1}{2\pi}\int_{\frac{\pi}{4}}^{\pi} (I_m\sin\omega t)^2\, d(\omega t)} = \frac{I_m}{2\pi}\sqrt{\frac{3}{4}+\frac{1}{2\pi}} \approx 0.4767 I_m$$

图 1-22（b）：

$$I_{d2} = \frac{1}{\pi}\int_{\frac{\pi}{4}}^{\pi} I_m\sin\omega t\, d(\omega t) = \frac{I_m}{\pi}\left(\frac{\sqrt{2}}{2}+1\right) \approx 0.5434 I_m$$

$$I_2 = \sqrt{\frac{1}{\pi}\int_{\frac{\pi}{4}}^{\pi} (I_m\sin\omega t)^2\, d(\omega t)} = \frac{\sqrt{2} I_m}{2}\sqrt{\frac{3}{4}+\frac{1}{2\pi}} \approx 0.6741 I_m$$

图 1-22（c）：

$$I_{d3} = \frac{1}{2\pi}\int_{0}^{\frac{\pi}{2}} I_m\, d(\omega t) = \frac{1}{4} I_m$$

$$I_3 = \sqrt{\frac{1}{2\pi}\int_{0}^{\frac{\pi}{2}} I_m^2\, d(\omega t)} = \frac{1}{2} I_m$$

例 1-3　某一电热负载，要求直流电压 60 V，电流 30 A，采用单相半波可控整流电路，直接由 220 V 电网供电，计算晶闸管的导通角及电流有效值。

解　已知 $U_d = 0.45 U_2\left(\frac{1+\cos\alpha}{2}\right)$，$U_d = 60$ V，$U_2 = 220$ V，则

$$\cos\alpha = \frac{2\times 60}{0.45\times 220} - 1 = 0.21$$

$$\alpha \approx 78°$$

导通角为

$$\theta = 180° - 78° = 102°$$

电压有效值为

$$U = U_2 \sqrt{\frac{1}{4\pi}\sin 2\alpha + \frac{\pi - \alpha}{2\pi}} = 123.4 \text{ V}$$

$$R = \frac{U_d}{I_d} = \frac{60}{30} = 2 \text{ } \Omega$$

$$I = \frac{U}{R} = \frac{123.4}{2} = 61.7 \text{ A}$$

所以该晶闸管的电流有效值为 61.7 A。

例 1 - 4　在单相半波可控整流电路中，电阻性负载 $R_L = 5 \text{ } \Omega$，由 220 V 交流电源直接供电，要求输出平均直流电压 50 V，求晶闸管的触发角 α、导通角 θ、功率因数 $\cos\varphi$。

解　(1) 由

$$U_d = 0.45 U_2 \frac{1 + \cos\alpha}{2}$$

得

$$\cos\alpha = \frac{2U_d}{0.45U_2} - 1 = \frac{2 \times 50}{0.45 \times 220} - 1 = 0.01$$

则

$$\alpha = 89°$$

(2)

$$\theta = \pi - \alpha = 180° - 89° = 91°$$

(3)

$$I = \frac{U}{R_L} = \frac{U_2 \sqrt{\dfrac{\pi - \alpha}{2\pi} + \dfrac{\sin 2\alpha}{4\pi}}}{R_L} = 22 \text{ A}$$

$$S = UI = 220 \times 22 = 4840 \text{ V} \cdot \text{A}$$

(4)

$$\cos\varphi = \frac{P}{S} = \sqrt{\frac{\pi - \alpha}{2\pi} + \frac{\sin 2\alpha}{4\pi}} = 0.499$$

1.3.3　单相半波可控整流电路(阻感性负载)

实际工程中，各种电动机、接触器、继电器、电磁铁、滤波电感和平波电抗器等负载，其感抗 ωL 与电阻值相比不能忽略时，称为阻感性负载。为了便于分析，阻感性负载的等效电路可以用电感 L 和电阻 R 的串联电路来表示。

根据楞次定律，电感具有反抗电流变化的作用。当流过电感元件的电流变化时，在其两端将产生感应电动势 $L\dfrac{di}{dt}$，它的极性总是阻碍电流变化。当电流增加时，电感的感应电动势方向与电流方向相反，阻碍电流增加；当电流减小时，它的感应电动势方向与电流方向相同，阻碍电流减小。这就使得流过它的电流不能发生突变。这是阻感性负载的特点，也是理解带阻感性负载的整流电路工作过程的关键因素之一。

1. 无续流二极管情况

单相半波可控整流电路(阻感性负载、无续流二极管)由电源变压器 T、晶闸管VT$_1$、负载电阻 R_L 和电感 L 串联组成，如图 1-23(a)所示。电路工作波形如图 1-23(b)所示。

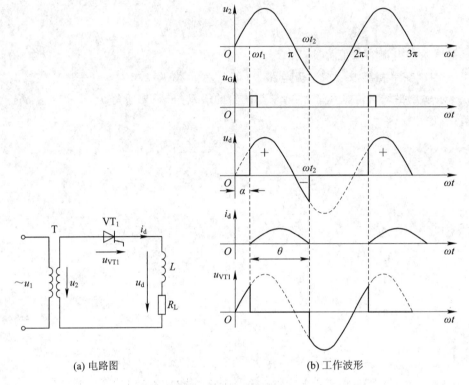

(a) 电路图　　　　　　　　　(b) 工作波形

图 1-23　单相半波可控整流电路(阻感性负载、无续流二极管)及工作波形

在 0~α 期间：没有得到门极触发信号 u_G，VT$_1$ 不导通(截止状态)；u_2 全部加在VT$_1$ 上，即 $u_{VT1}=u_2$，$u_d=0$，$i_d=0$。

在 α~π 期间：$\omega t=\alpha$ 时刻给晶闸管VT$_1$ 门极加触发信号 u_G，VT$_1$ 导通；电压 u_2 施加在负载两端，$u_d=u_2$；由于电感 L 有阻止电流变化的作用，当电流上升时，其两端产生极性为上正下负的感应电动势 e_L，负载电流 i_d 从 0 按指数规律逐渐上升；电源一边向负载供电，一边向电感充电。在 i_d 的上升过程中，触发信号 u_G 的宽度应保证晶闸管阳极电流上升到擎住电流 I_L 后才能撤除，否则，晶闸管又重新关断。当电流 i_d 增至最大值后开始下降时，电感 L 又产生极性为上负下正的感应电动势 e_L，力图阻碍电流的下降。

在 π~2π 期间：$\omega t=\pi$ 时刻，电源电压 u_2 过零变负，反向感应电动势 e_L 与电源电压 u_2 叠加，使得晶闸管VT$_1$ 仍然承受一段时间的正向电压而继续导通，$u_d=u_2$。电感 L 通过 VT$_1$ 向电源回馈能量，电流 i_d 继续下降，直到为零，VT$_1$ 关断。输出电压 u_d 出现负值。

由此可见，在单相半波可控整流电路中，当负载为阻感性时，晶闸管的导通角将大于 $\pi-\alpha$。负载电感越大，导通角 θ 越大，每个周期中负载上的负电压所占的比重就越大，输出电压和输出电流的平均值也就越小。所以，单相半波可控整流电路用于大电感性负载时，如果不采取措施，负载上就得不到所需要的电压和电流。

2. 有续流二极管情况

单相半波可控整流电路(阻感性负载、有续流二极管)由变压器 T、晶闸管VT_1、负载电感 L、负载电阻 R_L 和续流二极管VD_1组成,电路图如图 1-24(a)所示,电路工作波形如图 1-24(b)所示。

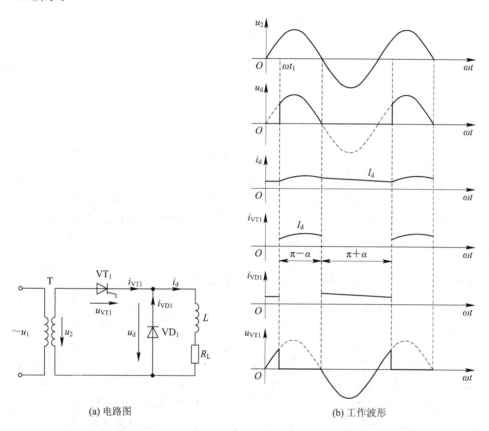

(a) 电路图　　　　　　　　　　　　(b) 工作波形

图 1-24　单相半波可控整流电路(阻感性负载、有续流二极管)及工作波形

在 $0\sim\pi$ 期间:续流二极管VD_1因承受反向电压而截止,其他分析同无续流二极管工作情况一样。

在 $\pi\sim2\pi$ 期间:$\omega t=\pi$ 时刻,电源电压 u_2 过零变负,在电感 L 两端产生极性为上负下正的感应电势 e_L,VD_1 承受正向电压导通,电感 L 中储存的能量经续流二极管VD_1和负载 R_L 形成释放回路。VT_1 承受反向电压自行关断,输出电压 u_d 的波形不再出现负值。

在一个电源周期内,$\alpha<\omega t<\pi$ 期间,晶闸管VT_1导通,其导通角为 $\pi-\alpha$,i_d 流过VT_1。其余时间,VD_1 导通,其导通角为 $\pi+\alpha$;i_d 流过VD_1。若负载中的 $\omega L\gg R$,电流脉动将变小,电流 i_d 波形可近似地看成是一条平行于横轴的直线。

电路输出电压平均值 U_d 与无续流二极管的输出相同,具有相同的表达式,移相范围也为 $0°\sim180°$。晶闸管、续流二极管承受的最高电压均为电源电压最大值$\sqrt{2}U_2$。

若 i_d 近似认为是一条水平线,大小恒为 I_d,则流过晶闸管VT_1的电流平均值、有效值分别为

$$I_{dVT} = \frac{\pi - \alpha}{2\pi} I_d \qquad (1-22)$$

$$I_{VT} = \sqrt{\frac{1}{2\pi} \int_\alpha^\pi I_d^2 d(\omega t)} = \sqrt{\frac{\pi - \alpha}{2\pi}} I_d \qquad (1-23)$$

流过续流二极管 VD_1 的电流平均值、有效值分别为

$$I_{dVD} = \frac{\pi + \alpha}{2\pi} I_d \qquad (1-24)$$

$$I_{VD} = \sqrt{\frac{1}{2\pi} \int_\pi^{2\pi+\alpha} I_d^2 d(\omega t)} = \sqrt{\frac{\pi + \alpha}{2\pi}} I_d \qquad (1-25)$$

〔应用案例〕

在小容量直流电动机中广泛应用的简易调速电路如图 1-25 所示。图中单相桥式电路整流后的直流电源通过晶闸管 VT 加到直流电动机的电枢上，调节电位器 R_P，则能改变晶闸管 VT 的导通角，从而改变输出直流电压的大小，实现直流电动机调速。为了使电动机在低速时运转平稳，在移相回路中接入稳压管 V，以保证触发脉冲的稳定。二极管 VD_5 起到续流的作用。

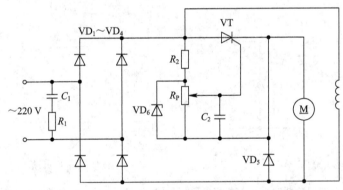

图 1-25　简易直流电机调速电路

〔同步思考〕

同步发电机半波自励电路如图 1-26 所示，原先运行正常，突然发现电机电压很低，经检查，晶闸管触发电路以及熔断器 FU 均正常，试问是何原因。

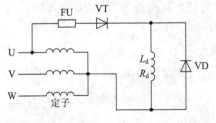

图 1-26　同步发电机半波自励电路　　　　思考题 01

┌─────────────┐
│ 例题解析 │
└─────────────┘

例 1-5　中小型发电机采用的单相半波自励稳压可控整流电路如图 1-26 所示，当发电机满载运行时，相电压为 220 V，要求励磁电压为 40 V，已知励磁线圈的内阻为 2 Ω，电感为 0.1 H。试求：晶闸管及续流二极管的电流平均值和有效值各是多少？

解　先求出触发控制角 α：

$$U_d = 0.45 U_2 \frac{1+\cos\alpha}{2}$$

$$\cos\alpha = \frac{2}{0.45} \times \frac{40}{220} - 1 \approx -0.192$$

$$\alpha \approx 101°$$

由于

$$\omega L = 2\pi f L = 2 \times 3.14 \times 50 \times 0.1 = 31.4$$

$$\omega L \gg R$$

所以为阻感性负载，各电参量计算如下：

$$I_d = \frac{U_d}{R_L} = \frac{40}{2} = 20 \text{ A}$$

$$I_{VT} = \sqrt{\frac{\pi-\alpha}{2\pi}} I_d = \sqrt{\frac{180°-101°}{360°}} \times 20 \approx 9.4 \text{ A}$$

$$I_{dVT} = \frac{\pi-\alpha}{2\pi} I_d = \frac{180°-101°}{360°} \times 20 \approx 4.4 \text{ A}$$

$$I_{VD} = \sqrt{\frac{\pi+\alpha}{2\pi}} I_d = \sqrt{\frac{180°+101°}{360°}} \times 20 \approx 17.6 \text{ A}$$

$$I_{dVD} = \frac{\pi+\alpha}{2\pi} I_d = \frac{180°+101°}{360°} \times 20 \approx 15.6 \text{ A}$$

1.4　单相桥式整流电路

一般中小容量的晶闸管整流装置中，较多采用单相桥式可控整流电路。

1.4.1　单相桥式全控整流电路(电阻性负载)

1. 电路组成与工作原理

单相桥式全控整流电路由电源变压器 T、4 只晶闸管($VT_1 \sim VT_4$)和负载电阻 R_L 等组成，电路图如图 1-27(a)所示。图中 4 只晶闸管组成桥式电路，其中，VT_1、VT_4 构成一组桥臂；VT_2、VT_3 构成一组桥臂。u_1、i_1 分别为变压器原边电压、电流瞬时值；u_2、i_2 分别为变压器副边电压、电流瞬时值；u_d、i_d 分别为负载电压、电流瞬时值。变压器副边电压 u_2 接在桥臂的中点 a、b 端，设 a 点为正电位、b 点为负电位时为 u_2 的正半周。电路工作波形如图 1-27(b)所示。

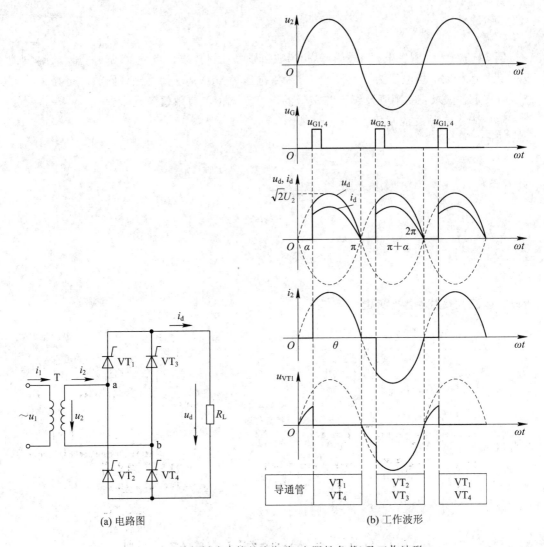

(a) 电路图　　　　　　　　(b) 工作波形

图 1-27　单相桥式全控整流电路(电阻性负载)及工作波形

　　当 u_2 为正半周时，$0 \sim \alpha$ 期间，没有门极触发信号 u_G，4 只晶闸管($VT_1 \sim VT_4$)都不导通，$u_d = 0$，$i_d = 0$。这期间，晶闸管 VT_1、VT_4 各分担 $u_2/2$ 的正向电压，晶闸管 VT_2、VT_3 各分担 $u_2/2$ 的反向电压，即 $u_{VT1} = u_{VT4} = u_2/2$，$u_{VT2} = u_{VT3} = -u_2/2$。

　　$\alpha \sim \pi$ 期间，$\omega t = \alpha$ 时刻，晶闸管 VT_1、VT_4 的门极加触发信号 $u_{G1,4}$，VT_1、VT_4 立刻导通，电流从 a 端经 $VT_1 \to R_L \to VT_4$ 流回 b 端，即 $u_{VT1} = u_{VT4} = 0$，$u_d = u_2$，$i_d = u_2/R_L$。这期间 VT_2、VT_3 承受 u_2 的反向电压，即 $u_{VT2} = u_{VT3} = -u_2$。$\omega t = \pi$ 时刻，u_2 过零，电流 i_d 也降到零，VT_1、VT_4 自行关断。

　　当 u_2 为负半周时，$\omega t = \pi + \alpha$ 时刻，晶闸管 VT_2、VT_3 的门极加触发信号 $u_{G2,3}$，VT_2、VT_3 立刻导通，电流从 b 端经 $VT_2 \to R_L \to VT_3$ 流回 a 端。这期间 VT_1、VT_4 因承受反向电压而截止。$\omega t = 2\pi$ 时刻，u_2 过零，电流 i_d 也降到零，VT_2、VT_3 自行关断。

2. 数量关系

(1) 输出电压、电流平均值。

根据图 1-27(b) 所示的波形可知，输出电压平均值为

$$U_d = \frac{1}{\pi} \int_{\alpha}^{\pi} \sqrt{2} U_2 \sin\omega t \, d(\omega t) = 0.9 U_2 \frac{1 + \cos\alpha}{2} \tag{1-26}$$

触发角 $\alpha = 0°$ 时，输出电压平均值最大，$U_d = 0.9 U_2$；触发角 $\alpha = 180°$ 时，输出电压平均值最小，$U_d = 0$；触发角 α 的移相范围是 $0° \sim 180°$。

根据欧姆定律，输出电流平均值为

$$I_d = \frac{U_d}{R_L} = 0.9 \frac{U_2}{R_L} \cdot \frac{1 + \cos\alpha}{2} \tag{1-27}$$

(2) 输出电压、电流有效值。

根据有效值的定义，输出电压有效值应是负载电压 u_d 的均方根值，即

$$U = \sqrt{\frac{1}{\pi} \int_{\alpha}^{\pi} (\sqrt{2} U_2 \sin\omega t)^2 \, d(\omega t)} = U_2 \sqrt{\frac{\pi - \alpha}{\pi} + \frac{\sin 2\alpha}{2\pi}} \tag{1-28}$$

输出电流有效值为

$$I = \frac{U}{R_L} = \frac{U_2}{R_L} \sqrt{\frac{\pi - \alpha}{\pi} + \frac{\sin 2\alpha}{2\pi}} \tag{1-29}$$

(3) 流过晶闸管的电流平均值、有效值。

根据工作原理分析，流过晶闸管的电流平均值 I_{dVT} 只有输出电流平均值 I_d 的一半，即

$$I_{dVT} = \frac{1}{2} I_d \tag{1-30}$$

晶闸管电流的有效值为

$$I_{VT} = \sqrt{\frac{1}{2\pi} \int_{\alpha}^{\pi} \left(\frac{\sqrt{2} U_2}{R_L} \sin\omega t\right)^2 \, d(\omega t)} = \frac{U_2}{\sqrt{2} R_L} \sqrt{\frac{\sin 2\alpha}{2\pi} + \frac{\pi - \alpha}{\pi}} = \frac{1}{\sqrt{2}} I \tag{1-31}$$

(4) 晶闸管承受的最高电压。

由图 1-27(b) 的波形可知，晶闸管两端承受的最高电压为 u_2 的最大值，即

$$U_{RM} = \sqrt{2} U_2 \tag{1-32}$$

(5) 变压器副边电流有效值。

变压器副边电流有效值 I_2 与输出电流有效值 I 相等，即

$$I_2 = I \tag{1-33}$$

(6) 整流电路功率因数。

整流电路功率因数为

$$\cos\varphi = \frac{P}{S} = \frac{UI}{U_2 I_2} = \sqrt{\frac{\pi - \alpha}{\pi} + \frac{\sin 2\alpha}{2\pi}} \tag{1-34}$$

(7) 波形系数。

波形系数为

$$K_\mathrm{f}=\frac{I_2}{I_\mathrm{d}}=\frac{\sqrt{2\pi(\pi-\alpha)+\pi\sin2\alpha}}{2(1+\cos\alpha)} \tag{1-35}$$

U_d/U_2、I_2/I_d、$\cos\varphi$ 与 α 角的关系如图 $1-28$ 所示；U_d/U_2、I_2/I_d、$\cos\varphi$ 随 α 角变化的数值见表 $1-4$。

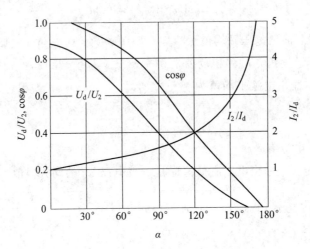

图 $1-28$　单相桥式全控整流电路的 U_d/U_2、I_2/I_d、$\cos\varphi$ 与 α 角的关系

表 $1-4$　U_d/U_2、I_2/I_d、$\cos\varphi$ 随 α 角变化的数值

α	$0°$	$30°$	$60°$	$90°$	$120°$	$150°$	$180°$
U_d/U_2	0.9	0.84	0.676	0.45	0.226	0.06	0
I_2/I_d	1.11	1.17	1.33	1.517	1.97	2.82	—
$\cos\alpha$	1	0.987	0.898	0.707	0.427	0.170	0

·例题解析·

例 $1-6$　带整流变压器的单相桥式全控整流电路中 $U_1=220$ V，电阻负载 $R=4$ Ω。要求负载电流在 $0\sim25$ A 之间变化，试求：（1）变压器的变比；（2）波形系数；（3）变压器容量；（4）负载电阻 R 的功率；（5）电路最大功率因数。

解　（1）$U_\mathrm{d}=0.9U_2(1+\cos\alpha)/2$，已知 $U_\mathrm{d}=4\times25=100$ V。

设 $\alpha=0$ 时，U_d 最大，则

$$U_2=\frac{U_\mathrm{d}}{0.9}=\frac{100}{0.9}=111\text{ V}$$

则变比 $K=U_1/U_2=220/111\approx2$。

（2）电流有效值为

$$I=\sqrt{\frac{1}{2\pi}\int_0^\pi(I_\mathrm{m}\sin\omega t)^2\,\mathrm{d}(\omega t)}\cdot\sqrt{2}=\frac{I_\mathrm{m}}{\sqrt{2}}$$

电流平均值为

$$I_d = \frac{1}{2\pi} \int_0^\pi I_m \sin\omega t \, d(\omega t) = \frac{2}{\pi} I_m$$

波形系数为

$$K_f = \frac{I}{I_d} = 1.11$$

（3）变压器容量为

$$S = U_2 I = 111 K_f I_d = 111 \times 27.75 = 3.08 \text{ kV} \cdot \text{A}$$

（4）负载电阻 R 的功率为

$$P_R = \frac{U^2}{R} = I^2 R = 27.75^2 \times 4 = 3.08 \text{ kW}$$

（5）电路的功率因数为

$$\cos\varphi = \frac{P}{S} = \frac{UI}{U_1 I_1} = \frac{UI}{U_2 I} = \sqrt{\frac{1}{2\pi} \sin 2\alpha + \frac{\pi - \alpha}{\pi}}$$

功率因数随 α 在 $0 \sim 1$ 范围内变化。当 $\alpha = 0$ 时，$\cos\varphi = 1$，即最大功率因数为 1。

例 1-7 单相桥式全控整流电路带电阻性负载，触发角 $\alpha = 60°$，电源电压 $U_2 = 100$ V，电阻 $R = 5$ Ω。计算负载电压平均值 U_d，电流平均值 I_d，流过晶闸管的电流平均值 I_{dT}，变压器二次绕组电流有效值 I_2。

解
$$U_d = \frac{1}{\pi} \int_\alpha^\pi \sqrt{2} U_2 \sin\omega t \, d(\omega t) = 0.9 U_2 \cdot \frac{1 + \cos\alpha}{2} = 67.5 \text{ V}$$

$$I_d = \frac{U_d}{R} = \frac{67.5}{5} = 13.5 \text{ A}$$

$$I_{dT} = \frac{1}{2} I_d = 6.75 \text{ A}$$

$$I_2 = \sqrt{\frac{1}{\pi} \int_\alpha^\pi \left(\frac{\sqrt{2} U_2 \sin\omega t}{R} \right)^2 d(\omega t)}$$

$$= \frac{U_2}{R} \sqrt{\frac{1}{2\pi} \sin 2\alpha + \frac{\pi - \alpha}{\pi}}$$

$$= \frac{100}{5} \sqrt{\frac{1}{2\pi} \sin\left(2 \times \frac{\pi}{3}\right) + \frac{\pi - \frac{\pi}{3}}{\pi}} = 18 \text{ A}$$

1.4.2 单相桥式全控整流电路（阻感性负载）

1. 电路组成与工作原理

单相桥式全控整流电路（阻感性负载）由电源变压器 T、4 只晶闸管（$VT_1 \sim VT_4$）、负载电感 L 和负载电阻 R_L 等组成，如图 1-29(a) 所示。电路工作波形如图 1-29(b) 所示。

在 $\omega t = \alpha$ 时刻，触发晶闸管 VT_1、VT_4 使其导通，$u_d = u_2$。当 u_2 过零变负时，由于电感的续流作用，晶闸管 VT_1、VT_4 仍流过电流 i_d，并不关断。$\omega t = \pi + \alpha$ 时刻，触发 VT_2、

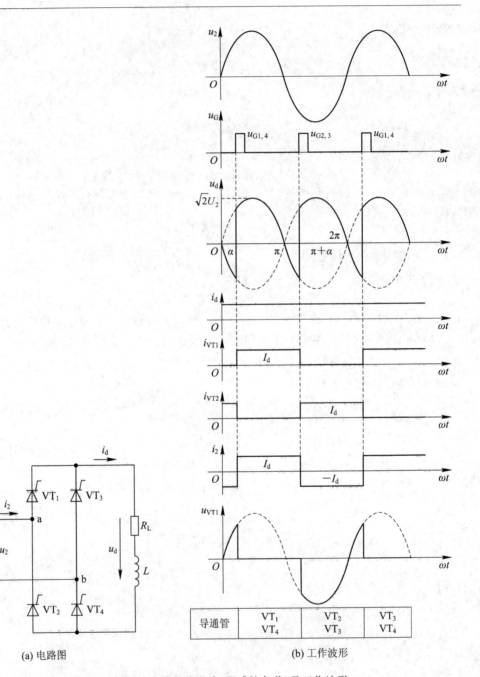

(a) 电路图　　　　　　　　　　　　(b) 工作波形

图 1-29　单相桥式全控整流电路(阻感性负载)及工作波形

VT$_3$ 使其导通，u_2 通过VT$_2$、VT$_3$ 分别向VT$_1$、VT$_4$ 施加反向电压使VT$_1$、VT$_4$ 关断，电流 i_d 从VT$_1$、VT$_4$ 迅速转移到VT$_2$、VT$_3$ 上，此过程称为换相，亦称换流。

　　由于负载电感 L 很大，电流 i_d 不能突变且波形近似为一条水平线。每只晶闸管连续导通 180°，即导通角 $\theta = 180°$。

2. 数量关系

　　对于大电感负载，当 u_2 过零变负时，晶闸管继续导通，使得输出电压出现了负值。因此

当 α 为同一值时，带阻感性负载的整流电路比带纯电阻负载的电路的输出电压平均值要低。

1）输出电压、电流平均值

根据图 1-29(b) 所示的波形可知，输出电压平均值为

$$U_{\mathrm{d}} = \frac{1}{\pi} \int_{\alpha}^{\pi+\alpha} \sqrt{2} U_2 \sin\omega t \, \mathrm{d}(\omega t) = \frac{2\sqrt{2}}{\pi} U_2 \cos\alpha = 0.9 U_2 \cos\alpha \qquad (1-36)$$

触发角 $\alpha = 0°$ 时，输出电压平均值最大，$U_{\mathrm{d}} = 0.9 U_2$；触发角 $\alpha = 90°$ 时，输出电压平均值最小，$U_{\mathrm{d}} = 0$；触发角 α 的移相范围是 $0° \sim 90°$。

根据欧姆定律，输出电流平均值为

$$I_{\mathrm{d}} = \frac{U_{\mathrm{d}}}{R_{\mathrm{L}}} = \frac{0.9 U_2 \cos\alpha}{R_{\mathrm{L}}} \qquad (1-37)$$

2）输出电压、电流有效值

因输出电流连续且近似为一条水平线，故输出电流有效值和平均值相等，即

$$I = I_{\mathrm{d}} \qquad (1-38)$$

3）流过晶闸管的电流平均值、有效值

根据工作原理分析，流过晶闸管的电流平均值 I_{dVT} 只有输出电流平均值 I_{d} 的一半，即

$$I_{\mathrm{dVT}} = \frac{1}{2} I_{\mathrm{d}} \qquad (1-39)$$

流过晶闸管的电流有效值为

$$I_{\mathrm{VT}} = \frac{1}{\sqrt{2}} I_{\mathrm{d}} \qquad (1-40)$$

4）晶闸管承受的最高电压

由图 1-29(b) 的工作波形可知，晶闸管两端承受的最大正反向电压均为 u_2 的最大值 $\sqrt{2} U_2$，这是因为当电路为阻感性负载时，负载电流连续，不存在 4 只晶闸管都不导通的情况。

5）变压器副边电流有效值

变压器副边电流 i_2 的波形为正负各 $180°$ 的矩形波，其有效值为

$$I_2 = I = I_{\mathrm{d}} \qquad (1-41)$$

实际电路中电抗器的 L 不可能太大，电路工作在大 α 时，U_{d}、I_{d} 很小，为了保证电流不断续，可在负载两端反向并接续流二极管。并接续流二极管后，u_{d} 的波形不会出现负电压，U_{d} 的计算公式与带电阻性负载时一样，晶闸管的导通角 $\theta = \pi - \alpha$，续流二极管的导通角为 2α，其工作原理、数量关系请自行分析。

┌•例题解析•┐

例 1-8　单相桥式全控整流电路接大电感负载，$U_2 = 220$ V，负载电阻 $R = 4$ Ω。试求：(1) $\alpha = 60°$ 时，求流过晶闸管的电流的平均值和有效值；(2) 当负载两端接有续流二极管时，求输出电压、电流的平均值，流过晶闸管和续流二极管中电流的平均值、有效值。

解　(1) 输出电压平均值为

$$U_{\mathrm{d}} = 0.9 U_2 \cos\alpha = 0.9 \times 220 \times \cos 60° = 99 \text{ V}$$

输出负载电流平均值为

$$I_d = \frac{U_d}{R} = \frac{99}{4} = 24.8 \text{ A}$$

流过晶闸管的电流平均值为

$$I_{dVT} = \frac{I_d}{2} = 12.4 \text{ A}$$

流过晶闸管的电流有效值为

$$I_{VT} = \frac{I_d}{\sqrt{2}} = 17.54 \text{ A}$$

(2) 接续流二极管时的输出电压平均值为

$$U_d = \frac{0.9 U_2 (1+\cos\alpha)}{2} = 0.9 \times 220 \times \frac{1+\cos 60°}{2} = 148.5 \text{ V}$$

输出电流平均值为

$$I_d = \frac{U_d}{R} = 37.125 \text{ A}$$

流过晶闸管的电流平均值和有效值分别为

$$I_{dVT} = \frac{120°}{360°} I_d = 12.4 \text{ A}$$

$$I_{VT} = \sqrt{\frac{120°}{360°}} \times 37.125 = 21.4 \text{ A}$$

流过续流二极管的电流平均值和有效值分别为

$$I_{dVD} = \frac{60° + 60°}{360°} I_d = 12.4 \text{ A}$$

$$I_{VD} = \sqrt{\frac{2 \times 60°}{360°}} \times 37.125 = 21.4 \text{ A}$$

1.4.3　单相桥式全控整流电路(反电动势负载)

正在充电的蓄电池和运行中的直流电动机电枢等作为整流电路的负载时,这些负载的电动势与 U_d 极性相反,均有阻止负载电流的作用,故称之为反电动势负载。为了便于分析,反电动势负载的等效电路可以用一个电动势和电阻的串联电路来表示。

1. 电路组成与工作原理

单相桥式全控整流电路(反电动势负载)及工作波形如图 1-30 所示,其中图(a)所示负载为蓄电池,图(b)所示负载为电动机;E 为等效电动势,R 为等效回路总电阻。图(c)所示波形中 $u_d = E$ 对应的角度 δ 称为不导电角或停止导电角,其计算公式为

$$\delta = \arcsin \frac{E}{\sqrt{2} U_2} \tag{1-42}$$

忽略主电路各部分的电感,只有在 $|u_2| > E$,且有触发脉冲时,晶闸管才能导通。当 $\alpha > \delta$ 时,晶闸管导通,$u_d = u_2$,$i_d = \frac{u_2 - E}{R}$,直至 $|u_2| = E$,i_d 降至 0,使得晶闸管关断,此后 $u_d = E$。与电阻性负载时相比,反电动势负载的晶闸管提前了电角度 δ 停止导电,晶闸管的导通区间为 $\alpha \sim (\pi - \delta)$。

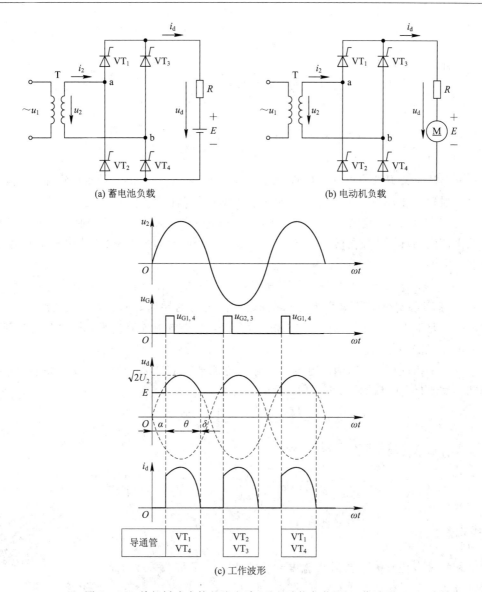

图 1-30　单相桥式全控整流电路（反电动势负载）及工作波形

当 $\alpha < \delta$，$\omega t = \alpha$ 时，$|u_2| < E$，晶闸管承受负压，触发脉冲不能立即使晶闸管导通。为了使晶闸管可靠导通，应使触发脉冲有足够的宽度，保证 $\omega t = \delta$（即晶闸管开始承受正向电压）时，触发脉冲尚未消失。晶闸管的导通区间为 $\delta \sim (\pi - \delta)$。

2. 数量关系

（1）输出电压平均值为

$$U_d = \begin{cases} E + \dfrac{1}{\pi}\displaystyle\int_{\delta}^{\pi-\delta} (\sqrt{2}\,U_2 \sin\omega t - E)\, d(\omega t) & (\alpha < \delta) \qquad (1-43) \\[3mm] E + \dfrac{1}{\pi}\displaystyle\int_{\alpha}^{\pi-\delta} (\sqrt{2}\,U_2 \sin\omega t - E)\, d(\omega t) & (\alpha > \delta) \qquad (1-44) \end{cases}$$

（2）输出电流平均值为

$$I_d = \frac{U_d}{R} \tag{1-45}$$

（3）输出电流有效值为

$$I = \begin{cases} \sqrt{\dfrac{1}{\pi} \displaystyle\int_{\alpha}^{\pi-\delta} \left(\dfrac{\sqrt{2}U_2\sin\omega t - E}{R}\right)^2 \mathrm{d}(\omega t)} & (\alpha < \delta) \\[4mm] \sqrt{\dfrac{1}{\pi} \displaystyle\int_{\delta}^{\pi-\delta} \left(\dfrac{\sqrt{2}U_2\sin\omega t - E}{R}\right)^2 \mathrm{d}(\omega t)} & (\alpha > \delta) \end{cases} \tag{1-46} \tag{1-47}$$

反电动势负载下的输出电流是断续的，电流断续将使电动机运行条件严重恶化，机械特性变得很软。输出平均电流 I_d 是与电流波形的面积成比例的，晶闸管导通角 θ 变小，电流波形底部变窄，为了增大平均电流，则电流峰值必须增大，高峰值的脉冲电流将造成直流电动机换向困难，并且在换向时容易产生火花。电流峰值增大还会造成电流有效值增大，进而要求电源容量也需增大。

为了解决上述问题，可在负载回路直流输出侧串联一个平波电抗器，当 $|u_2| = E$ 时，继续有 i_d 流过晶闸管使其继续导通，起到延长晶闸管的导通时间、平稳电流脉动的作用。只要电感量足够大，就能使晶闸管导通角为 $\theta = \pi$，输出电流连续平直，从而改善整流装置和直流电动机的工作条件。

采取这种措施后，电路输出电压 u_d、输出电流 i_d 的波形和阻感性负载时的电压、电流波形都相同，U_d 的计算公式也一样。输出电流为

$$I_d = \frac{U_d - E}{R} = \frac{0.9U_2\cos\alpha - E}{R} \tag{1-48}$$

为保证电流连续，所需的电感量为

$$L = \frac{2\sqrt{2}U_2}{\pi\omega I_{d\min}}\sin\alpha = \frac{2\sqrt{2}U_2}{\pi\omega I_{d\min}} = 2.87 \times 10^{-3}\frac{U_2}{I_{d\min}} \tag{1-49}$$

【同步思考】

单相桥式全控整流电路对直流电动机供电，主回路中平波电抗器的电感量足够大，要求电动机在额定转速往下调速，调速范围是 1：10，系恒转矩调速。试问：调速范围与晶闸管定额有关系吗？调速范围与要求移相范围的关系又如何？

思考题 02

【例题解析】

例 1 - 9 单相桥式全控整流电路（反电动势负载）电抗器 L 足够大，如图 1 - 31 所示，电源电压为 220 V，$\alpha = 90°$，负载电流为 50 A，试计算晶闸管、续流二极管的电流平均值及有效值。若电枢回路电阻为 0.2 Ω，求电动机的反电动势。

解 反电动势负载接大电感，整流电路输出的波形可视作一条水平直线。

当 $\alpha = 90°$ 时，有

$$I_{dVT} = \frac{90°}{360°}I_d = \frac{1}{4} \times 50 = 12.5 \text{ A}$$

$$I_{VT}=\sqrt{\frac{90°}{360°}}\,I_d=\frac{1}{2}\times 50=25\ \text{A}$$

$$I_{dVD}=\frac{2\times(180°-90°)}{360°}\,I_d=\frac{2\times 90°}{360°}\,I_d=\frac{1}{2}\times 50=25\ \text{A}$$

$$I_{VD}=\sqrt{\frac{2\times 90°}{360°}}\,I_d=35.4\ \text{A}$$

$$U_d=0.9U_2\frac{1+\cos\alpha}{2}=99\ \text{V}$$

$$E=U_d-I_dR_d=99-50\times 0.2=89\ \text{V}$$

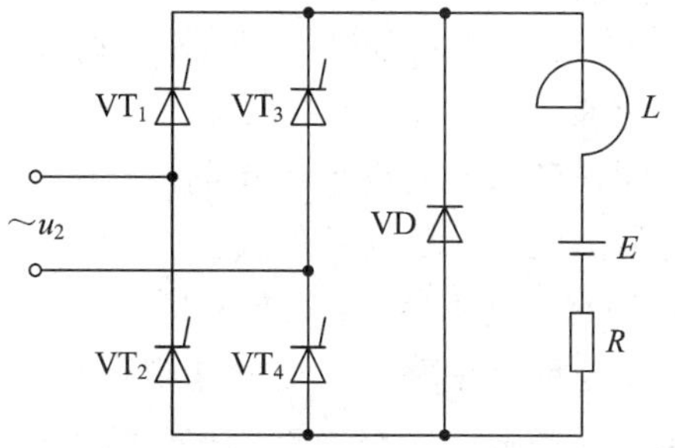

图 1-31　单相桥式全控整流电路(反电动势负载)含电抗器 L

1.4.4　单相桥式半控整流电路

从单相桥式全控整流电路的分析中可以知道,一对桥臂的两个晶闸管是同时导通和关断的。如果仅仅是为了实现整流,从经济观点出发可以用两只电力二极管来代替晶闸管组成单相桥式半控整流电路,如图 1-32 所示。

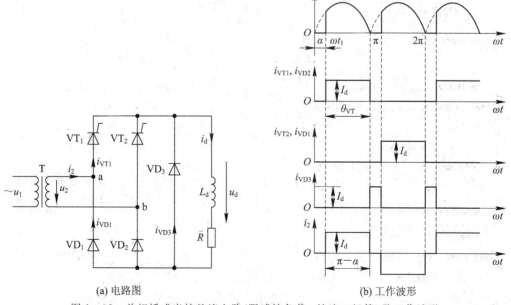

(a) 电路图　　　　(b) 工作波形

图 1-32　单相桥式半控整流电路(阻感性负载、续流二极管)及工作波形

在单相桥式半控整流电路中，如果负载是电阻性的，其工作情况（u_d、i_d 等波形）以及各电量（U_d、I_d 等）的计算，均与单相桥式全控整流电路时完全相同，此处不再赘述。下面分析阻感性负载时的情况。

单相桥式半控整流电路（阻感性负载）的缺点是容易产生"失控"现象。比如在触发脉冲缺失或触发脉冲控制角增大到 π 时，电路就会产生"失控"现象。这里以 VT_1 为例说明失控现象是如何发生的。电源电压正半周 VT_1 导通时，VT_1、VD_2 导电构成通路。如果 VT_2 触发脉冲丢失，负半周时，则 VT_2 不可能导通，此时 VT_1、VD_1 构成续流通路，VT_1 继续导通。当下个周期的正半周再次到来时，VT_1、VD_2 又重新导通。此时 VT_1 触发脉冲已不起作用，VT_1 一直在工作，造成 VT_1 关不断而失控。而 VD_1、VD_2 总在电源电压过零时自然换相，轮流导通，输出电压 u_d 成为不可控的正弦半波电压，这就是失控现象。在失控情况下工作的晶闸管，由于连续导通，很容易因过载而烧坏。为避免失控现象的发生，可在电路中加一个续流二极管。由于续流二极管的电压小于晶闸管和二极管两个管串联的电压，因而能够保证晶闸管关断，从而避免了失控现象的发生。

单相桥式半控整流电路还有其他形式。如图 1-33（a）所示为两晶闸管串联的单相桥式半控整流电路，该电路的优点是两个串联的二极管起到了续流二极管的作用，使电路不会出现失控现象，只是触发电路比图 1-32 略复杂一些。图 1-33（b）中只用了一个晶闸管，主电路成本更低。如果不加续流二极管，则晶闸管经过一个周期后，电路会成为不可控单相桥式整流电路；加续流二极管后，电路就能避免失控现象。原理请读者自行分析。

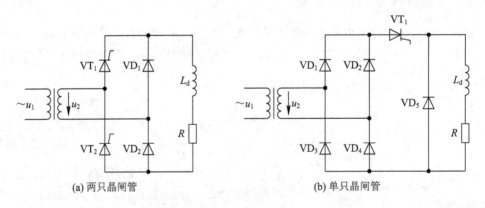

(a) 两只晶闸管　　　　　　　　　(b) 单只晶闸管

图 1-33　单相桥式半控整流电路其他形式

1.4.5　有源逆变电路

逆变是整流的逆过程。整流是把交流电变换成直流电供给负载；其逆过程，也就是将直流电转换成交流电，称为逆变。

1. 整流与逆变的关系

根据逆变输出交流电能去向的不同，又可将逆变电路分为有源逆变电路和无源逆变电路。有源逆变电路是以电网为负载，将逆变输出的交流电能回送到电网的逆变电路；无源逆变电路是以用电设备为负载，输出端交流电能直接输向用电设备的逆变电路。这里的

"源"指的是电网。

有源逆变常用于直流可逆调速系统、交流绕线转子异步电动机串级调速系统以及高压直流输电系统等。同一个晶闸管相控电路，既可以工作在整流状态，在满足一定条件时又可以工作于有源逆变状态，其电路形式未变，只是电路工作条件发生了转变。因此，在讨论晶闸管可控电路的整流及有源逆变工作过程时，常常使用晶闸管"变流电路"这个名称，而不再叫晶闸管可控"整流电路"。

2. 电源间能量的变换关系

直流电源 E_1 和 E_2 同极性相连，如图 1-34(a)所示，当 $E_1 > E_2$ 时，回路中的电流为

$$I = \frac{E_1 - E_2}{R}$$

式中，R 为回路的总电阻。

此时电源 E_1 输出电能 $E_1 I$，其中一部分为 R 所消耗的 $I^2 R$，其余部分则为电源 E_2 所吸收的 $E_2 I$。注意上述情况中，吸收电能的电源，其电流从电动势的正端流入；输出电能的电源，其电流从电动势的正端流出。

直流电源 E_1 和 E_2 同极性相连，如图 1-34(b)所示，两个电源的极性方向均与图 1-34(a)相反，当 $E_1 < E_2$ 时，回路中的电流为

$$I = \frac{E_2 - E_1}{R}$$

此时，电源 E_2 输出电能，电源 E_1 吸收电能。

如图 1-34(c)所示，两个电源反极性相连，则电路中的电流为

$$I = \frac{E_1 + E_2}{R}$$

此时电源 E_1 和 E_2 均输出电能，输出的电能全部消耗在电阻 R 上。若电阻值很小，则电路中的电流必然很大；若 $R = 0$，则形成两个电源短路的情况。

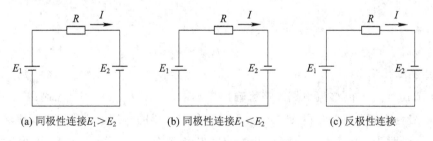

(a) 同极性连接$E_1 > E_2$　　　(b) 同极性连接$E_1 < E_2$　　　(c) 反极性连接

图 1-34　两个电源间能量的传送

综上所述，可得出以下结论：

(1) 两电源同极性相连，电流总是从高电势电源流向低电势电源，其电流的大小取决于两个电势之差与回路总电阻的比值。如果回路电阻很小，则很小的电势差也足以形成较大的电流，两电源之间将发生较大能量的交换。

(2) 电流从电源的正极流出，该电源输出电能；而电流从电源的正极流入，该电源吸收

电能。电源输出或吸收功率的大小由电动势与电流的乘积来决定,若电动势或者电流方向改变,则电能的传送方向也随之改变。

（3）两个电源反极性相连,如果电路的总电阻很小,将形成电源间的短路,应当避免发生这种情况。

3. 有源逆变的工作原理

下面以单相桥式全控整流电路为例分析有源逆变的工作原理。

单相桥式全控整流电路供电的直流卷扬系统如图 1-35 所示。由于负载是直流电动机,需串入大电感 L,以保持电流连续。为便于分析,忽略变压器阻抗和晶闸管正向压降。

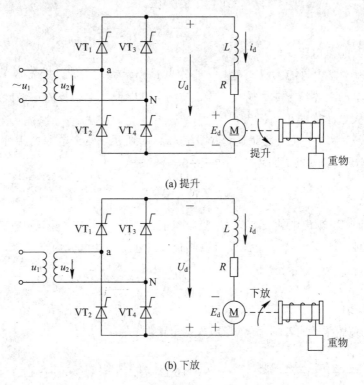

(a) 提升

(b) 下放

图 1-35　直流卷扬系统

1) 整流工作状态（$\alpha < 90°$ 时）

对于单相桥式全控整流电路,整流输出电压 $U_d = 0.9 U_2 \cos\alpha$。当控制角 α 为 $0° \sim 90°$ 时,U_d 的极性上正下负,如图 1-35(a)所示。在该电压的作用下,直流电动机转动,卷扬机将重物提升起来。直流电动机转动产生的反电动势为 E_M,其极性也是上正下负,因 $U_d > E_M$,所以变流电路输出功率。变流电路工作在整流状态时,其输出电流为

$$I_d = \frac{U_d - E_M}{R} \qquad (1-50)$$

式中,U_d 为输出电压平均值,R 为电路总等效电阻。

电流 I_d 从电压 U_d 的正极流出,从反电动势 E_M 的正极流入,电动机工作在电动状态。

2）中间状态（$\alpha = 90°$时）

当卷扬机将重物提升到要求高度时，自然就需在某个位置停住，这时只要将控制角 α 调到 $90°$ 的位置，变流器输出电压波形中，其正负面积相等，电压平均值 $U_d = 0$，直流电动机停转（实际上采用电磁抱闸断电制动），电动机反电动势 $E_M = 0$。此时，虽然 U_d 为零，但仍有微小的直流电流存在。注意，此时电路处于动态平衡状态，与电路切断、直流电动机停转具有本质的不同，如图 1-36(a) 所示。

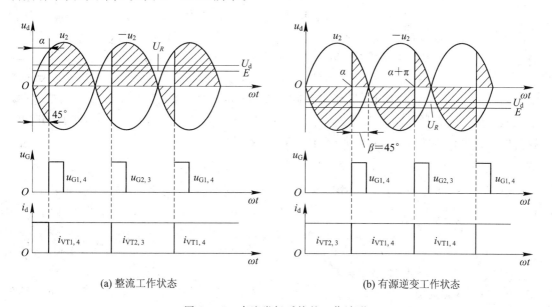

(a) 整流工作状态　　　　　　　　(b) 有源逆变工作状态

图 1-36　直流卷扬系统的工作波形

3）有源逆变工作状态（$90° < \alpha < 180°$时）

上述卷扬系统中，当重物放下时，由于重力对重物的作用，必将牵动直流电动机使之向与重物上升相反的方向转动，直流电动机产生的反电动势的极性也将随之反向，如图 1-35(b) 所示。如果变流电路仍工作在 $\alpha < 90°$ 的整流状态，从上面曾分析过的电源能量转换关系不难看出，此时将发生电源间类似短路的情况。为此，只能让变流器工作在 $\alpha > 90°$ 的状态，因为当 $\alpha > 90°$ 时，其输出直流平均电压 U_d 为负，此时如果能满足 $E_M > U_d$，则回路中的电流为

$$I_d = \frac{E_M - U_d}{R} \tag{1-51}$$

晶闸管具有单向导电性，电流 I_d 的方向不能改变。电流从反电动势 E_M 的正极流出，从电压 U_d 的正极流入。显然，此时直流电动机运行于发电状态，对外输出电能，产生制动转矩，使重物匀速下降。变流电路工作在有源逆变状态时，作为负载吸收功率，把直流电能送到交流电网中。

变流电路的三种状态的工作波形如图 1-36 所示。随着控制角 α 的变化，电路从整流工作状态变到中间状态，然后进入有源逆变工作状态。

由上述内容可知，实现有源逆变必须同时具备以下两个条件：

（1）外部条件。要有一个极性与晶闸管导通方向一致的直流电动势源。这种直流电动势源可以是直流电动机的电枢电动势，也可以是蓄电池电动势。它是使电能从变流器的直流侧回馈交流电网的源泉，其数值应稍大于变流器直流侧输出的直流平均电压。

另外，回路要有足够大的电感，以维持电流连续和限制峰值电流，为此需串接大电感 L。

（2）内部条件。变流电路的控制角 $\alpha > 90°$ 时，输出电压 U_d 为负值，实现直流电源的能量向交流电网的流转。

此外，对于半控桥式整流电路或者带有续流二极管的可控整流电路，因为它们在任何情况下均不可能输出负电压，也不允许直流侧出现反极性的直流电动势，所以不能实现有源逆变。有源逆变条件的获得，必须视具体情况进行分析。例如，对于上述直流电动机拖动卷扬机系统，电动机电动势标的极性可随重物的"提升"与"下降"自行改变并满足逆变的要求。对于电力机车，当它在上、下坡道行驶时，因车轮转向不变，故在下坡发电制动时，其电动机电动势的极性不能自行改变，为此必须采取相应措施，例如可利用极性切换开关来改变电动机电动势的极性，否则系统将不能进入有源逆变状态。

4. 逆变角 β

由图 1-36 可见，在整流和逆变范围内，如果电流连续，则每个晶闸管的导通角都是 $180°$，故不论触发角 α 为何值，直流侧输出电压均为

$$U_d = \frac{2}{2\pi}\int_{\alpha}^{\alpha+\pi} \sqrt{2}U_2 \sin\omega t \, d(\omega t) = 0.9U_2 \cos\alpha$$

式中：U_2 为变压器副边相电压有效值。

U_d 的公式与整流时一样，由于逆变运行时控制角 $\alpha > 90°$，$U_d < 0$，为了分析和计算方便，引入逆变角 β。一般规定逆变角 β 以控制角 $\alpha = \pi$ 时刻作为计量的起始点（$\beta = 0$），而任意时刻 β 的大小与 α 满足关系式 $\alpha + \beta = \pi$，在此将 $\alpha = \pi - \beta$ 代入上式，则

$$U_d = 0.9U_2 \cos\alpha = 0.9U_2 \cos(\alpha - \beta) = -0.9U_2 \cos\beta$$

式中：β 的范围为 $0° \sim 90°$。

可见，在逆变工作过程中，当 $\beta = 0$ 时，输出电压 U_d 的绝对值最大，随着 β 角度的增加，U_d 的绝对值逐渐减小，当 $\beta = 90°$ 时，$U_d = 0$。

同步思考

晶闸管供电的卷扬系统电路在 $\alpha > 90°$ 时是否能够工作？此时输出直流平均电压 U_d 为负值的含义是什么？

思考题 03

1.5　三相整流电路

单相整流电路在小功率场合得到广泛运用，三相整流的输出要比单相整流输出的脉动小，对电源三相负荷也较均匀，因此，在大、中容量设备中均采用三相整流。三相半波整流在三相整流电路中是最简单的。

1.5.1　三相半波不可控整流电路

三相半波不可控整流电路由电源变压器 T、整流二极管（$VD_1 \sim VD_3$）和负载 R_L 组成，如图 1−37(a)所示。变压器 T 通常采用 D/Y−11 连接组别，原边绕组连接为三角形，使得 $3n$ 次谐波在原边形成环流，主要用来隔离整流器工作时产生的谐波，防止电网受高次谐波污染；副边绕组连接为星形，从而得到中性点 N。三相半波电路又称为三相零式电路。整流二极管 VD_1、VD_2、VD_3 的阳极分别接在 U、V、W 三相绕组上，而其阴极则连在一起（如图 1−37(a)所示 K），称为共阴极接法；反之，称为共阳极接法。二者的不同之处在于输出电压极性相反。负载跨接在共阴极 K 与中性点 N 之间。

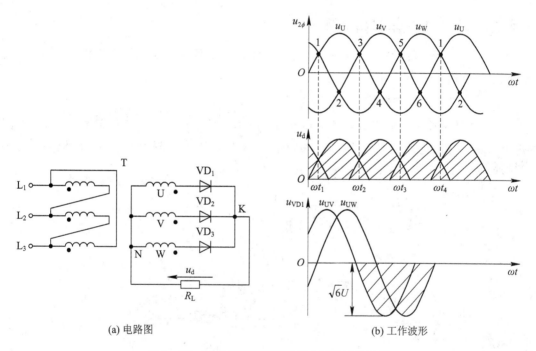

(a) 电路图　　　　　　　　　　(b) 工作波形

图 1−37　三相半波不可控整流电路及工作波形

变压器副边绕组相电压 u_U、u_V、u_W 的电压波形如图 1−37(b)所示，它们的相位各差 120°；线电压波形 u_{UV}、u_{UW} 波形如图 1−37(b)所示。设变压器副边相电压有效值为 U_2，则 U、V 和 W 的相电压表达式为

$$u_U = \sqrt{2} U_2 \sin\omega t \tag{1-52}$$

$$u_V = \sqrt{2} U_2 \sin\left(\omega t - \frac{2\pi}{3}\right) \tag{1-53}$$

$$u_W = \sqrt{2} U_2 \sin\left(\omega t + \frac{2\pi}{3}\right) \tag{1-54}$$

由于二极管的阴极连在一起作为输出，所以在 3 个二极管中，只有正电压最高的一相所接的二极管才能导通，其余两只二极管必然受到反压而截止。电路工作波形如图 1−37(b)所示。

在 $\omega t_1 \sim \omega t_2$ 期间，u_U 的瞬时值最大，因此 VD_1 导通，此期间输出电压 $u_d = u_U$。

在 $\omega t_2 \sim \omega t_3$ 期间，u_V 的瞬时值变为最大，VD_2 导通，$u_d = u_V$。

在 $\omega t_3 \sim \omega t_4$ 期间，u_W 的瞬时值变为最大，VD_3 导通，$u_d = u_W$。

一个电源周期内，按 U、V、W 相序，二极管 VD_1、VD_2、VD_3 轮流导通，每个二极管导通 120°。电源电压 u_2 的三个相电压正半周的交点（ωt_1、ωt_2、ωt_3 对应的 1、3、5），分别是三个管子的起始导通点。每过其中一个交点，电流从原来的一相变换到新的一相，这种换相（或称换流）不需要外部控制，故称为自然换相（或称自然换流），三个相电压正半周的交点称为自然换相点（或称自然换流点）。电路输出电压为脉动直流电压，脉动频率是电源频率的 3 倍。整流二极管承受的最大反向电压为电源线电压峰值。若电源相电压为 U_2，则整流二极管承受的最大反向电压为 $\sqrt{6}U_2$。

1.5.2　三相半波可控整流电路

将三相半波不可控整流电路中的电力二极管换成晶闸管，就构成了三相半波可控整流电路。

1. 电路组成与工作原理

三相半波可控整流电路由电源变压器 T、晶闸管（$VT_1 \sim VT_3$）和负载 R_L 组成，如图 1-38 所示。这时电路导通的条件除了晶闸管的阳极电压高于阴极外，还有门极同时有触发脉冲。

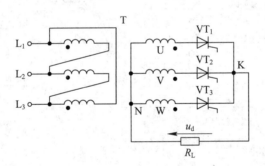

图 1-38　三相半波可控整流电路

1）触发角 $\alpha = 0°$ 时的工作情况

当 $\omega t_1(\alpha = 0°)$ 时，自然换相点时刻给晶闸管触发脉冲信号，晶闸管一旦承受到正向电压，就立即被触发导通。电路工作波形如图 1-39 所示，触发脉冲之间互差 120°。

2）$0° < \alpha \leqslant 30°$ 时的工作情况

以 $\alpha = 30°$ 为例，分析电路工作状态，电路工作波形如图 1-40 所示。

自然换相点时刻之前，W 相电压最高，VT_3 导通，$u_d = u_W$。

自然换相点时刻开始，U 相电位高于 W 相电位，晶闸管 VT_1 开始承受正向电压，但由于此时 VT_1 没有得到触发信号而不导通，VT_3 继续导通，$u_d = u_W$。

当 $\omega t_1(\alpha = 30°)$ 时刻，VT_1 得到触发信号 u_{G1} 而导通，使得 K 点电位变为和 U 相相同，VT_3 因承受反向电压而关断，$u_d = u_U$。负载电流从 VT_3 支路换流到 VT_1 支路，完成电流换相。以后各支路之间换流过程类同。

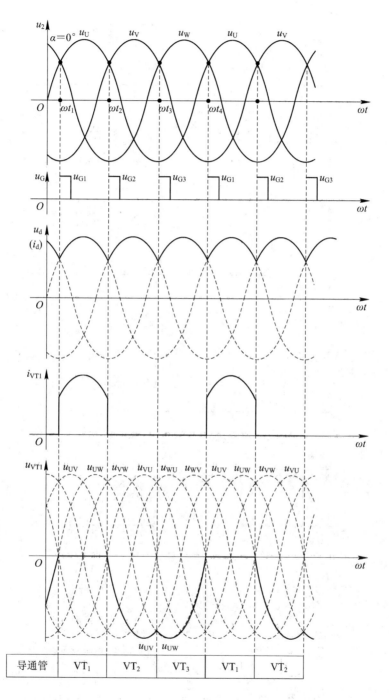

图 1-39　三相半波可控整流电路 $\alpha=0°$ 时的工作波形

　　通过上述分析及波形图可知，3 只晶闸管轮流导通 120°。$\alpha=30°$ 时，输出电压、电流刚好处于连续与断续的临界状态，$\alpha<30°$ 时输出电压、电流连续。

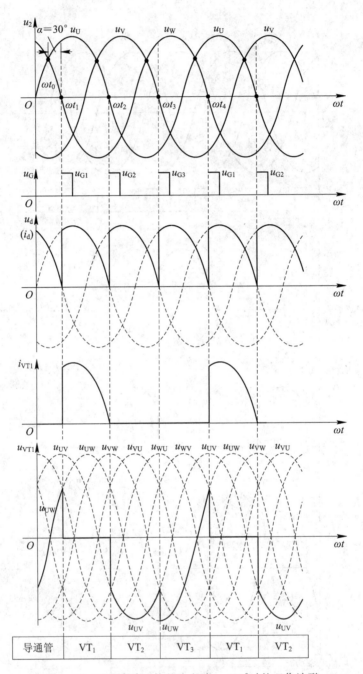

图 1-40　三相半波可控整流电路 $\alpha=30°$ 时的工作波形

3）$\alpha > 30°$ 时的工作情况

以 $\alpha = 75°$ 为例，分析电路工作状态，电路工作波形如图 1-41 所示。

自然换相点时刻之前，W 相电压最高，VT_3 导通，$u_d = u_W$。

自然换相点时刻开始，U 相电位高于 W 相电位，晶闸管 VT_1 开始承受正向电压，但由于此时 VT_1 没有得到触发信号而不导通，VT_3 继续导通，$u_d = u_W$。直至 ωt_0 时刻 u_W 过零变负，电流 $i_d = 0$，晶闸管 VT_3 自然关断，$u_d = 0$。

当 $\omega t_1 (\alpha = 75°)$ 时刻，VT_1 得到触发信号 u_{G1} 而导通，$u_d = u_U$。此后工作过程类似。

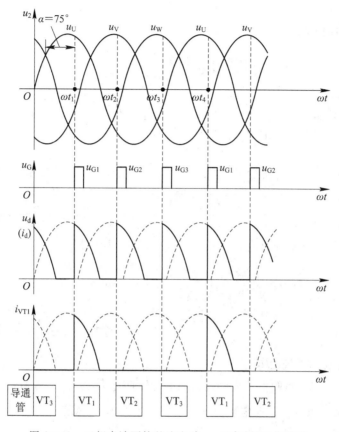

图 1-41　三相半波可控整流电路 $\alpha = 75°$ 时的工作波形

通过上述分析及波形图可知，输出电流出现断续，晶闸管导通角小于 120°。

同步思考

三相半波可控整流电路能否用一套触发器，每隔 120° 送出触发脉冲，使电路工作？

2. 数量关系

1）输出电压、电流平均值

由于输出电流波形有连续和断续之分，因此输出电压也分为两类情况。

当 $0° \leqslant \alpha \leqslant 30°$ 时，负载电压、电流波形连续，VT_1 在 $\pi/6 + \alpha$ 至 $5\pi/6 + \alpha$ 范围内导通，整流输出电压平均值为

$$U_d = \frac{1}{2\pi/3} \int_{\frac{\pi}{6}+\alpha}^{\frac{5\pi}{6}+\alpha} \sqrt{2} U_2 \sin\omega t \, \mathrm{d}(\omega t) = \frac{3\sqrt{6}}{2\pi} U_2 \cos\alpha = 1.17 U_2 \cos\alpha \quad (0° \leqslant \alpha \leqslant 30°)$$

当 $30° < \alpha \leqslant 150°$ 时，负载电流波形断续，当 $\omega t = \pi$ 时截止，输出电压平均值为

$$U_d = \frac{1}{2\pi/3} \int_{\frac{\pi}{6}+\alpha}^{\pi} \sqrt{2} U_2 \sin\omega t \, \mathrm{d}(\omega t) = 0.675 U_2 \left[1 + \cos\left(\frac{\pi}{6}+\alpha\right) \right] \quad (30° < \alpha \leqslant 150°)$$

触发角 $\alpha=0°$ 时，输出电压平均值最大，$U_d=1.17U_2$；触发角 $\alpha=150°$ 时，输出电压平均值最小，$U_d=0$；触发角 α 的移相范围是 $0°\sim150°$。输出电压 U_d 的脉动频率为 3 倍的电源频率。

输出电流平均值为

$$I_d = \frac{U_d}{R_L} \tag{1-55}$$

2）晶闸管电流平均值、有效值

每个周期 3 只晶闸管轮流导通，晶闸管电流平均值为

$$I_{dVT} = \frac{1}{3}I_d \tag{1-56}$$

$\alpha\leqslant30°$ 时晶闸管电流有效值为

$$I_{VT} = \sqrt{\frac{1}{2\pi}\int_{\frac{\pi}{6}+\alpha}^{\frac{5\pi}{6}+\alpha}\left(\frac{\sqrt{2}U_2\sin\omega t}{R_L}\right)^2 \mathrm{d}(\omega t)} = \frac{U_2}{R_L}\sqrt{\frac{1}{2\pi}\left(\frac{2\pi}{3}+\frac{\sqrt{3}}{2}\cos2\alpha\right)} \tag{1-57}$$

$\alpha>30°$ 时晶闸管电流有效值为

$$I_{VT} = \sqrt{\frac{1}{2\pi}\int_{\frac{\pi}{6}+\alpha}^{\pi}\left(\frac{\sqrt{2}U_2\sin\omega t}{R_L}\right)^2 \mathrm{d}(\omega t)}$$

$$= \frac{U_2}{R_L}\sqrt{\frac{1}{2\pi}\left(\frac{5\pi}{6}-\alpha+\frac{\sqrt{3}}{4}\cos2\alpha+\frac{1}{4}\sin2\alpha\right)} \tag{1-58}$$

3）晶闸管承受的最高电压

由工作波形可知，晶闸管两端承受的最大反向电压为变压器副边线电压的最大值 $\sqrt{6}U_2$，晶闸管承受的最大正向电压是变压器副边相电压的峰值 $\sqrt{2}U_2$。

例题解析

例 1-10 三相半波可控整流电路负载为电动机，串入足够大的平波电抗器，与续流二极管并联，如图 1-42(a)所示。$U_2=220$ V，电动机负载电流平均值为 40 A，电枢回路总电阻为 0.2 Ω，求：当 $\alpha=60°$ 时，流过晶闸管与续流管的电流平均值、有效值以及电动机反电动势各为多少？并画出电压、电流波形。

解 由于负载反并联二极管 VD_1，所以整流输出电压 U_d 波形如图 1-42(b)所示，此时 $\alpha=60°$，输出电压平均值为

$$U_d = \frac{3}{2\pi}\int_{\frac{\pi}{6}+\alpha}^{\pi}\sqrt{2}U_2\sin\omega t\,\mathrm{d}(\omega t)$$

$$= \frac{3}{2\pi}\int_{\frac{\pi}{2}}^{\pi}\sqrt{2}U_2\sin\omega t\,\mathrm{d}(\omega t)$$

$$= \frac{3}{2\pi}\sqrt{2}U_2 = \frac{3\sqrt{2}}{2\pi}\times220 \approx 148.6 \text{ V}$$

流过晶闸管 VT_1 的电流平均值为

$$I_{dVT_1} = \frac{1}{2\pi}\int_{\frac{\pi}{2}}^{\pi} I_d \mathrm{d}(\omega t) = \frac{1}{2\pi}\left(\pi - \frac{\pi}{2}\right) I_d$$

$$= \frac{1}{4} I_d = \frac{1}{4} \times 40 = 10 \text{ A}$$

流过 VT_1 的电流有效值为

$$I_{VT_1} = \sqrt{\frac{\pi - \frac{\pi}{2}}{2\pi}} I_d = \frac{1}{2} I_d = \frac{1}{2} \times 40 = 20 \text{ A}$$

流过续流二极管 VD_1 的电流平均值为

$$I_{dVD1} = \frac{3}{2\pi}\left(\frac{\pi}{2} - \frac{\pi}{3}\right) I_d = \frac{1}{4} I_d = \frac{1}{4} \times 40 = 10 \text{ A}$$

流过续流二极管 VD_1 的电流有效值为

$$I_{VD1} = \sqrt{\frac{3}{2\pi}\left(\frac{\pi}{2} - \frac{\pi}{3}\right)} I_d = \frac{1}{2} I_d = 20 \text{ A}$$

设电动机的反电动势为 E_M，则由回路方程

$$U_d = E_M + I_d R_L$$

得

$$E_M = U_d - I_d R_L = 148.6 - 40 \times 0.2 = 140.6 \text{ V}$$

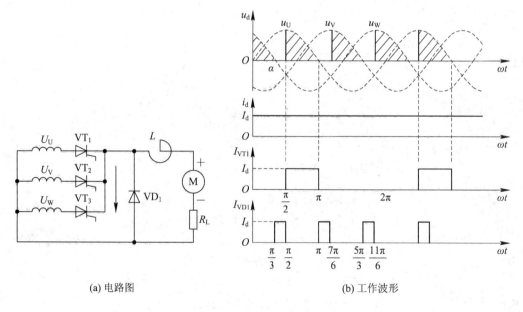

(a) 电路图　　　　　　　　　　(b) 工作波形

图 1-42　例 1-10 的电路图及工作波形

　　三相半波可控整流电路只使用了 3 只晶闸管，接线和控制都很简单，但整流变压器副边绕组一个周期中仅半个周期通电一次，输出电压的脉动频率为 150 Hz，脉动较大，绕组利用率低，且单方向的电流也会造成铁芯的直流磁化，引起损耗的增大。所以三相半波可控整流电路一般用在中、小容量的设备上。

共阳极三相半波可控整流电路及工作波形如图 1－43 所示，3 个晶闸管阳极与负载连接，由于晶闸管导通方向反了，只能在交流相电压负半轴导通，自然换流点即 α 角起始点为电压负半周相邻两相波形的交点，同一相共阴与共阳连接晶闸管的 α 起算点相差 180°。管子换相导通的次序是：供给触发脉冲后阴极电位更低的管子导通，原先导通的管子受反压而关断。电路带有大电感负载时，有

$$U_d = -1.17U_2\cos\alpha \qquad (1-59)$$

在某些整流装置中，考虑能共用一块大散热器且安装方便时采用共阳极接法，其缺点是要求 3 个管子的触发电路的输出端彼此绝缘。

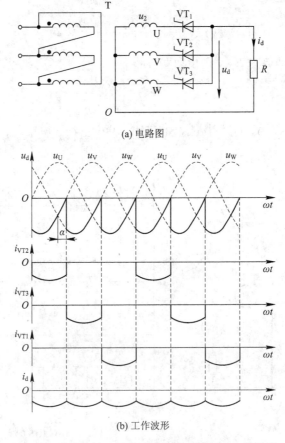

图 1－43　共阳极三相半波可控整流电路及工作波形

1.5.3　三相桥式全控整流电路

将三相半波共阴极组可控整流电路和三相半波共阳极组可控整流电路串联，去掉中性线，将两个负载合并，即可得到三相桥式全控整流电路，如图 1－44 所示。

三相桥式全控整流
电路仿真实验

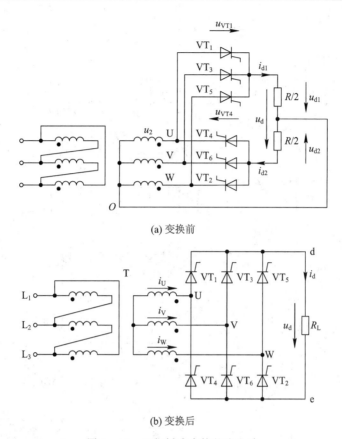

(a) 变换前

(b) 变换后

图 1-44　三相桥式全控整流电路

1. 电路组成与工作原理

三相桥式全控整流电路由电源变压器 T、6 只晶闸管（$VT_1 \sim VT_6$）和负载电阻 R_L 组成，如图 1-44(b)所示。晶闸管 VT_1、VT_3、VT_5 的阳极分别接至 U、V、W 三相电源，其阴极连在 d 点形成整流电路输出的正极，称为共阴极组；晶闸管 VT_4、VT_6、VT_2 的阴极分别接至 U、V、W 三相电源，其阳极连在 e 点形成整流电路输出的负极，称为共阳极组。负载电阻 R_L 跨接在共阴极点 d 与共阳极点 e 之间。三相电源电压正半周的交点是共阴极组的自然换相点；而负半周的交点是共阳极组的自然换相点。

当 $\alpha = 0°$ 时，自然换相点时刻给晶闸管触发脉冲信号，晶闸管一旦承受到正向电压，就立即被触发导通。电路工作波形如图 1-45 所示。下面以一个电源周期为例进行分析，从 ωt_1 时刻开始将一个周期等分为 6 段，每段 60°。

在 $\omega t_1 \sim \omega t_2$ 期间，三相交流电压中，U 相电压最高，而 V 相电压最低，VT_1、VT_6 导通，$u_d = u_{UV}$。电流从变压器的 U 端流出，经过 VT_1、R_L、VT_6 到 V 端流回变压器。忽略 VT_1、VT_6 正向压降，输出电压 $u_d = u_{UV}$。后面以此类推。

在 $\omega t_2 \sim \omega t_3$ 期间，U 相电压最高，W 相电压最低，故二极管 VT_1、VT_2 导通，$u_d = u_{UW}$。

在 $\omega t_3 \sim \omega t_4$ 期间，V 相电压最高，W 相电压最低，故二极管 VT_3、VT_2 导通，$u_d = u_{VW}$。

在 $\omega t_4 \sim \omega t_5$ 期间，V 相电压最高，U 相电压最低，故二极管 VT_3、VT_4 导通，$u_d = u_{VU}$。

在 $\omega t_5 \sim \omega t_6$ 期间，W 相电压最高，U 相电压最低，故二极管 VT_5、VT_4 导通，$u_d = u_{WU}$。

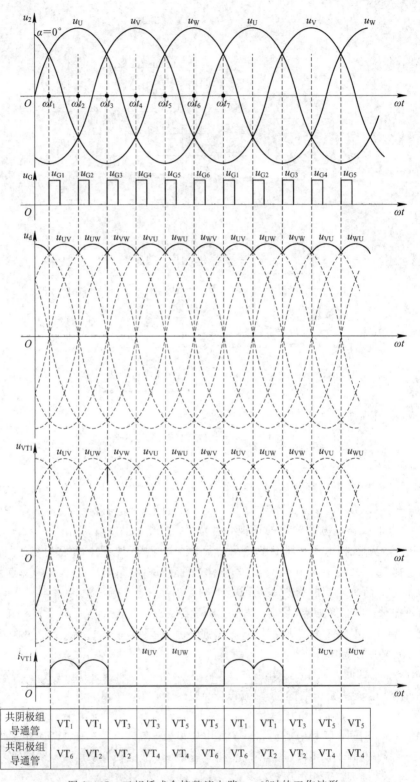

共阴极组导通管	VT₁	VT₁	VT₃	VT₃	VT₅	VT₅	VT₁	VT₁	VT₃	VT₅	VT₅
共阳极组导通管	VT₆	VT₂	VT₂	VT₄	VT₄	VT₆	VT₆	VT₂	VT₂	VT₄	VT₄

图 1 - 45　三相桥式全控整流电路 α＝0°时的工作波形

在 $\omega t_6\sim\omega t_7$ 期间，W 相电压最高，V 相电压最低，故二极管 VT_5、VT_6 导通，$u_d=u_{WV}$。

按 U、V、W 相序，晶闸管 $VT_1\sim VT_6$ 轮流导通。在同一期间内，只有两只晶闸导通（每组各一个），每只晶闸管导通 120°，输出电压 u_d 的波形对应为线电压在正半周的包络线。

在 0°$<\alpha\leqslant$60° 范围内，电路工作状态与 $\alpha=$0° 是相同的。$\alpha=$30° 的工作波形如图 1-46(a) 所示，在 ωt_1 时刻，VT_6 由导通转为关断；给 VT_2 触发脉冲，VT_2 导通；若 VT_1 此时无触发脉

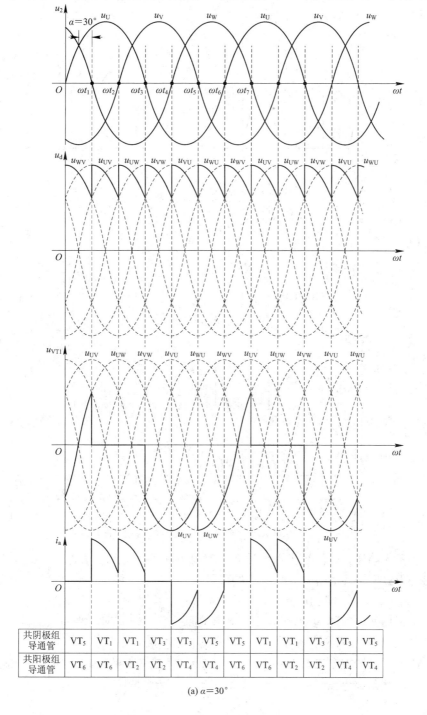

(a) $\alpha=$30°

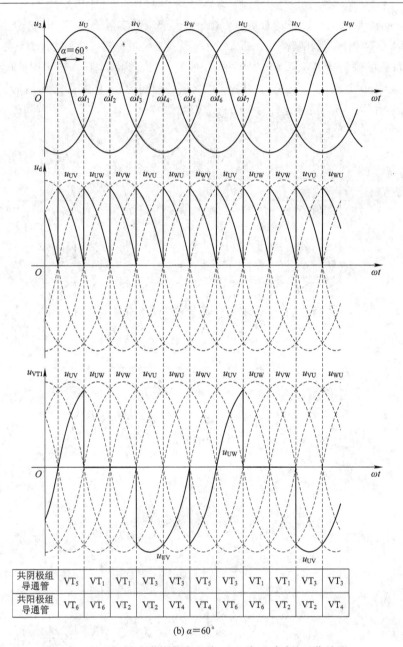

共阴极组 导通管	VT₅	VT₁	VT₁	VT₃	VT₃	VT₅	VT₃	VT₁	VT₁	VT₃	VT₃
共阳极组 导通管	VT₆	VT₆	VT₂	VT₂	VT₄	VT₄	VT₆	VT₆	VT₂	VT₂	VT₄

(b) α＝60°

图 1－46　三相桥式全控整流电路 α＝30°、60°时的工作波形

冲，则 VT_1 不能导通；VT_2 也会因为没有电流流过而无法导通。为保证桥式电路的上、下桥臂各有一只晶闸管同时导通，触发时可采用两种方法：一种是宽脉冲触发（触发脉冲宽度大于 60°而小于 120°，一般取 80°～100°）；另一种是双窄脉冲触发（触发脉冲宽度一般取 20°～30°），即用两个间隔为 60°的窄脉冲代替宽脉冲，一个周期内将一只晶闸管触发两次，两次脉冲间隔为 60°。双窄脉冲触发方式在实际工程中较为常见。

α＝60°时的工作波形如图 1－46(b)所示。α＝60°是三相桥式全控整流电路输出电压 u_d 波形连续与断续的临界点。α＞60°时，电路出现电流断续情况。

思考题 04

同步思考

三相桥式全控整流电路带电阻性负载，如果有一个晶闸管不能导通，此时的整流电压 u_d 波形如何？如果有一个晶闸管被击穿而短路，其他晶闸管受什么影响？

应用案例

直流伺服电动机作为执行元件，以其良好的调速性能，在自动控制系统中得到了广泛的应用。利用晶闸管的可控整流电路，改变直流伺服电动机的电枢电压，就能够完成直流伺服电动机的无级调速。下面以数控机床的主轴伺服系统中直流伺服电动机晶闸管调速电路为例加以介绍。主电路如图 1-47 所示，由晶闸管构成的三相桥式全控整流电路，正、反两组并联构成可逆电路（电动机正、反转）。FU 为熔断器，可实现短路保护；KM 为接触器，3 个动合触点用来接通电路的三相电源，动断触点与电阻 R 配合，在电路断开电源时，为电枢提供放电回路。

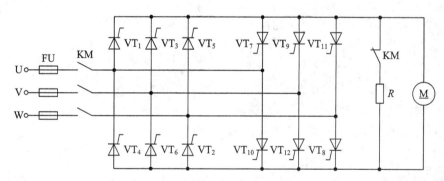

图 1-47　直流伺服电动机晶闸管调速系统主回路

2. 数量关系

1）输出电压、电流平均值

触发角 $\alpha = 0°$ 时，输出电压平均值最大，$U_d = 2.34U_2$；触发角 $\alpha = 120°$ 时，输出电压平均值最小，$U_d = 0$；触发角 α 的移相范围是 $0° \sim 120°$。输出电压 U_d 的脉动频率为 6 倍的电源频率。

触发角 $\alpha = 60°$ 是输出电压波形连续和断续的分界点，因此输出电压平均值分两种情况计算。

$\alpha \leqslant 60°$ 时：

$$U_d = \frac{1}{\pi/3} \int_{\frac{\pi}{3}+\alpha}^{\frac{2\pi}{3}+\alpha} \sqrt{2}\,\sqrt{3}\,U_2 \sin\omega t\,\mathrm{d}(\omega t) = 2.34U_2\cos\alpha \tag{1-60}$$

$\alpha > 60°$ 时：

$$U_d = \frac{1}{\pi/3} \int_{\frac{\pi}{3}+\alpha}^{\pi} \sqrt{2}\,\sqrt{3}\,U_2 \sin\omega t\,\mathrm{d}(\omega t) = 2.34U_2\left[1+\cos\left(\frac{\pi}{3}+\alpha\right)\right] \tag{1-61}$$

输出电流平均值为

$$I_{d} = \frac{U_{d}}{R_{L}} \qquad\qquad (1-62)$$

2）晶闸管的电流平均值、有效值

晶闸管的电流平均值为

$$I_{dVT} = \frac{1}{3} I_{d} \qquad\qquad (1-63)$$

晶闸管的电流有效值分两种情况计算。

$\alpha \leqslant 60°$时：

$$I_{VT} = \sqrt{\frac{2}{2\pi} \int_{\frac{\pi}{3}+\alpha}^{\frac{2\pi}{3}+\alpha} \left(\frac{\sqrt{6} U_{2} \sin\omega t}{R_{L}} \right)^{2} d(\omega t)} = \frac{U_{2}}{R_{L}} \sqrt{1 + \frac{3\sqrt{3}}{2\pi} \cos 2\alpha} \qquad (1-64)$$

$\alpha > 60°$时：

$$I_{VT} = \sqrt{\frac{2}{2\pi} \int_{\frac{\pi}{3}+\alpha}^{\pi} \left(\frac{\sqrt{6} U_{2} \sin\omega t}{R_{L}} \right)^{2} d(\omega t)} = \frac{U_{2}}{R_{L}} \sqrt{\frac{1}{\pi} \left(2\pi - 3\alpha + \frac{3\sqrt{3}}{4} \cos 2\alpha - \frac{3}{4} \sin 2\alpha \right)}$$

$$(1-65)$$

三相桥式全控整流电路带电阻性负载时，无论触发角 α 多大，电流是否连续，晶闸管电流有效值与输出电流有效值之间都存在以下关系：

$$I_{VT} = \frac{1}{\sqrt{3}} I \qquad\qquad (1-66)$$

3）晶闸管承受的最高电压

由工作波形可知，晶闸管两端承受的最大正、反向电压为变压器副边线电压的最大值 $\sqrt{6} U_{2}$。

┤例题解析├

例 1-11　如图 1-48(a)所示，三相桥式半控整流电路带大电感负载，$U_{2} = 100$ V，$R_{L} = 100$ Ω，求当 $\alpha = 45°$时，U_{d}，I_{d}，I_{2} 和 I_{VT} 值，并画出电压、电流波形。

解　输出电压平均值为

$$U_{d} = 2.34 U_{2} \cos\alpha = 165.5 \text{ V}$$

输出电流平均值为

$$I_{d} = \frac{U_{d}}{R_{L}} = 16.5 \text{ A}$$

电源电流有效值为

$$I_{dT} = \sqrt{\frac{1}{2\pi} \times \frac{4\pi}{3}} I_{d} = 13.47 \text{ A}$$

晶闸管电流有效值为

$$I_{VT} = \sqrt{\frac{1}{2\pi} I_{d}^{2} \times \frac{2\pi}{3}} = 0.577 I_{d} = 0.95 \text{ A}$$

所求电压、电流波形如图 1-48(b)所示。

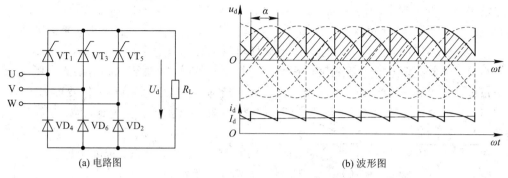

(a) 电路图　　　　　　　　　(b) 波形图

图 1-48　例 1-11 电路图与波形图

拓展学习

三相桥式全控整流电路带阻感性负载如图 1-49(a) 所示。当 $\alpha \leqslant 60°$ 时，u_d 波形连续，

(a) 电路图

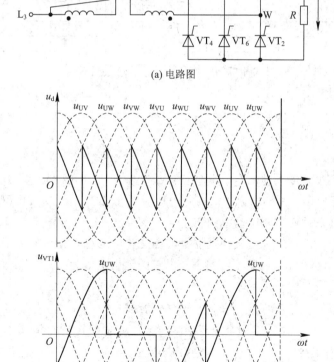

(b) $\alpha = 90°$ 时的工作波形

图 1-49　三相桥式全控整流电路(阻感性负载)及 $\alpha = 90°$ 时的工作波形

工作情况与三相桥式全控整流电路带电阻性负载时十分相似，各晶闸管的通断情况、输出整流电压 u_d 波形、晶闸管承受的电压波形等都一样。由于电感的作用，负载电流 i_d 波形变得平直，当电感足够大时，负载电流 i_d 的波形可近似为一条水平线。

当 $\alpha > 60°$ 时，阻感性负载的工作情况与电阻性负载不同，由于电感的续流作用，u_d 波形会出现负半波。当 $\alpha = 90°$ 时，三相桥式全控整流电路(阻感性负载)工作波形如图 1-49 (b)所示，u_d 波形上下对称，平均值为零。因此，三相桥式全控整流电路(阻感性负载)的移相范围为 $0° \sim 90°$。

例 1-12 绕线式异步电动机的串级调速电路如图 1-50 所示。请讲述其工作原理。

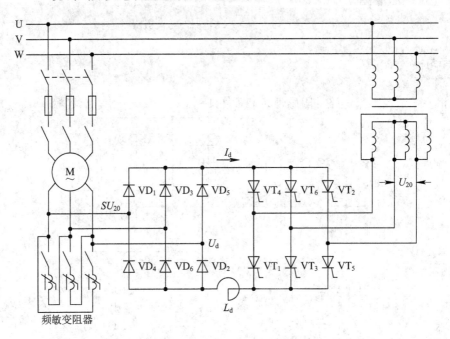

图 1-50　例 1-12 电路图

解　改变绕线式异步电动机转子电阻可以改变异步电动机的转速。现在，用一套有源逆变电路代替转子电阻，这样把原先消耗在电阻上的能量回馈到交流电网，通过改变三相全控桥的逆变角 β 来改变交流电动机的转速。

不可控的六个二极管组成的三相全控桥，接收来自转差率为 S 的转子绕组的三相交流电压，设其线电压为 SU_{20}，这样不可控桥式电路的输出电压为

$$U_d = 1.35 S U_{20}$$

式中，S 为电动机的转差率；U_{20} 为转子开路时的线电压。

把这个直流电压 U_d 作为三相全控桥逆变时释放能量的直流电源(相当于直流电动机的反电动势)。逆变桥逆变时，其输出直流逆变电压为

$$U_{d\beta} = 1.35 U_{21} \cos\beta$$

式中，U_{21} 为变流装置连接的变压器的线电压。

当电动机转速稳定时，忽略直流回路电阻，则 $U_d = U_{d\beta}$，得 $S = U_{21}\cos\beta / U_{20}$。

如此说明：改变逆变角 β 的大小，即可改变交流电动机的静差率，实现交流电动机的

调速。这种调速的实质是改变交流电动机转子电路的转差频率电动势 SE_{20}。

1.6 器件应用中的共性问题

1. 缓冲电路

缓冲电路又称吸收电路。通用的电力二极管缓冲电路由电阻 R_s 和电容器 C_s 组成,如图 1-51 所示,与二极管并联使用。它可避免二极管在反向恢复期间所产生的过电压尖峰造成的损坏。阻容电路吸收过电压,实质上是利用电容器两端电压不能突变的特性,使二极管免遭过压的袭击。电阻的作用是在二极管开始导通瞬间,减小电容器放电电流对它的冲击,而且还可以抑制电容与负载电感间可能引起的自激振荡。R_s 取几十欧,C_s 取零点几到几微法。

为保护晶闸管在导通过程中免受大的 di/dt 冲击及在关断过程中免受大的 du/dt 冲击而损坏,需为其设置缓冲电路。如图 1-52 所示,导通缓冲电路由电感 L_1(一般 L_1 为杂散电感)、电阻 R_1 和二极管 VD_1 构成。R_1 和 VD_1 构成 L_1 的放电回路。关断缓冲电路由电阻 R_2 和电容 C_2 构成,由 VD_2 和 R_2 构成 C_2 的放电通路。同时,电容 C_2 和电感 L_1 也限制了在正向阻断状态时晶闸管上的 du/dt 值。

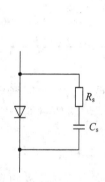

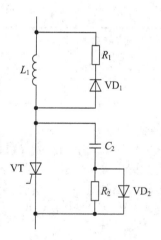

图 1-51 电力二极管缓冲电路　　　图 1-52 晶闸管的缓冲电路

2. 容量扩增

在整流电路中,往往会遇到电压很高或电流很大的情况,例如静电喷漆需要高压,电镀需要大电流。这时若采用单个器件就不能满足要求,需采用器件串并联的方法,来提高耐压能力或增加负载能力。这里以晶闸管为例进行介绍。

1)器件的串联使用

晶闸管的额定电压达不到耐压要求时,可用两个或多个同型号器件串联。由于晶闸管的伏安特性、开通时间、关断时间等参数具有分散性,因此必须采用均压措施才能使各晶闸管均匀地承受电压。如图 1-53 所示,在串联的晶闸管上并联阻值相等的均压电阻 R_j,使电压均匀分配在各串联晶闸管上。均压电阻远小于晶闸管的漏电阻,所以电压分配主要

取决于 R_j。晶闸管在开通和关断过程中瞬时电压的分配取决于各晶闸管的结电容、导通时间和关断时间等。为了使开关过程中的电压分配均匀，利用电容电压不能突变的特性，应并联均压电容器 C，其电容值应大于晶闸管的结电容值。为防止晶闸管导通瞬间电容 C 对晶闸管放电造成过大的 di/dt，还应将电容 C 串接电阻 R。电阻 R 和电容 C 兼作晶闸管缓冲保护电路。常用的与晶闸管并联的阻容数据如表 1-5 所示。

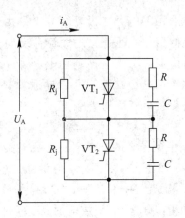

图 1-53　晶闸管串联均压措施

表 1-5　与晶闸管并联的阻容数据

晶闸管额定电流 I_T/A	10	20	50	100	200
$C/\mu F$	0.1	0.15	0.2	0.25	0.5
R/Ω	100	80	40	20	10

2）器件的并联使用

晶闸管的额定电流达不到负载电流要求时，可用两个或多个同型号器件并联。晶闸管并联均流措施如图 1-54 所示。并联晶闸管串联电阻器电路如图 1-54(a) 所示，可减小因晶闸管特性差异所造成的静态不均流，通常可以用快速熔断器来代替电阻，兼起过流保护作用，但它对动态均流不起作用。并联晶闸管串联电抗器电路如图 1-54(b) 所示，串联电

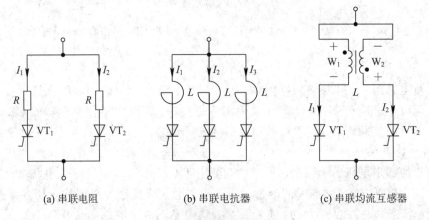

(a) 串联电阻　　　　　　　　(b) 串联电抗器　　　　　　　　(c) 串联均流互感器

图 1-54　晶闸管并联均流措施

抗器除有均流作用外，还能抑制晶闸管的电压上升率和电流上升率。并联晶闸管串联均流互感器电路如图 1-54(c)所示。每个均流互感器有两个绕组，匝数一般为 1~5 匝，通过公共铁芯耦合，其中一个支路的电流从同名端流入，另一个支路的电流从同名端流出。两支路电流相等时，互感器中总磁势为零，不影响分流。若两支路电流不相等，总磁势不为零，互感器线圈中就会产生感应电势，使原来电流大的支路电流减小，原来电流小的支路电流增大，从而达到均流的目的。

3. 散热问题

1）散热的原理与重要性

电力二极管、晶闸管的核心是 PN 结，而 PN 结的性能与温度密切相关。为了保证器件正常工作，必须规定最高允许结温 T_{JM}。当器件流过较大的电流时，在芯片上产生相应的功率损耗，引起芯片温度升高，器件正常工作时不应超过最高结温和功耗的最大允许值，否则，器件特性与参数将会产生变化，甚至导致器件永久性烧坏。设法减小器件的内部功耗、改善传热条件，对保证器件长期可靠运行有极重要的作用。

为了便于散热，器件多加装散热器。常用散热器冷却方式有自冷、风冷、液冷和沸腾冷却四种。器件结温升高后热能以传导方式传到固定它的外壳底座上，通过底座传到散热器上，最后由散热器传到空气中。

2）散热器的选材与安装

电力二极管、晶闸管的正常运行，很大程度上取决于散热器的合理选配，以及器件与散热器之间的装配质量。

散热器的材质有紫铜和工业铝两种。散热器表面涂黑色漆或钝化，借以提高辐射系数。一般黑色散热器比光亮散热器可减少 10%~15% 的热阻。散热器多为翼片形状以增加散热面积，其外形有平板型散热器、叉指型散热器和型材型散热器等，外形如图 1-55 所示。

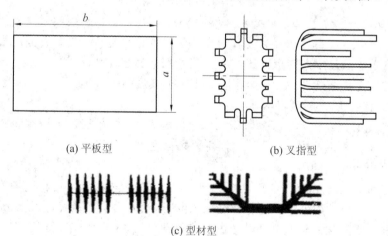

(a) 平板型　　　　　　　　　　　　(b) 叉指型

(c) 型材型

图 1-55　散热器外形

由于热气流相对密度轻，自然向上流动，所以散热器安装时应垂直安放，以便形成"烟囱效应"，便于散热，安装方式如图 1-56 所示。通常垂直位置安放的散热器热阻比水平位置安放的散热器热阻降低 15%~20%。带有翘片的气体冷却散热器应使翘片垂直安置，切忌水平放置。器件直接安装在散热器上时，由于器件的封装形式不同，接触热阻亦不同；接触热阻还与器件和散热器之间是否有垫圈、是否涂有导热硅脂等情况有关。当接触面涂有导热硅脂时，热阻明显下降。器件管壳与散热器两平面接触时总是点接触，随着压力的加大，接触面积加大，接触热阻减小，因此，要求接触面应当尽量光洁、平整、无划伤、坑、瘤或异物，必要时还应抛光或加镀层。

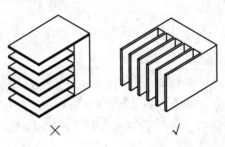

图 1-56　散热器的安装方式

同步思考

思考题 05

（1）螺栓式与平板式晶闸管拧紧在散热器上，是否拧得越紧越好？

（2）结温与管壳（底座）温度大概相差多少？50 A 以上器件不用风冷时电流定额要打多少折扣？

4. 保护措施

电力二极管、晶闸管都是采用半导体材料制成的，因此过载能力小，抗干扰能力差，即使是短时间的过电流或过电压都可能使器件损坏。所以，使用器件时除按照工作环境正确选取额定电压、额定电流规格外，还必须采取适当的保护措施。

1）过电压的产生原因及保护措施

过电压是指超过了晶闸管正常工作时允许承受的最大电压的电压。晶闸管对过电压很敏感。当正向电压超过正向转折电压 U_{BO} 一定量时，就会使晶闸管硬开通，造成电路工作失常，严重的甚至损坏器件；当外加反向电压超过其反向击穿电压时，晶闸管会被反向击穿而损坏。

过电压产生的原因分为外因过电压和内因过电压两类。外因过电压主要来自雷击和系统中的操作过程等外部原因。内因过电压主要来自电力电子装置内部器件的开关过程。

由电阻和电容组成的阻容装置，利用电容器两端电压不能跃变的特点来吸收过电压，其实质是将造成过电压的能量转变为电场能量储存到电容器中，然后将电场能量释放到电阻中消耗掉。电阻还可用来防止电容和电感产生谐振。这种方法是过电压保护的基本方法。

阻容保护装置可以并联在整流装置的交流电源侧，如图 1-57 所示电路中的 R_1、C_1；也可以在直流侧与负载并联，如图 1-57 中的 R_2、C_2；还可以与晶闸管并联，如图 1-57 中的 R_3、C_3 等。

阻容保护装置只能把操作过电压抑制在允许范围内，当发生雷击或从电网侵入更高的浪涌电压时，虽有阻容保护，过电压仍会超过允许值。因此，在采用阻容保护的同时，可再设置非线性电阻保护。

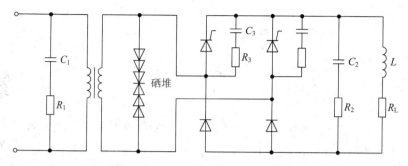

图 1-57　过电压保护电路

　　硒堆由硒整流片串联组成，是一种非线性电阻元件，具有接近稳压管那样的较陡的反向特性。在正常工作电压下，硒堆开路，对电路不起作用。当有过电压时，硒堆被击穿，它的电阻迅速减小，可以通过很大的电流，把过电压能量消耗在非线性电阻上，限制过电压上升，而硒堆本身并不损坏，过电压消失后会恢复常态。硒堆常并联在交流侧或直流侧，如图 1-57 所示。两组硒堆反向串联，在正常工作电压下硒堆开路，出现过电压时由硒堆吸收过电压或某组硒堆击穿而将熔断器熔断，使晶闸管得到保护。采用硒堆的优点是它能吸收较大的浪涌能量，缺点是硒堆的体积大，长期不用时会发生储存老化，性能变差失去效用。

　　金属氧化物压敏电阻是由氧化锌、氧化铋等制成的非线性电阻元件，是一种新型的过电压保护元件。它具有很陡的正、反向伏安特性，正常工作时漏电流小，故损耗小，对浪涌电压的反应快，过电压时可通过很高的电流，抑制过电压能力强，体积又小，可用于取代硒堆。压敏电阻的缺点是持续平均功率小，工作电压一旦超过它的额定电压，短时间就会烧坏。压敏电阻接入电路的形式与硒堆相同。

　　2) 过电流的产生原因及保护措施

　　过电流产生的原因：当线路发生短路或过载等情况时，晶闸管的工作电流会超过允许值，形成过电流。此时，由于流过管内 PN 结的电流过大，热量来不及散发，会使结温迅速升高，最后烧毁结层，造成晶闸管永久损坏。

　　过电流的保护措施：过电流保护就是在出现过电流但尚未造成晶闸管损坏之前快速切断相应电路以消除过电流，或对电流加以限制。快速熔断器保护是电力电子装置中最有效、应用最广的一种过电流保护措施。

　　各种过电流保护措施及其配置如图 1-58 所示。一般电力电子装置同时采用几种过电

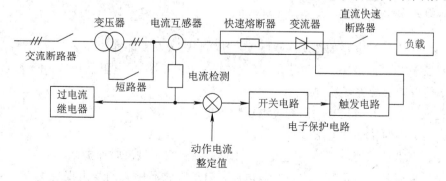

图 1-58　过电流保护措施及其配置

流保护措施，以提高可靠性和合理性。通常，电子保护电路作为第一保护措施，快速熔断器仅用于短路时部分区段的保护，直流快速断路器整定在电子电路动作之后实现保护作用，过电流继电器整定在过载时动作。

┌─────────┐
│ 同步思考 │
└─────────┘

思考题 06

　　（1）不用过电压、过电流保护，选用较高电压等级与较大电流等级的晶闸管能否实现对电路的保护作用？

　　（2）为什么可控整流电路不能在直流侧直接接入大电容滤波？

┌─────────┐
│ 拓展学习 │
└─────────┘

　　电力电子装置各种过电压保护措施及其配置如图 1-59 所示，各电力电子装置可视具体情况采用其中的几种。其中，F 为避雷器，D 为变压器静电屏蔽层，C 为静电感应过电压抑制电容，RC_1 为阀侧浪涌过电压抑制用 RC 电路，RC_2 为阀侧浪涌过电压抑制用反向阻断式 RC 电路，RV 为压敏电阻过电压抑制器，RC_3 为阀器件过电压抑制用 RC 电路，RC_4 为直流侧 RC 抑制电路，RCD 为阀器件关断过电压抑制用 RCD 电路，ZK 为直流快速开关。

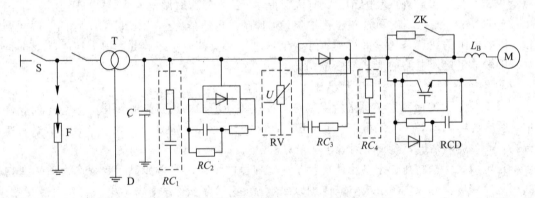

图 1-59　过电压抑制措施及其配置

┌─────────┐
│ 应用案例 │
└─────────┘

　　晶闸管常用保护电路如图 1-60 所示。各部分组成与功能介绍如下：

　　①是交流侧星形接法的硒堆过电压吸收电路（也可用压敏电阻代替），用于吸收持续时间较长、能量较大的尖峰过电压。

　　②是交流侧三角形接法的阻容过电压吸收电路，可接成三角形或星形，用于吸收持续时间短、能量小的尖峰过电压。

　　③是桥臂上的快速熔断器过电流保护电路，主要用于过流时保护器件。

　　④是晶闸管的并联阻容过电压吸收电路，用于吸收晶闸管两端出现的尖峰过电压，防止器件过压击穿。

⑤是桥臂上的晶闸管串联电感抑制电流上升率保护电路，一般用空心电抗器限制桥臂出现过大的 di/dt 值，防止门极附近电流密度过大而烧坏元件。桥臂电抗器对限制短路电流亦有好处。

⑥是直流侧的压敏电阻过电压保护电路，通常用压敏电阻或硒堆实现。

⑦是直流回路上过电流快速开关保护电路，当直流电流超过设定值时，过电流继电器动作，使电流减小或切断电源。

⑧是续流二极管，其作用是为电感性负载提供续流通道。

⑨是电动机回路的平波电抗器，其值足够大时，能使整流电流连续且波形近似为一水平线。

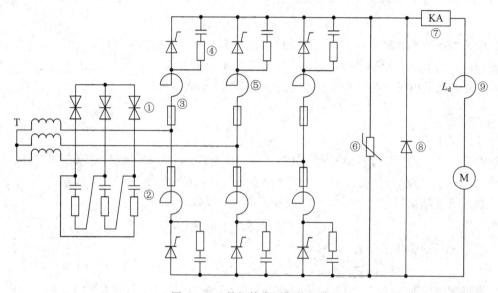

图 1-60　晶闸管常用保护电路

1.7　器件选型

器件选型

器件选型主要包括额定电压、额定电流参数两部分。额定电压参数的选取主要是根据电力二极管、晶闸管所承受的最大电压，再根据要求乘以电压安全裕量系数；额定电流参数的选取主要是根据电力二极管、晶闸管电流的通态平均值，再根据要求乘以电流安全裕量系数即可。根据计算的电压和电流的数值，以及生产厂家提供的电力二极管、晶闸管的参数表，就可确定所选电力二极管、晶闸管的型号。下面以晶闸管为例介绍。

1. 选型原则

整流电路设计时，晶闸管的选择必须考虑以下两大因素：

(1) 晶闸管额定电压必须大于器件在电路中实际承受的最大电压，考虑过电压因素的影响，晶闸管的额定电压必须大于其所承受的最大电压的 2～3 倍，即

$$U_{RRM} \geqslant (2 \sim 3)U_m \tag{1-67}$$

式中：$(2\sim3)$为安全系数；U_m 为电压峰值。

（2）晶闸管额定电流的有效值（$1.5I_{T(AV)}$）大于实际流过管子电流的最大有效值 I_T。由于晶闸管的热容量小、过载能力低，故实际选用时，一般取$(1.5\sim2)$倍的安全裕量，即

$$I_{T(AV)} \geqslant \frac{(1.5\sim2)I_T}{1.57} \qquad (1-68)$$

实际电路中，流过晶闸管的电流可能是任意波形，应根据电流有效值相等即发热相同的原则进行计算，即

$$I_{T(AV)} \geqslant (1.5\sim2)\frac{K_f \cdot I_d}{1.57} \qquad (1-69)$$

式中：$(1.5\sim2)$为安全系数；K_f 为任意波形的波形系数；I_d 为电路中任意波形的电流平均值。

电力二极管、晶闸管都是以电流的平均值而不是有效值作为它的电流定额。可以看出，具有相同平均值而波形不同的电流，因波形系数不同而具有不同的有效值，流经同一只器件时，发热也不相同，因而不能按电流的平均值选择器件。

╔═══════════╗
　例题解析
╚═══════════╝

例 1 - 13　如图 1 - 19(a)所示，单相正弦交流电源、晶闸管和负载电阻串联连接，交流电源电压有效值为 220 V。若考虑晶闸管的安全裕量，其额定电压应如何选取？

解　该电路运行时可能施加于二极管上的最大反向峰值电压为

$$U_m = \sqrt{2}U = \sqrt{2}\times220 \approx 311 \text{ V}$$

若考虑晶闸管的安全裕量，根据式(1-67)有

$$U_{RRM} \geqslant (2\sim3)U_m = (2\sim3)\times311 \text{ V} = 620\sim930 \text{ V}$$

查晶闸管手册，根据 620 V，标准值取 700 V；根据 930 V，标准值取 1000 V。

2. 型号规定

1）电力二极管

普通型电力二极管常用 ZP 表示，其中 Z 代表整流特性，P 为普通型。电力二极管型号命名原则如图 1 - 61 所示。

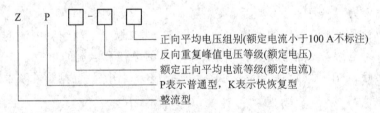

Z　P　□-□□
　　　　　　正向平均电压组别（额定电流小于100 A不标注）
　　　　　　反向重复峰值电压等级（额定电压）
　　　　　　额定正向平均电流等级（额定电流）
　　　　　　P表示普通型，K表示快恢复型
　　　　　　整流型

图 1 - 61　二极管型号命名原则

例如，ZP50 - 16 的含义为：普通型电力二极管，额定电流为 50 A，额定电压为 1600 V。

2）晶闸管

普通晶闸管的型号及其含义如图 1 - 62 所示。

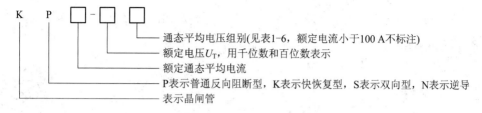

图 1-62 普通晶闸管型号命名原则

3）通态平均电压分组

晶闸管的通态平均电压分为 9 组，如表 1-6 所示。

表 1-6 晶闸管通态平均电压分组情况

组别	A	B	C	D	E
U_F/V	$U_F \leqslant 0.4$	$0.4 < U_F \leqslant 0.5$	$0.5 < U_F \leqslant 0.6$	$0.6 < U_F \leqslant 0.7$	$0.7 < U_F \leqslant 0.8$
组别	F	G	H	I	
U_F/V	$0.8 < U_F \leqslant 0.9$	$0.9 < U_F \leqslant 1.0$	$1.0 < U_F \leqslant 1.1$	$1.1 < U_F \leqslant 1.2$	

例如，KP200-15G 的具体含义为：额定电流为 200 A，额定电压为 1500 V，通态平均电压为 1 V 的普通型晶闸管。

【例题解析】

例 1-14 有一滑差离合器的励磁绕组电路如图 1-63 所示，电网直接供电，电源电压为 220 V，其直流电阻为 45 Ω，希望在 0～90 V 范围内可调，试选择晶闸管和二极管。

解 在大电感负载情况下，必须接续流二极管（如图 1-63 所示），电路才能正常运行。此时：

$$U_d = 90 \text{ V}, \quad I_d = \frac{U_d}{R} = 2 \text{ A}$$

因为

$$U_d = 0.45 \times 220 \times \frac{1 + \cos\alpha}{2}$$

所以

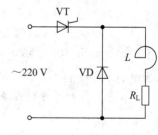

图 1-63 励磁绕组原理图

$$\alpha = 35°$$
$$\theta = 180° - 35° = 145°$$

$$I_T = \sqrt{\frac{\theta}{360°}} I_d = \sqrt{\frac{145°}{360°}} \times 2 = 1.23 \text{ A}$$

$$I_{T(AV)} \geqslant \frac{I_T}{1.57} = 0.8 \text{ A}$$

若不考虑电压、电流裕量，选 KP1-4 型晶闸管即可。

流过二极管 VD 电流的有效值为

$$I_{VD} = \sqrt{\frac{360° - \theta}{360°}} I_d = 0.773 \times 2 = 1.55 \text{ A}$$

若不考虑电压、电流裕量，选 ZP2-4 型整流二极管即可。

同步思考

思考题 07

（1）额定电流为 10 A 的二极管能否长期通过 15 A 的直流负载电流而不过热？

（2）某一晶闸管，额定电压为 300 V，额定电流为 100 A，维持电流为 4 mA，使用在图 1-64 所示的各电路中是否合理？试说明其理由（不考虑电压、电流裕量）。

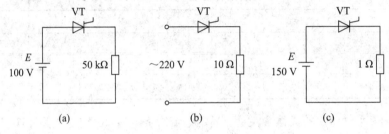

图 1-64　同步思考（2）的电路图

1.8　电　路　仿　真

随着电力电子技术的不断发展，电力电子电路在直流电动机控制、可变直流电源、高压直流输电、电化学加工处理方面得到了广泛的应用。本节基于电子电路仿真软件 PSIM，建立了单相半波不可控整流电路、单相桥式可控整流电路、三相桥式可控整流电路仿真模型，给出了仿真实例，验证了模型的正确性，并证明了该模型具有快捷、灵活、方便、直观等一系列优点，从而为电力电子电路的教学及设计提供了一种有效的辅助工具。

PSIM 全称 Power Simulation，是由美国 POWERSIM 公司推出的、专门为电力电子和电动机控制设计的一款仿真软件，具有仿真高速、用户界面友好、波形解析清晰等优点，可为电力电子电路的解析、控制系统设计、电机驱动研究等提供强有力的仿真环境。

PSIM 仿真软件包括电路示意性的程序 PSIM、PSIM 仿真器和过程项目 SIMVIEW 这三部分，如图 1-65 所示。

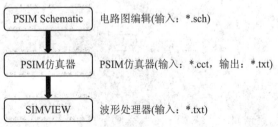

图 1-65　PSIM 软件组成

PSIM 元件库功能强大，它包括了电路、电力电子、电机等电气工程学科中常用的元件模型，这些元件模型分布在以下模块中：

（1）功率电路模块，包括 RLC 支路、开关、耦合电路、变压器、运算放大器、电机驱动模块、机械负载、再生能源模块等；

（2）控制电路模块，包括滤波器、运算模块、传递函数模块（比例控制器、积分器、微分器）、计算函数模块（加法器、乘法器）、其他功能模块（比较器、限幅器、斜率限制器）等；

（3）电源模块，包括直流/交流电压源、直流/交流电流源、三角波电压源等；

（4）其他模块，包括电压/电流传感器、探头和仪表、开关控制器等。

1.8.1 单相半波不可控整流电路仿真

单相半波不可控
整流电路

以图 1-18 所示电热毯电路为例，介绍 PSIM 软件的使用。设电路中电阻丝 R_L 的阻值为 400 Ω。

1. 建立仿真模型

在 PSIM 中创建系统模型的步骤如下：

（1）新建一个空白的模型窗口。

双击 PSIM 图标，在"文件"菜单栏下点击"新建"，系统弹出空白的仿真界面，如图 1-66 所示。

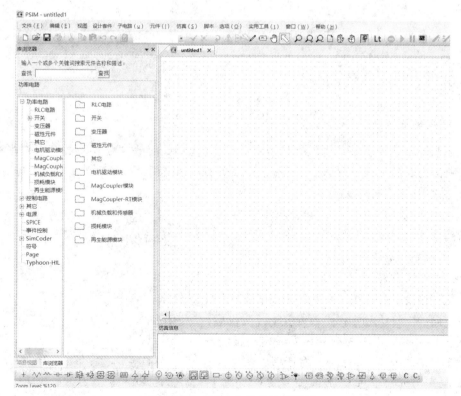

图 1-66 PSIM 软件的仿真界面

（2）搭建仿真电路。

在该电路仿真中将会使用到的元器件模型、数量及其提取路径如表 1-7 所示。

表 1-7　仿真使用的元器件模型及提取路径

元件名称	数量	具体参数	提取路径
正弦电压源	1	有效值为 220 V，峰值为 311 V	电源/电压/正弦函数模块
二极管	1		功率电路/开关/二极管
发光二极管	1		功率电路/开关/LED（发光二极管）
电阻	2	阻值分别为 6.8 Ω 和 400 Ω	功率电路/RLC 支路/电阻
电压表	2		其他/探头/电压探头（节点到节点）
电流表	1		其他/其他/探头/电流探头
接地元件	1		电源/接地点

单相半波不可控整流电路仿真模型如图 1-67 所示。

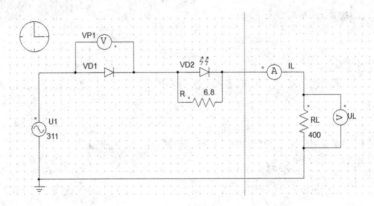

图 1-67　单相半波不可控整流电路仿真模型

2. 设置模块参数

设置模块参数是保证仿真准确和顺利运行的重要一步。设置模块参数可以双击模块图标，在弹出的参数设置对话框中按提示输入，若有不清楚的地方可以借助"help"帮助。

1）交流电源参数设置

电源电压峰值设为 311 V，电源频率设为 50 Hz，交流电源参数设置对话框如图 1-68 所示。

2）二极管参数设置

PSIM 中的二极管没有电力二极管、普通二极管、续流二极管、快恢复二极管之分，都是一个模型图标，不同的二极管只能在参数设置上区分设置。

用鼠标左键双击二极管模块，弹出二极管参数设置对话框，如图 1-69 所示。对话框中各栏目的含义如下：

（1）正向导通电压：二极管正向阈值电压降，单位为伏特（V）。当正偏压大于正向阈值电压降时，二

图 1-68　交流电源参数设置对话框

极管开始导通。

（2）初始位置：初始位置标志。为 0：开；为 1：关。

（3）电流标志：保存电流数据标志。为 1：保存电流数据以供波形显示；为 0：不保存电流数据。流入阳极的电流为正。

（4）Voltage Flag：保存电压数据标志。为 1：保存电压数据以供波形显示；为 0：不保存电压数据。当阳极电位较高时，电压为正。

3）电阻参数设置

双击电阻，将电阻 R 和 R_L 的阻值分别设置为 6.8 Ω 和 400 Ω，如图 1-70、图 1-71 所示。

图 1-69　二极管参数设置对话框

图 1-70　分流电阻 R 的参数设置对话框

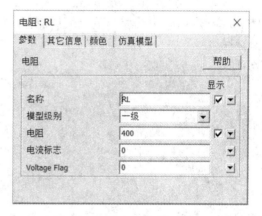

图 1-71　电阻丝 R_L 参数设置对话框

4）测量模块参数设置

电压探头图标如图 1-72 所示，电压探头属性对话框如图 1-73 所示；电流探头图标如图 1-74 所示，电流探头属性对话框如图 1-75。

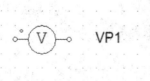

图 1-72　电压探头图标

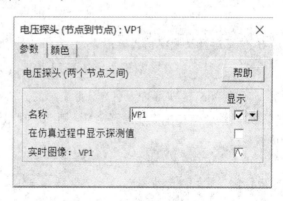

图 1-73　电压探头属性对话框

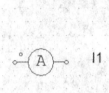
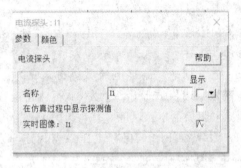

图 1-74　电流探头图标　　　　　　图 1-75　电流探头属性对话框

3. 设置仿真参数

在对绘制好的模型进行仿真前，还需要确定仿真的步长、时间和选取仿真的算法等。设置仿真参数可单击"仿真"选项卡，在下拉菜单中选择"仿真控制"选项，在弹出的"Simulation Control"对话框中设置时间步长、总时间、仿真类型等。"Simulation Control"对话框如图 1-76 所示。

图 1-76　"Simulation Control"对话框

4. 仿真运行及观察仿真波形

在模块参数和仿真参数设置完毕后即可开始仿真。在"仿真"菜单的子菜单中单击"运行仿真"或按"F8"键即可进入仿真，更简单的方法是按工具栏上的启动仿真按钮" "开始仿真。如果模型中有些参数没有定义，则会出现错误信息提示框；如果一切设置无误，则开始仿真运行。

在模型仿真运行完成后重要的是从"波形形成过程项目 SIMVIEW"中观测仿真的结果。运行仿真后，会自动弹出 Simview 波形显示和后处理程序。如果 Simview 没有自动打开，可以点击 PSIM"仿真"菜单栏中的"运行 Simview"选项，运行波形显示程序 Simview，如图 1-77 所示，在弹出的"属性"对话框左列的"变量列表"中选中所需要的波形，点击"添加->"，将其添加到右边的"显示变量"栏中，再点击"确定"按钮，画面中就会出现波形，如图 1-78 所示。

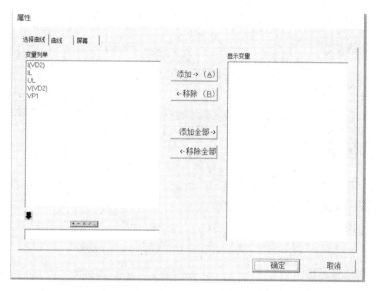

图 1-77　Simview 窗口及属性对话框

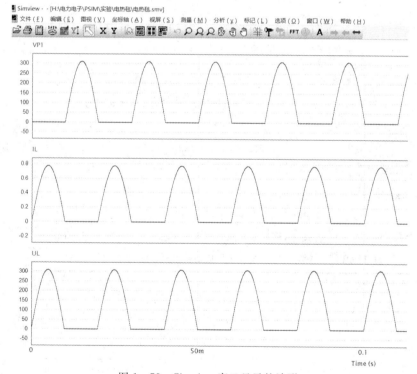

图 1-78　Simview 窗口显示的波形

5. 仿真结果

1）仿真波形

在如图 1-78 显示的波形中，UL 代表的是负载两端的电压；VP1 代表的是二极管两端的电压；IL 代表的是流过负载的电流。

2）仿真数据

在"Simview"界面点击菜单栏"测量"选项下的"测量（M）"，在波形下会出现各个波形的数值，如图 1-79 所示。

⋮	X1	X2	Δ	平均值	|X| 平均值	RMS 值
Time	5.11886e-003	1.45842e-001	1.40723e-001 ↻			
UL	3.09237e+002	2.98654e+002	-1.05832e+001	9.94581e+001	9.94589e+001	1.55785e+002
IL	7.73093e-001	7.46635e-001	-2.64580e-002	2.48645e-001	2.48647e-001	3.89463e-001
VP1	-7.73093e-006	-7.46635e-006	2.64580e-007	9.84734e+001	9.84734e+001	1.55090e+002

图 1-79　仿真数据结果

由图 1-79 可知，负载电压有效值 $U_L = 155.79$ V；电力二极管两端的电压有效值 $U_{VP1} = 155.09$ V；流过负载的电流有效值 $I_L = 0.39$ A。

根据理论计算，负载上的电压有效值为

$$U_R = 0.707U_2 = 0.707 \times 220 = 155.54 \text{ V}$$

负载上的电流有效值为

$$I_R = \frac{U_R}{R_L} = \frac{0.707U_2}{R_L} = \frac{155.54}{400} = 0.39 \text{ A}$$

可以看出，仿真结果与理论数据基本一致。

1.8.2　三相桥式全控整流电路仿真

三相桥式全控整流电路是电力电子技术中最为重要的电路，应用十分广泛。对三相桥式可控整流电路的相关参数和不同性质负载的工作情况进行对比分析与研究，具有一定的现实意义，是电力电子电路理论学习的重要一环，而且对工程实践中的实际应用具有预测和指导作用。所以本节对三相桥式可控整流电路进行建模仿真，使读者能够对比较难以理解的抽象内容有一个直观的认识。

1. 建立仿真模型

三相桥式全控整流仿真电路如图 1-80 所示。

电路仿真中使用到的元器件模型、数量及其提取路径如表 1-8 所示。

表 1-8　三相桥式全控整流仿真电路元器件模型及提取路径

元器件名称	数量	具体参数	提取路径
正弦电压源	3	峰值为 537.4 V，相位角依次为 0°、120°、240°	电源/电压/正弦电压源
晶闸管	6	默认参数	功率电路/开关/二极管
电阻	2	阻值均为 10 Ω	功率电路/RLC 支路/电阻
电压表	2		其他/探头/电压探头（节点到节点）
电流表	1		其他/其他/探头/电流探头
接地元件	1		电源/接地点

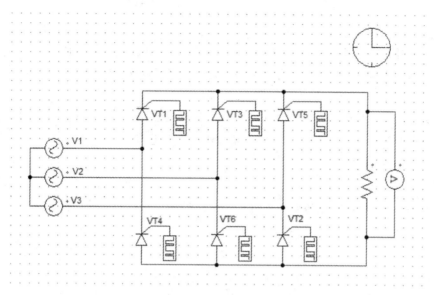

图 1-80　三相桥式全控整流仿真电路

2. 设置模块参数

（1）三相正弦电压源的参数设置如图 1-81 所示，交流峰值相电压为 537.4 V，频率为 50 Hz。相位角依次为 0°、120°、240°。

图 1-81　三相正弦电压源的参数设置对话框

（2）负载参数设置，负载电阻 $R = 10\ \Omega$。

（3）开关驱动模块参数的设置。在模型参数的设置中，难点在于各个晶闸管触发角的设置。触发脉冲从自然换相点开始计时，正半周第一个自然换相点在距坐标原点 30°的位置，则在电源频率为 50 Hz 的情况下延迟 0.0016 s。当控制角 $\alpha = 0°$时，VT_1 的 Pulse1 的延迟时间为 0.0016 s，距坐标原点 30°；Pulse2、Pulse3、Pulse4、Pulse5、Pulse6 的相位依次延迟 0.0033 s。VT_1、VT_2、VT_3、VT_4、VT_5、VT_6 的触发相位依次相差 60°，每个触发脉宽为 90°，则当触发角 $\alpha = 30°$时，各个晶闸管触发相位再依次延迟 0.0016 s。触发角 $\alpha = 60°$、$\alpha = 90°$时以此类推。

3. 仿真分析

当触发角 $\alpha = 0°$时，三相桥式整流电路及仿真结果如图 1-82 所示。

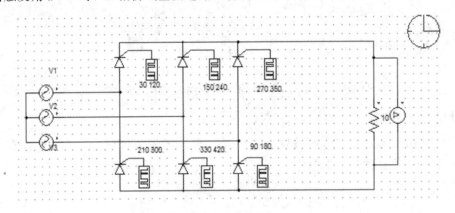

(a) 仿真电路图

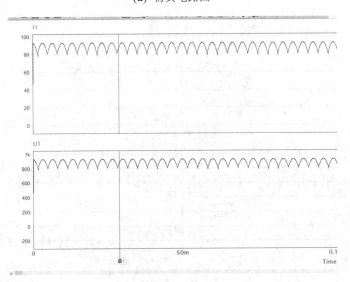

(b) 仿真结果

图 1-82　$\alpha = 0°$时三相桥式全控整流电路及仿真结果

当触发角 $\alpha = 60°$时，三相桥式整流电路仿真结果如图 1-83 所示。

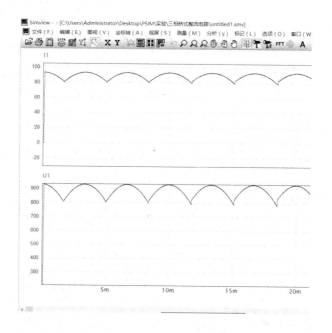

图 1-83　$\alpha = 60°$时三相桥式全控整流电路仿真结果

随着触发角的增大，在电压反向后管子即关断，所以晶闸管的正向导通时间减少，对应着输出平均电压逐渐减小，这是因为其幅值大小与 $\cos\alpha$ 的大小成正比。

注意事项

在三相整流电路中各个晶闸管的触发脉冲与三相交流电压有着确定的相位关系。若任意对调两相交流电压，则会改变相应晶闸管的交流电压和触发脉冲的相位关系，导致晶闸管不能正常导通。因此必须检查三相正弦交流源的设置，看三相之间是否互差 120°电角度，即第二相滞后第一相 120°电角度，最后一相滞后第一相 240°电角度。

开关频率是指晶闸管等电子元器件每秒可以完全导通、断开的次数。这里晶闸管的开关频率设置为 50 Hz，但是 PSIM 软件中门控模块频率默认设置为 5000 Hz，注意根据需求更改设置。

本 章 小 结

本章主要介绍电力二极管、晶闸管的基本结构、工作原理、基本特性及主要参数。理解晶闸管的伏安特性和主要参数的含义，对计算整流电路参数及电路元器件的选择非常重要。在计算中尤其要理解电流平均值、有效值与晶闸管通态平均电流的概念和它们之间的关系。

整流电路将交流电变换为直流电，在生产中应用广泛。基于电力二极管、晶闸管的应用，本章重点是介绍各种不可控、可控整流电路的原理、波形分析及各参数之间的数量关系。分析和计算整流电路时，一定要抓住整流电路的关键：根据晶闸管的导通条件，判断晶闸管什么时刻导通，什么时刻关断，并根据电路分析基础知识，按照晶闸管的导通与否（等效为开关的通断），绘制出输出电压、电流波形；然后根据电路分析平均值、有效值的概念，推导出各电流、电压参数随控制角 α 变化的函数表达式并计算出结果。可控整流电路对直流负载来说，可等效为具有一定内阻的直流可调电源，在一般分析时，可忽略其内阻，将其等效为一个恒压源。

　　本章还介绍了电力二极管、晶闸管在应用中的共性技术问题——缓冲电路、保护电路和串并联电路等及晶闸管的触发电路，使用者在进行电路分析和设计中要一并考虑。

　　为强化实践技能的培养，本章最后采用基于 PSIM 软件、面向电气系统原理结构图的图形化仿真技术，针对整流电路系统地进行了仿真实验介绍。该方法具有方便易学、实践性强的特点，可弥补学生平时实验训练不足的缺陷。

课 后 习 题

　　1. 什么是整流？它是利用半导体二极管和晶闸管的哪些特性来实现的？

　　2. 充电机用单相桥式半控整流电路如图 1-84 所示。若输出直流电流 $I_d=15$ A，导电角约为 $60°$，有效值与平均值之比约为 $2:1$，则有效值电流均为 30 A。试选择熔断器 FU_1 和 FU_2。

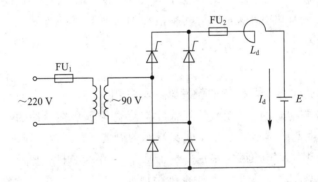

图 1-84　充电机电路图

　　3. 单相半波可控整流电路带电阻性负载。要求输出的直流平均电压在 50～92 V 之间连续，最大输出直流平均电流为 30 A，直接由交流电网 220 V 供电，试求：

　　（1）触发延迟角 α 的可调范围。

　　（2）负载电阻的最大有功功率及最大功率因数。

　　（3）选择晶闸管型号规格。

　　4. 某电阻负载要求 0～24 V 直流电压，最大负载电流 $I_d=30$ A，如果用 220 V 交流直接供电或者用变压器降压到 60 V 供电，都采用单相半波可控整流电路，是否二者都能满足？试比较两种供电方案的晶闸管的导通角、额定电压、电流值，电源与变压器二次侧的功率因数，以及对电源容量的要求。

　　5. 现有晶闸管型号为 KP50-7，用于某电路中时，流过的电流波形如图 1-85 所示，I_m

允许多大?

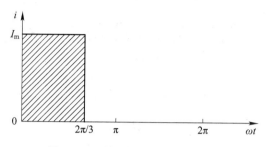

图 1-85 晶闸管流过的电流波形

6. 采用具有续流二极管的单相半波可控整流电路对大电感负载供电,其阻值 $R = 7.5\ \Omega$,电源电压为 220 V,试计算当控制角为 30°和 60°时,晶闸管和续流二极管的电流平均值和有效值。在什么情况下续流二极管中的电流平均值大于晶闸管中的电流平均值?

7. 某厂自制晶闸管电镀电源,主电路采用三相半波可控整流电路。调压范围为 2~15 V,在 9 V 以上时最大输出电流均可达 130 A。

(1) 试计算整流变压器副边电压。

(2) 试计算 9 V 时的触发延迟角 α。

(3) 选择晶闸管的型号。

(4) 计算变压器二次侧容量。

8. 三相半波可控整流电路带大电感性负载,$\alpha = \pi/3$,$R = 2\ \Omega$,$U_2 = 220$ V,试计算负载电流 I_d,并按裕量系数 2 确定晶闸管的额定电流和电压。

9. 三相桥式全控整流电路,$U_d = 230$ V。

(1) 确定变压器副边电压。

(2) 选择晶闸管电压等级。

第2章　双向晶闸管及其应用

课程思政

知识脉络图

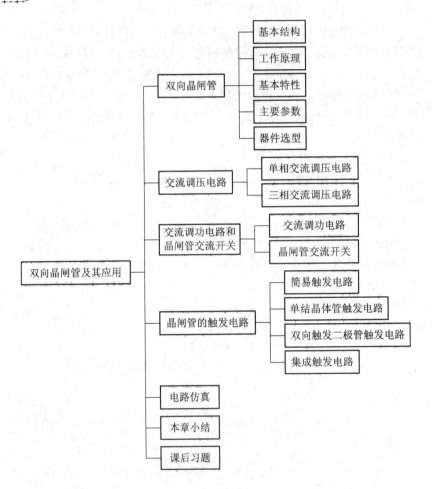

2.1 双向晶闸管

　　双向晶闸管是由普通晶闸管派生出来的一种新型的大功率半导体器件。它具有触发电路简单、工作稳定可靠、重量轻、体积小和维修方便等优点，在温度控制、灯光调节、交流电机调速、交流调压和无触点交流开关电路中得到了广泛应用。下面介绍双向晶闸管的基本结构、工作原理、基本特性和主要参数。

2.1.1 基本结构

双向晶闸管是一种由 5 层半导体、4 个 PN 结组成的 3 端器件，3 个电极分别是第一主电极 T_1、第二主电极 T_2 和门极(控制极)G，如图 2-1(a)所示。为了进一步了解其内部原理，从结构上将双向晶闸管分解为 $P_2N_1P_1N_3$ 和 $P_1N_1P_2N_2$ 两部分，如图 2-1(b)所示；这两部分正好等效为两只反并联普通晶闸管 KP_1、KP_2，共用一个门极 G，如图 2-1(c)所示。由于双向晶闸管无法分出阳极和阴极，通常把和门极 G 在一个面上的电极称为 T_1 极，把和门极不在一个面上的电极称为 T_2 极，其电气图形符号如图 2-1(d)所示。

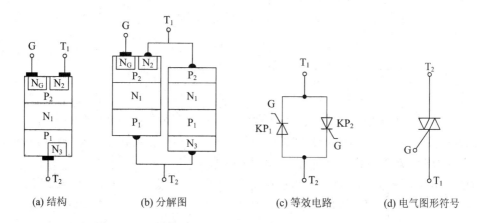

(a) 结构   (b) 分解图   (c) 等效电路   (d) 电气图形符号

图 2-1 双向晶闸管的结构、分解图、等效电路及电气图形符号

双向晶闸管是在普通晶闸管的基础上发展起来的，也有塑封式、螺栓式等多种封装形式，如图 2-2 所示。双向晶闸管在外形上与普通晶闸管类似，使用时要注意做好两者的区分工作。

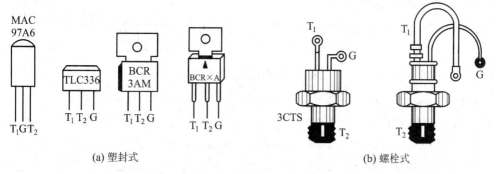

(a) 塑封式   (b) 螺栓式

图 2-2 双向晶闸管的外形

2.1.2 工作原理

双向晶闸管的工作原理参见普通晶闸管部分。下面详细介绍其工作特点。

双向晶闸管无论是 T_1 极相对于 T_2 极为正或 T_1 极相对于 T_2 极为负，无论门极 G 相对于 T_1 极施加的是正触发信号还是负触发信号，双向晶闸管都有可能触发导通。所以双向晶闸管的门极触发电流不像普通晶闸管那样只有一个，而是有四个。

当主电极 T_2 对 T_1 所加的电压 $U_{21}>0$，门极 G 对 T_1 所加的触发信号 $U_G>0$ 时，双向晶闸管触发导通，电流 $I_{21}>0$，这种触发称为"第Ⅰ象限的正向触发"或称为Ⅰ＋触发方式，如图 2-3(a)所示。

如果 $U_{21}>0$，$U_G<0$，双向晶闸管触发导通，电流 $I_{21}>0$，这种触发称为"第Ⅰ象限的负向触发"或称为Ⅰ－触发方式，如图 2-3(b)所示。

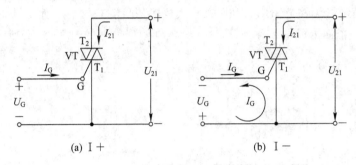

(a) Ⅰ＋　　　　　　　　　　　(b) Ⅰ－

图 2-3　双向晶闸管第Ⅰ象限触发方式

如果 $U_{12}>0$，$U_G>0$，双向晶闸管触发导通，$I_{12}>0$，这种触发称为"第Ⅲ象限的正向触发"或称为Ⅲ＋触发方式，如图 2-4(a)所示。

如果 $U_{12}>0$，$U_G<0$，双向晶闸管触发导通，$I_{12}>0$，这种触发称为"第Ⅲ象限的负向触发"或称为Ⅲ－触发方式，如图 2-4(b)所示。

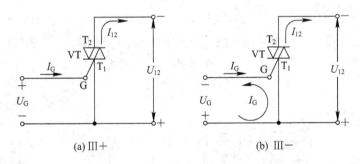

(a)Ⅲ＋　　　　　　　　　　　(b) Ⅲ－

图 2-4　双向晶闸管第Ⅲ象限触发方式

需要注意，尽管双向晶闸管对门极电压的正、负值没有限制，但 4 种方式的触发灵敏度却不相同，其排列顺序依次是Ⅰ＋、Ⅲ－、Ⅰ－、Ⅲ＋。其中Ⅰ＋触发方式的灵敏度最高，Ⅲ＋触发方式的灵敏度最低，通常采用Ⅰ＋和Ⅲ－的触发方式。

双向晶闸管导通后撤去门极触发电压，也会继续保持导通状态。在这种情况下，要使双向晶闸管由导通进入截止，可采用以下任意一种方法：

(1) 让流过主电极 T_1、T_2 的电流减小至维持电流以下；

(2) 让主电极 T_1、T_2 之间的电压为 0 或改变两极间电压的极性。

2.1.3　基本特性

双向晶闸管的基本特性是指伏安特性。要使双向晶闸管能通过交流电流，必须在每半个周期内对门极触发一次，只有在器件中通过的电流大于掣住电流时，去掉触发脉冲后才能维持器件继续导通；只有在器件中通过的电流下降到维持电流以下时，器件才能关断并恢复阻断能力。双向晶闸管有正反向对称的伏安特性曲线，如图 2 - 5 所示，正向部分位于第 I 象限，反向部分位于第 III 象限。

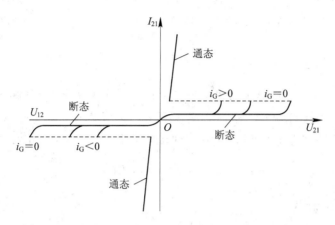

图 2 - 5　双向晶闸管的伏安特性曲线

2.1.4　主要参数

1. 额定通态电流

在标准散热条件下，当器件的单向导通角大于等于 $170°$ 时，允许流过器件的最大交流正弦电流的有效值，称为器件的额定通态电流，以 $I_{T(RMS)}$ 表示，简称为额定电流。

由于双向晶闸管常用在交流电路中，所以额定通态电流以交流有效值表示，这点与普通晶闸管不同。当用双向晶闸管器件代替两个反并联普通晶闸管时，须进行换算：

$$I_{T(KS)} = \frac{\pi}{\sqrt{2}} I_{T(KP)} = 2.22 I_{T(KP)} \tag{2-1}$$

$$I_{T(KP)} = \frac{\sqrt{2}}{\pi} I_{T(KS)} = 0.45 I_{T(KS)} \tag{2-2}$$

式中：$I_{T(KS)}$——双向晶闸管的额定电流（交流有效值）；

$I_{T(KP)}$——普通晶闸管的额定电流（半波平均值）。

例如：100 A 的双向晶闸管，其峰值电流为 $100 \cdot \sqrt{2} = 141$ A；而普通晶闸管的通态电流是以正弦半波平均值表示的，峰值电流为 141 A 的正弦半波电流，它的平均值为 $141/\pi = 45$ A。可见，一只 100 A 的双向晶闸管与两只反并联 45 A 的普通晶闸管的电流容量相当。

同理，额定电流 100 A 的两只普通晶闸管反并联，可以代替一只额定电流为 222 A 的双向晶闸管。

2. 额定电压

由于双向晶闸管的两个主电极没有阴阳之分，所以它的参数中也就没有正向峰值电压与反向峰值电压之分，只有一个最大峰值电压，也称为额定电压。双向晶闸管的其他参数和普通晶闸管相同。

3. 维持电流

同普通晶闸管一样，双向晶闸管从较大的通态电流降至刚好能保持器件处于通态所需的最小电流，称为维持电流，以 I_H 表示。对双向晶闸管来说，在两个方向上都需测量维持电流值，而且要求基本一致。双向晶闸管的维持电流具有负温度特性，当结温上升时，维持电流会减小。

4. 电流临界下降率

电流临界下降率是指双向晶闸管从一个方向的导通状态转换到相反方向的导通状态时，所允许的最大通态电流下降率，以 di/dt 表示。电流临界下降率有 0.2、0.5 和 1 三个级数，将级数乘额定通态电流再除以 100，即得电流临界下降率，单位为 $A/\mu s$。例如，额定通态电流 $I_T=100$ A，电流临界下降率级数为 1 级，则 $\dfrac{di}{dt}=\dfrac{1\times100}{100}=1$ $A/\mu s$。

5. 电压临界上升率

电压临界上升率是指双向晶闸管从导通状态转换为截止状态时所允许的最大电压上升率，以 du/dt 表示。电压临界上升率有 0.2、0.5、2 和 5 四个级数，允许的电压上升率分别为 20、50、200 和 500 $V/\mu s$。

┌─ **工程小经验** ─┐

双向晶闸管作为交流开关时，为什么经常发生短路事故？

主要原因：器件允许的 du/dt 太小。

解决的方法是：① 在交流开关的主电路中串入空心电抗器，抑制电路中的换向电流上升率，降低对双向晶闸管换向能力的要求；② 选用 du/dt 值高的元件，一般选 du/dt 为 200 $V/\mu s$。

2.1.5　器件选型

为了保证电路可靠运行，必须根据电路的工作条件合理选择双向晶闸管。具体选型原则同普通晶闸管。额定电流计算公式：

$$I_{T(RMS)} \geqslant (1.5\sim2)I \tag{2-3}$$

式中：$(1.5\sim2)$ 为安全系数；I 为电路中电流有效值。

额定电压计算公式：

$$U_{RRM} \geqslant (2\sim3)U_m \tag{2-4}$$

式中：$(2\sim3)$ 为安全系数；U_m 为电压峰值。

双向晶闸管的型号较多，有 BTB26 系列、KS 系列、DTA 系列、BCR 系列等多种类型。根据 GB/T4192—1996 标准，双向晶闸管的型号规格及其含义如图 2-6 所示。

例如型号 KS50-10-5-1 具体表示为额定电流为 50 A、额定电压为 10 级（1000 V）、断态电压临界上升率为 5 级、换向电流临界下降率为 1 级的双向晶闸管。

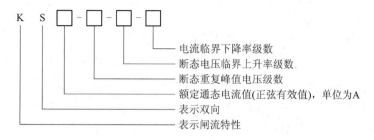

图 2 - 6　国产双向晶闸管的型号规格及其含义

例 2 - 1　在一个单相交流调压电路中，电源电压为 220 V，电阻性负载阻值为 20 Ω，其双向晶闸管额定电流和额定电压应如何选取？

解　（1）额定电流：

$$I_{T(RMS)} \geqslant (1.5 \sim 2)I = (1.5 \sim 2) \times \frac{220}{20} = (16.5 \sim 22)\ A$$

（2）额定电压：

$$U_{RRM} \geqslant (2 \sim 3)\sqrt{2}U_2 = (2 \sim 3) \times \sqrt{2} \times 220 = (622 \sim 933)\ V$$

按照产品型号规格，可以选用 KS20 - 8 的晶闸管。

2.2　交流调压电路

交流-交流变换（AC - AC）电路是把一种形式的交流电变换成另一种形式的交流电的电路。交流-交流变换时可以改变电压（电流）有效值、频率或相数等。改变频率的电路称为变频电路；只改变电压、电流幅值或对电路的通断进行控制，而不改变频率的电路称为交流电力控制电路。

交流电力控制电路又分为以下三种类型：在交流电每个周期内对晶闸管的开通进行控制，调节输出电压有效值，这种电路称为交流调压电路；以交流电的周期为单位控制晶闸管的通断，调节输出功率平均值，这种电路称为交流调功电路；如果并不在意调节输出功率，只是根据电路需要控制晶闸管的通断，则称这种电路为交流电力电子开关。

交流调压电路不仅可以实现电压的连续可调，而且调节装置体积小、价格低、效率高，因此得到了广泛应用。本节重点介绍交流调压电路。

2.2.1　单相交流调压电路

单相交流调压电路是交流调压中最基本的电路，主要用于小功率电路中。单相交流调压电路的工作情况与负载的性质密切相关，这里分别讨论带电阻性负载和带阻感性负载时电路的工作情况。

1. 带电阻性负载时的工作情况

1）电路组成与工作原理

单相交流调压电路（带电阻性负载）由两只反并联的晶闸管VT_1、VT_2和负载电阻R_L组成，也可以由一只双向晶闸管 VT 和负载电阻R_L组成，如图 2-7(a)所示。电源电压的瞬时值、有效值分别为u_2、U_2。负载电压、电流的瞬时值为u_o、i_o，有效值为U_o、I_o。电路工作波形如图 2-7(b)所示。

在 0～α 期间：门极没有触发信号u_G，双向晶闸管 VT 不导通（截止状态）；u_2全部加在 VT 上，即$u_{VT}=u_2$，$u_o=0$，$i_o=0$。

在 α～π 期间：当$\omega t=\alpha$时刻，门极加触发信号u_G，VT 导通，即$u_{VT}=0$，$u_o=u_2$，$i_o=u_2/R_L$。当$\omega t=\pi$时刻，$u_2=0$，VT 过零自然关断。

同理，在u_2负半周$\omega t=\pi+\alpha$时刻，给 VT 施加触发信号，则 VT 再次导通。可以看出，负载电压波形是电源电压波形的一部分，负载电流和负载电压的波形相同。改变触发角α，则负载电压的波形随之发生变化，电压有效值也随之发生变化。

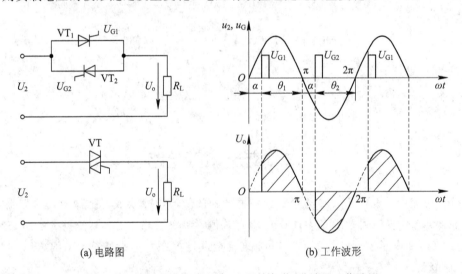

(a) 电路图　　　　　　　　　　　(b) 工作波形

图 2-7　单相交流调压电路（电阻性负载）电路及工作波形

『应用案例』

调光台灯实用电路如图 2-8 所示，调节R_P的大小将改变电源电压对电容C_1的充电时间，从而改变C_1达到双向晶闸管VT_1所需触发电平的时间（VD 为触发二极管），即改变了双向晶闸管触发角α的大小，达到交流调压的目的。双向晶闸管 VT 工作于 I＋、Ⅲ－的触发方式。α较大时，由于电位器R_P阻值较大，电容充电缓慢。α很大时，电源电压已经超过峰值并降得很低，造成C_1充电电压过小，u_{C1}电压不足以击穿双向二极管给双向晶闸管提供触发脉冲，台灯不亮。因此，实用电路中增设R_2、C_2阻容电路，使得在大α角时（小导通角时）获得一个滞后电压u_{C2}，它给电容C_1增加一个充电"电源"，使大α角时u_{C1}能够达到晶闸管所需触发电平，保证晶闸管 VT 可靠触发并导通，增大调压范围。

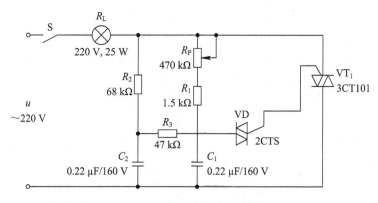

图 2-8　调光台灯实用电路

2）数量关系

（1）输出电压、电流有效值：

$$U_\text{o} = \sqrt{\frac{1}{\pi}\int_\alpha^\pi \left(\sqrt{2}U_2\sin\omega t\right)^2 \mathrm{d}(\omega t)} = U_2\sqrt{\frac{\sin2\alpha}{2\pi} + \frac{\pi-\alpha}{\pi}} \tag{2-5}$$

$$I_\text{o} = \frac{U_\text{o}}{R_\text{L}} = \frac{U_2}{R_\text{L}}\sqrt{\frac{\sin2\alpha}{2\pi} + \frac{\pi-\alpha}{\pi}} \tag{2-6}$$

触发角 $\alpha = 0°$ 时，相当于晶闸管一直导通，输出电压有效值最大，即 $U_\text{o} = U_2$；触发角 $\alpha = 180°$ 时，输出电压有效值最小，$U_\text{o} = 0$；触发角 α 的移相范围是 $0° \sim 180°$。

（2）流过晶闸管的电流有效值：

$$I_\text{VT} = \sqrt{\frac{1}{2\pi}\int_\alpha^\pi \left(\frac{\sqrt{2}U_2\sin\omega t}{R_\text{L}}\right)^2 \mathrm{d}(\omega t)} = \frac{U_2}{R_\text{L}}\sqrt{\frac{1}{2}\left(1 - \frac{\alpha}{\pi} + \frac{\sin2\alpha}{2\pi}\right)} \tag{2-7}$$

（3）电路功率因数：

$$\cos\varphi = \frac{U_\text{o}I_\text{o}}{U_2I_2} = \frac{U_\text{o}}{U_2} = \sqrt{\frac{\sin2\alpha}{2\pi} + \frac{\pi-\alpha}{\pi}} \tag{2-8}$$

随着 α 的增大，输入电流滞后于电压且发生畸变，功率因数也逐渐降低。功率因数 $\cos\varphi$ 与触发角 α 的关系如图 2-9 所示。

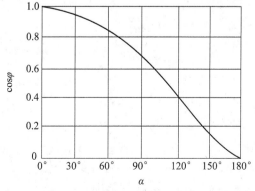

图 2-9　单相交流调压电路（带电阻性负载）功率因数与触发角的关系

┌┈┈┈┈┈┈┈┈┐
┊ **例题解析** ┊
└┈┈┈┈┈┈┈┈┘

例 2－2 一调光台灯由单相交流调压电路供电，设该台灯可看作电阻负载，在 $\alpha=0$ 时输出功率为最大值。试求功率为最大输出功率的 80%、50% 时的触发角 α。

解 $\alpha=0$ 时输出电压最大，为

$$U_{\mathrm{omax}}=\sqrt{\frac{1}{\pi}\int_{\alpha}^{\pi}\left(\sqrt{2}U_2\sin\omega t\right)^2\mathrm{d}(\omega t)}=U_2$$

此时负载电流最大，为

$$I_{\mathrm{omax}}=\frac{U_{\mathrm{omax}}}{R}=\frac{U_2}{R}$$

因此最大输出功率为

$$P_{\mathrm{omax}}=U_{\mathrm{omax}}I_{\mathrm{omax}}=\frac{U_2^2}{R}$$

（1）输出功率为最大输出功率的 80% 时，有

$$P=0.8\times P_{\mathrm{omax}}=\frac{\left(\sqrt{0.8}U_2\right)^2}{R}$$

即 $U_{\mathrm{o}}=\sqrt{0.8}U_2$。

由

$$U_{\mathrm{o}}=\sqrt{\frac{1}{\pi}\int_{\alpha}^{\pi}\left(\sqrt{2}U_2\sin\omega t\right)^2\mathrm{d}(\omega t)}=U_2\sqrt{\frac{\sin2\alpha}{2\pi}+\frac{\pi-\alpha}{\pi}}$$

解得：$\alpha=60.54°$。

（2）同理，输出功率为最大功率的 50% 时，有

$$U_{\mathrm{o}}=\sqrt{0.5}U_2$$

解得：$\alpha=90°$。

2. 带阻感性负载时的工作情况

1）电路组成与工作原理

单相交流调压电路（带阻感性负载）由两只反并联的普通晶闸管 $\mathrm{VT_1}$、$\mathrm{VT_2}$（也可以用一只双向晶闸管代替）、负载电感 L 和负载电阻 R_L 等组成，如图 2-10 所示。它与单相半波

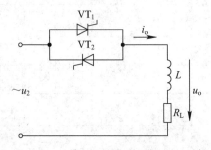

图 2-10　单相交流调压电路（带阻感性负载）电路

整流电路(带阻感性负载)的工作情况相似。由于电感的作用,负载电流 i_o 在电源电压 u_2 过零后延迟一段时间再过零,其延迟时间与负载的功率因数角 φ 有关。功率因数角如图 2-11 所示,公式表示为 $\varphi = \arctan(\omega L/R)$。

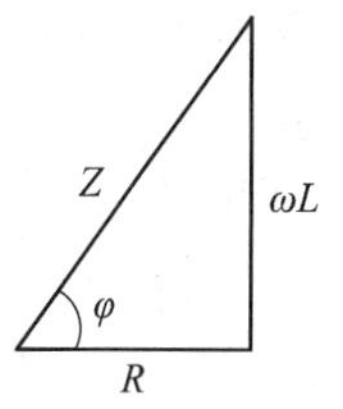

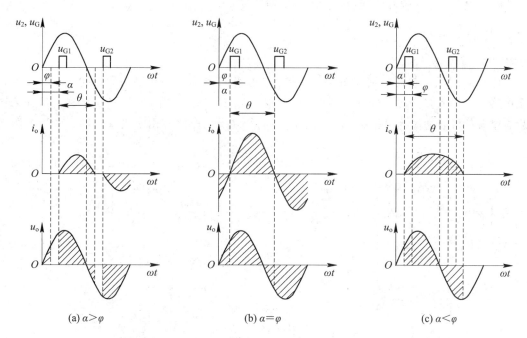

图 2-11　功率因数角

晶闸管的导通角 θ 不仅与触发角 α 有关,而且与负载的功率因数角 φ 有关。

当 $\alpha > \varphi$ 时,电流的正负半周波形断续,α 在 $\varphi \sim 180°$ 范围内连续可调,$\theta < 180°$,工作波形如图 2-12(a)所示。

当 $\alpha = \varphi$ 时,电流的正负半周波形处于临界连续状态,此时晶闸管失去控制,$\theta = 180°$,如图 2-12(b)所示。

当 $\alpha < \varphi$ 时,假设触发脉冲为窄脉冲,并设 VT_1 先被触发导通,如图 2-12(c)所示。当 VT_2 的触发脉冲出现时,VT_1 的电流尚未降为零,VT_2 受反压不能被触发导通。待 VT_1 电流降为零而关断时,VT_2 又因窄脉冲已经消失,仍不能导通。VT_1 的导通角 $\theta > 180°$。下一个周期 VT_1 再次被触发,电路演变为单相半波可控整流电路,负载上只有正(或负)半波电流,直流分量很大。因此,单相交流调压电路(带阻感性负载)不能用窄脉冲触发,而应该用宽脉冲或脉冲列触发。采用宽触发脉冲必然要求脉冲变压器体积大,故实际设备多用脉冲列触发。

(a) $\alpha > \varphi$　　　　　　　　　(b) $\alpha = \varphi$　　　　　　　　　(c) $\alpha < \varphi$

图 2-12　单相交流调压电路(带阻感性负载)工作波形

单相交流调压电路以 φ 为参变量时 θ 与 α 的关系曲线如图 2-13 所示。α 越大,则导通角 θ 越小;负载功率因数角 φ 越大,表明负载感抗越大,感应电动势使电流过零的时间越长,因而导通角 θ 越大。

单相交流调压电路(带阻感性负载)的最小触发角 $\alpha_{min} = \varphi$,α 的移相范围为 $\varphi \sim 180°$。

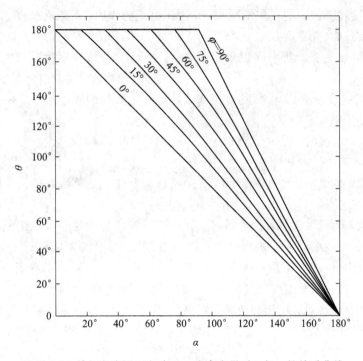

图 2-13　单相交流调压电路以 φ 为参变量时 θ 与 α 的关系曲线

┌┄┄┄┄┄┄┐
┆ 应用案例 ┆
└┄┄┄┄┄┄┘

　　电扇自然风模拟器电路如图 2-14 所示。改变双向晶闸管 VT 的导通角，即可改变电扇的转速；自激多谐振荡器起控制作用，其触发脉冲由受控的阻容回路的充放电过程来产生，导通角可以通过阻容回路的可变电阻器进行调节。振荡器由三极管 VT_1、VT_2 及阻容元件组成。

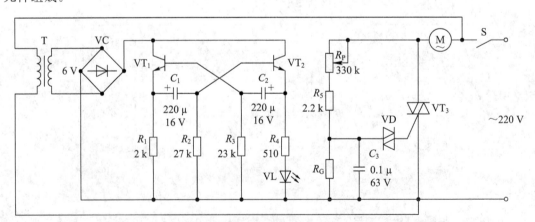

图 2-14　电扇自然风模拟器电路

　　220 V 交流电经变压器 T 降压、桥堆 VC 整流，给自激多谐振荡器提供直流工作电压。振荡器开始工作，三极管 VT_1 和 VT_2 轮流导通与截止，在发光二极管 VL 回路有方波脉冲电流通过，VL 周期性地发光与熄灭，即闪烁发光。当 VL 点亮时，光敏电阻 R_G 受到光照，阻值变小，双向触发二极管 VD 不能产生触发电压，双向晶闸管 VT 截止；当 VL 熄灭时，R_G 无光照呈高电阻，C_3 经 R_5 和 R_P 充电，并通过 VD 给双向晶闸管 VT 提供触发信号，VT 导通，电扇 M 通电运行。由于电扇运转时具有机械惯性，在断电的时间内，电扇仍惯性运转，只是转速降低。这样，电扇时快时慢地旋转，产生自然风的效果。调节电位器 R_P，也可改变电扇的转速。

2）数量关系

（1）输出电压有效值 U_o：

$$U_o = \sqrt{\frac{1}{\pi}\int_{\alpha}^{\alpha+\theta}\left(\sqrt{2}U_2\sin\omega t\right)^2 \mathrm{d}(\omega t)}$$

$$= U_2\sqrt{\frac{\theta}{\pi}+\frac{1}{\pi}\left[\sin 2\alpha - \sin(2\alpha+2\theta)\right]} \tag{2-9}$$

（2）晶闸管电流有效值 I_{VT}：

$$I_{VT} = \sqrt{\frac{1}{2\pi}\int_{\alpha}^{\alpha+\theta}\left\{\frac{\sqrt{2}U_2}{Z}\left[\sin(\omega t-\varphi)-\sin(\alpha-\varphi)\,\mathrm{e}^{\frac{\alpha-\omega t}{\tan\varphi}}\right]\right\}^2 \mathrm{d}(\omega t)}$$

$$= \frac{U_2}{\sqrt{2\pi}Z}\sqrt{\theta - \frac{\sin\theta\cos(2\alpha+\varphi+\theta)}{\cos\varphi}} \tag{2-10}$$

（3）输出电流有效值 I_o：

$$I_o = \sqrt{\frac{1}{\pi}\int_{\alpha}^{\alpha+\theta}\left(\frac{\sqrt{2}U_2}{Z}\left[\sin(\omega t-\varphi)-\sin(\alpha-\varphi)\,\mathrm{e}^{\frac{\alpha-\omega t}{\tan\varphi}}\right]\right)^2 \mathrm{d}(\omega t)}$$

$$= \frac{U_2}{\sqrt{\pi}Z}\sqrt{\theta - \frac{\sin\theta\cos(2\alpha+\varphi+\theta)}{\cos\varphi}} \tag{2-11}$$

式中，$Z=\sqrt{R^2+(\omega L)^2}$，$\theta$ 为晶闸管导通角。

◆ 例题解析 ◆

例 2-3　一个单相交流调压电路，输入交流电压为 220 V、50 Hz，带阻感性负载，其中 $R=8\ \Omega$，$X_L=6\ \Omega$。求 α 为 $\pi/6$ 时的输出电压、电流有效值及输入功率和功率因数。

解　负载阻抗及负载阻抗角分别为

$$Z=\sqrt{R^2+X_L^2}=10\ \Omega$$

$$\varphi=\arctan\left(\frac{X_L}{R}\right)=\arctan\left(\frac{6}{8}\right)=0.6435\ \mathrm{rad}=36.87°$$

因此触发延迟角 α 的变化范围为

$$\varphi\leqslant\alpha\leqslant\pi$$

即

$$0.6435\ \mathrm{rad}\leqslant\alpha\leqslant\pi$$

当 $\alpha=\pi/6$ 时，由于 $\alpha<\varphi$，因此晶闸管调压器全开放，输出电压为完整的正弦波，负载电流为最大，为

$$I_o = \frac{220 \text{ V}}{Z} = 22 \text{ A}$$

输入功率为

$$P_{in} = I_o^2 R = 3872 \text{ W}$$

功率因数为

$$\cos\varphi = \frac{P_{in}}{U_1 I_o} = \frac{3872}{220 \times 22} \approx 0.8$$

┌─────────┐
│ 应用案例 │
└─────────┘

　　晶闸管单相交流稳压电路如图 2-15(a) 所示。带抽头的自耦变压器 1 端、0 端为输入端；变压器 3 端接双向晶闸管 VT_1，2 端接双向晶闸管 VT_2；4 端、0 端接负载输出端。当输入电压 u_{10} 在其额定值的 ±10% 变化时，适当设计 1 端和 3 端、1 端和 2 端之间的匝数，输出电压可稳定在 220 V 附近。该电路的稳压原理具体如下：

　　晶闸管 VT_2 的触发脉冲加在交流电源电压正、负半周的过零点。当电源电压波动 +10% 时，$u_{10} = 242$ V，VT_1 脉冲封锁或 $\alpha = 180°$，由 VT_2 完成调节输出电压的任务，使输出电压 $u_{40} \approx u_{10} - u_{12} \approx 220$ V。当电源电压因某种原因波动 -10% 时，$u_{10} = 198$ V，调节 VT_1，触发角 $\alpha = 0°$，VT_1 管全导通，输出电压 $u_{40} \approx u_{10} + u_{31} \approx 220$ V。

　　以上两种极端情况的输出电压都是正弦波。当电源电压在 198~242 V 变化时，可改变 VT_1 管的触发延迟角，使之在 0~180° 之间变化，保证输出电压为 220 V 不变。图 2-15(b) 所示为 $\alpha = 90°$ 时输出电压的波形。这种电路能自动稳压：当电源电压波动或负载变化时，可由输出电压取样反馈，自动调整 VT_1、VT_2 的触发角 α 的大小，达到自动稳压的目的。由于这种稳压电路输出的电压波形不是完整的正弦波，因此在对波形要求较高的场合采用此装置时，应在输出端增加电容、电感滤波环节。

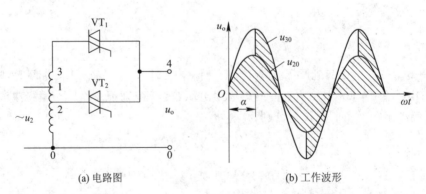

(a) 电路图　　　　　　　　　　　　(b) 工作波形

图 2-15　晶闸管单相交流稳压电路及工作波形

2.2.2　三相交流调压电路

　　单相交流调压电路适用于单相负载，对于三相电热炉、大容量异步电动机的软启动装置，高频感应加热、电解与电镀等大容量的三相负载，若需要调压或调节输出功率，可采用三相交流调压电路来实现。

1. 主电路的接线方式

三相交流调压电路有带中性线星形、无中性线星形、支路控制和中点控制内三角等接线方式，主电路基本形式如图 2-16 所示。它们各有特点，分别适用于不同的场合，其中图(a)相当于三个单相调压电路分别接于相电压上，但当三相为对称负载时，图(a)的零线中会流过有害的三次谐波电流(各相相位和大小相同的三次谐波值的代数和)；图(b)用于"Y"形负载，也可用于"△"形负载；图(c)、(d)只适用于"△"形负载，也相当于由三个单相调压电路组成，只是每相的输入电源为线电压。图(c)是一种支路控制"△"形连接，三次谐波电流只在"△"形中流动，而不出现在线电流中。

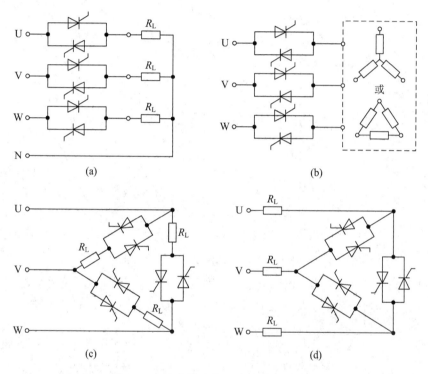

图 2-16　三相交流调压主电路基本形式

2. 星形带中性线的三相交流调压电路

下面仅对谐波较小、用得最多的带中性线星形三相交流调压电路进行分析。

三相交流调压电路反并联的晶闸管接在电源与负载之间，负载为"Y"形连接，电路如图 2-17(a)所示。

为使负载上能得到全电压，晶闸管应能全导通，则应选用电源相应波形的起始点作为触发角 $\alpha=0°$ 的时刻(这一点与三相全控桥式整流电路不同，后者分为共阴极组和共阳极组，是以相电压的交点作为 $\alpha=0°$ 的时刻)。

$\alpha=0°$ 时的电路工作波形如图 2-17(b)所示。在 $\omega t=0$ 时刻前，VT_5、VT_6 已处于导通状态。在 $\omega t=0$ 时刻，晶闸管 VT_1 被触发导通；在 $0\sim\pi/3$ 期间，VT_5、VT_6、VT_1 三个器件导通，负载电压为电源相电压，即 $u_{RU}=u_U$。在 $\omega t=\pi/3$ 时刻，$u_W=0$，晶闸管 VT_5 自然关

断，VT$_2$ 被触发导通；在 $\pi/3 \sim 2\pi/3$ 期间，VT$_6$、VT$_1$、VT$_2$ 导通，$u_{RU}=u_U$。在 $\omega t=2\pi/3$ 时刻，$u_V=0$，晶闸管 VT$_6$ 自然关断，VT$_3$ 被触发导通；在 $2\pi/3 \sim \pi$ 期间，VT$_1$、VT$_2$、VT$_3$ 导通，$u_{RU}=u_U$。负半周时，情况依此类推。

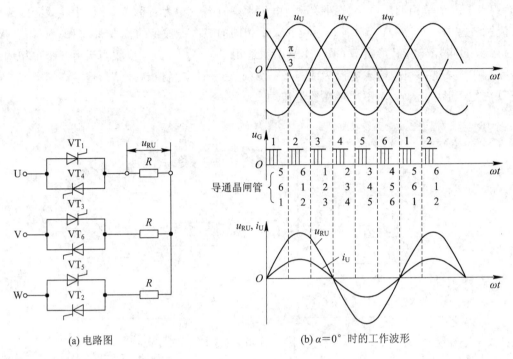

(a) 电路图　　　　　　　　(b) $\alpha=0°$ 时的工作波形

图 2-17　三相交流调压电路及工作波形

$\alpha=30°$ 时的电路工作波形如图 2-18(a)所示。在 $0 \sim \pi/6$ 期间，VT$_5$、VT$_6$ 已处于导通状态，VT$_1$、VT$_4$ 均关断，所以负载 R 上无电压，$u_{RU}=0$。在 $\omega t=\pi/6$ 时刻，晶闸管VT$_1$ 被触发导通；在 $\pi/6 \sim \pi/3$ 期间，VT$_5$、VT$_6$、VT$_1$ 三个器件导通，负载上的电压为电源相电压，即 $u_{RU}=u_U$。在 $\omega t=\pi/3$ 时刻，$u_W=0$，VT$_5$ 自然关断；在 $\pi/3 \sim \pi/2$ 期间，只有 VT$_6$、VT$_1$ 导通，负载电流仅流过 U、V 两相，在三相负载对称的情况下，负载电压为线电压 u_{UV} 的一半，即 $u_{RU}=u_{UV}/2$。在 $\omega t=\pi/2$ 时刻，晶闸管 VT$_2$ 被触发导通；在 $\pi/2 \sim 2\pi/3$ 期间，VT$_6$、VT$_1$、VT$_2$ 导通，$u_{RU}=u_U$。在 $\omega t=2\pi/3$ 时刻，$u_V=0$，VT$_6$ 自然关断；在 $2\pi/3 \sim 5\pi/6$ 期间，VT$_1$、VT$_2$ 导通，$u_{RU}=u_{UW}/2$。在 $\omega t=5\pi/6$ 时刻，晶闸管 VT$_3$ 被触发导通；在 $5\pi/6 \sim \pi$ 期间，VT$_1$、VT$_2$、VT$_3$ 导通，$u_{RU}=u_U$。负半周时，情况依此类推，正、负半周的波形相同，整个周期中二相与三相轮流工作。

当 $\alpha \geqslant 60°$，给VT$_1$ 触发信号时，VT$_5$ 已经关断，所以任何瞬时只有两个器件导通，负载电压不为零时其值总是导通两相线电压的一半，在 $\omega t=\pi/3 \sim \pi$ 期间仅两相工作，如图 2-18(b)所示；在 $\alpha=90°$ 和 $\alpha=120°$ 时，波形进一步畸变，幅值变小，如图 2-18(c)、(d)所示，输出的波形都对称。在 $\alpha>150°$ 后再给VT$_1$ 触发脉冲就没有作用了，因为此时即使有 VT$_6$ 的触发脉冲，但由于 $u_U<u_V$，VT$_1$ 和 VT$_6$ 都处于负偏压状态而无法导通。三相交流调压电路带电阻性负载时触发角的最大移相范围为 $0° \sim 150°$。

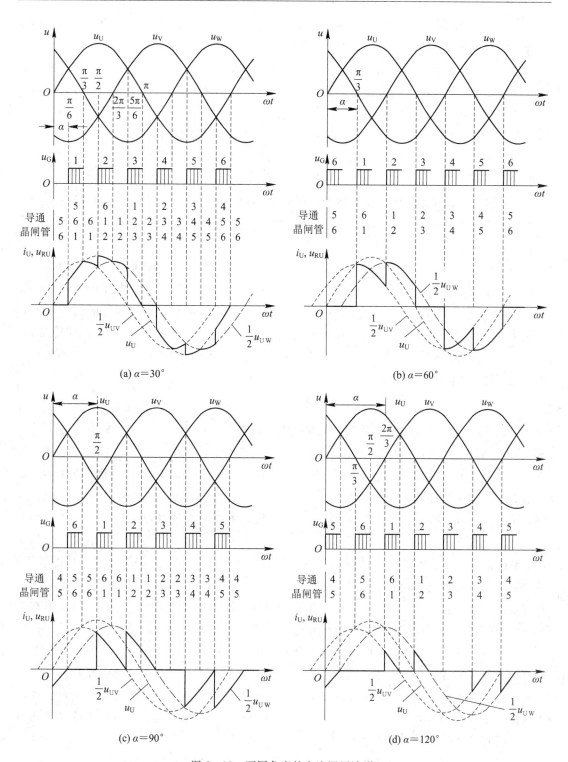

图 2-18　不同角度的交流调压波形

由以上分析可以看出，交流调压所得的负载电压和电流波形都不是正弦波，且随着 α 角的增大，负载电压相应变小，负载电流开始出现断续。

当负载为电感性时，交流调压输出的波形及谐波既与 α 有关，也与负载的阻抗角 φ 有关，分析比较复杂，这时负载电流和施加电压的波形也不再同相。当 α＝φ 时，负载电流最大，且为正弦波，相当于晶闸管被短接。

为了保证三相交流调压电路的正常工作，其晶闸管的触发系统应满足下列要求：

（1）在三相电路中至少有一相正向晶闸管与另一相反向晶闸管同时导通。这对无中性线的"Y"形和"△"形电路尤为重要，否则不能构成电流的通路。

（2）为了保证电路起始工作时两个晶闸管能同时导通，并且在感性负载和控制角较大时也能使不同相的正、反两个晶闸管同时导通，要求采用宽脉冲（＞60°）或双窄脉冲触发电路。

（3）各触发信号应与相应的交流电源电压相序一致，并且与电源同步。要求 U、V、W 三相电路中的正向晶闸管VT$_1$、VT$_3$、VT$_5$的触发信号互差 120°，三相电路中反向晶闸管 VT$_4$、VT$_6$、VT$_2$的触发信号也互差 120°，即同一相中反并联的两个晶闸管的触发脉冲相位互差 180°。因此VT$_1$～VT$_6$各个晶闸管的触发脉冲依次各差 60°，其次序是VT$_1$、VT$_2$、VT$_3$，VT$_2$、VT$_3$、VT$_4$，VT$_3$、VT$_4$、VT$_5$……所以原则上，三相全控桥式整流电路的触发电路均可用于三相全波交流调压。

3. 软启动器

交流电机启动电流对电力系统的电气冲击和启动力矩对机械负载的机械冲击一直是交流电力传动系统中较普遍存在的问题，会对电力系统和机电系统产生不良的影响，如降低机电系统的寿命，影响其他电气设备的正常运行等。定子回路串电感启动、降压启动、Y/△启动等多种交流电机的启动方法可以减少和消除这些不良影响。这些方法采用的技术都属于电工技术，因而设备体积较大，有一定的功率损耗，而且对定子电压的调节也都不连续，为"有级"调速。

基于电力电子技术的软启动器的出现较好地解决了上述问题，并得到了迅速的发展。使用变频器对交流电机的启动和制动进行控制也会收到良好的效果，但是软启动器较之同样容量的变频器要廉价得多，而且更便于安装。对于传动指标要求不太严格、通常不需要调速的交流电力传动设备，使用软启动器进行控制更为经济。

软启动器主要由主电路、控制和保护电路等构成，如图 2-19 所示。主电路的核心部件是三组反并联的普通晶闸管或者三只双向晶闸管。其基本工作原理是：利用晶闸管的移相控制原理，改变其输出电压，达到通过调压方式来控制启动电流和启动转矩的目的。控制电路按预定的不同启动方式，通过检测主电路的反馈电流，控制其输出电压，可以实现不同的启动特性；最终软启动器输出全压。

软启动器实际上是个调压器，主要用于电动机启动，输出也只改变电压而不改变频率。由于软启动器采用电子调压并对电流实行实时检测，因此还具有热保护、限制转矩和电流冲击、三相电源不平衡保护、缺相保护、断相保护等功能，还可以实时检测并显示电压、电流和功率因数等参数。

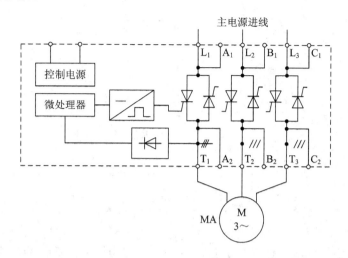

图 2-19　软启动器的结构

　　软启动器接线图如图 2-20 所示。为了提高系统的可靠性，一组反并联晶闸管的两端还并联了一个接触器触点。电机在启动和停车过程中，接触器触点断开，电源通过软启动器给电机供电。供电电压上升曲线如图 2-21 所示，U_S 为电动机启动需要的最小转矩所对应的电压值，启动时电压按一定斜率上升，使传统的有级降压启动变为三相调压的无级调节。初始电压及电压上升率可根据负载特性调整。通过软启动方式供电，当电压达到额定电压 U_N 时，接触器触点闭合，电动机 M 转入全压运行，软启动器停止工作。

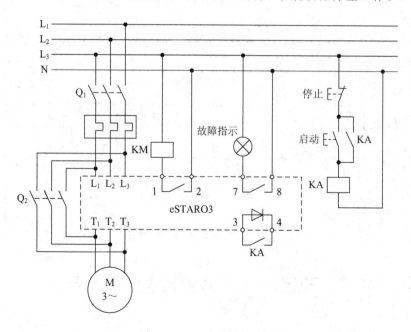

图 2-20　软启动器接线图

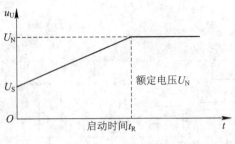

图 2-21　软启动电压上升曲线

应用案例

　　液晶投影机多功能控制器电路如图 2-22 所示。由 $VD_1 \sim VD_4$、IC_1、C_1、VT_1 等元器件组成整流、滤波、稳压、扩流电路，为全机供电提供保证，由 $VD_5 \sim VD_8$、C_5、VT_2、VT_3 等元器件组成灯泡软启动电路。在通电瞬间，电源通过电阻 R_3 向电容 C_5 充电，由于 C_5 两端电压不能突变，电压较低，使 C_6 充电电流较小，故由 VT_2 等元器件组成的张弛振荡器停振，VT_3 不导通，灯泡不亮。随着 C_5 两端电压的升高，通过 R_4、R_{P1} 对 C_6 充电的电流增大，振荡器 VT_2 起振且触发 VT_3 导通的脉冲逐渐前移，灯泡被逐渐点亮，从而限制开机瞬间浪涌电流给灯丝造成的冲击。

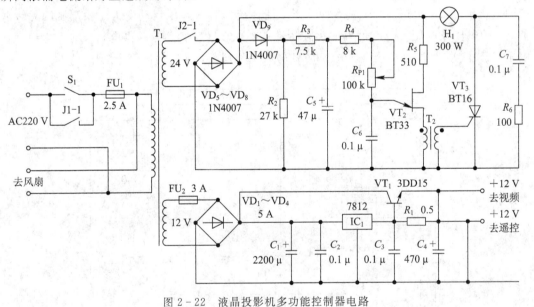

图 2-22　液晶投影机多功能控制器电路

2.3　交流调功电路和晶闸管交流开关

2.3.1　交流调功电路

　　在采用相控方式的交流调压电路中，输出电压波形因为不是正弦波，使电源和负载中都含有较大的高次谐波。为了克服这一缺点，采用另一种触发方式即过零触发(或称零触发)。过零触发是指在电压或电流过零时触发晶闸管，通过改变在一定时间内导通的周波数来改变晶闸管输出的平均电压或平均功率。过零触发的双向晶闸管调功电路在负载上产生的电压波形为正弦波，所以没有移相触发时因输出波形产生畸变带来的高频辐射干扰问题。它适用于热惯性较大的电热负载。过零触发可分为电压过零触发和电流过零触发两种方式，前者在电源电压为零的瞬间进行触发(检测信号取自电源电压)，后者在负载电流为零的瞬间进行触发(检测信号取自负载电流)。

1. 电路组成与工作原理

交流调功电路和交流调压电路在主电路结构形式上完全相同，晶闸管都以开关状态串接在交流电源与负载之间，只是控制的方式不同。交流调压电路是在交流电源的周期内通过触发角 α 对晶闸管做移相控制的，交流调功电路则是以交流电源周期为单位，将晶闸管作为开关实现通断控制的。对于电炉等大惯性电热负载，没有必要对交流电源的各个周期进行频繁的控制，只要以周波数为单位控制负载所消耗的平均功率即可，故称之为交流调功电路。

交流调功电路的工作原理如图 2-23 所示。在设定的 M 个电源周期内，晶闸管接通 N 个周期，关断 $M-N$ 个周期，通过改变晶闸管接通周波数 N 和断开周波数 $M-N$ 的比值，即通断比来调节负载所消耗的平均功率。当通断比过小时会出现低频干扰，如照明时会出现人眼能察觉的闪烁、电表指针的摇摆等。

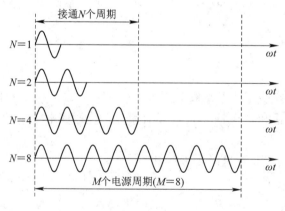

图 2-23　交流调功电路的工作原理

交流调功电路可分为连续式和间隔式两种工作方式，如图 2-24 所示。

2. 数量关系

在设定周期 T(M 个周波)内导通的周波数为 N，每个周波的周期为 T_0。

(1) 输出电压有效值：

$$U_0 = \sqrt{\frac{1}{2M\pi}\int_0^{2N\pi} U_2^2 \mathrm{d}(\omega t)} = \sqrt{\frac{N}{M}}U_2 = \sqrt{\frac{NT_0}{T}}U_2 \qquad (2-12)$$

(2) 输出功率：

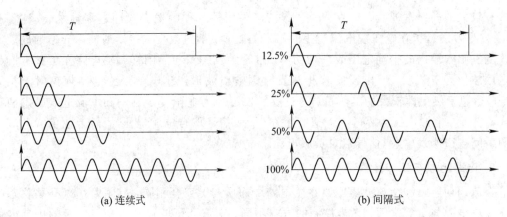

图 2-24　交流调功电路的工作方式

$$P_\circ = \frac{U_\circ^2}{R_L} = \frac{N}{M}P = \sqrt{\frac{NT_0}{T}}P \qquad (2-13)$$

式中：P、U_2 分别为设定周期 T 内全部周波导通时，电路输出的有功功率与电压有效值。

　　由此可见，改变导通周波数即可改变输出电压和输出功率。晶闸管在电压过零的瞬间开通，波形为正弦波，克服了相位控制时会产生谐波干扰的缺点。但交流调功电路的输出电压为断续波，晶闸管的导通时间以交流电的周期为基本单位，输出电压和功率的调节不太平滑，适用于较大时间常数的负载。周期 T 中所包含的正弦波个数 M 越多，即 $M = T/T_0$ 越大，则交流调功电路最小量化单位（P/M）就越小，即功率调节的分辨率越高，能达到的调功稳态精度也就越高。

┌─ 例题解析 ─┐

　　例 2-4　某单相交流调功电路采用过零触发。$U_2 = 220$ V，负载电阻 $R = 1$ Ω，设定周期 T 内，使晶闸管导通 0.3 s，断 0.2 s，试计算送到电阻负载上的功率与假定晶闸管一直导通时所送出的功率。

　　解　晶闸管一直导通时，送出的功率为

$$P = \frac{U_2^2}{R} = \frac{220^2}{1} = 48.4 \text{ kW}$$

晶闸管在导通 0.3 s、断开 0.2 s、过零触发下，根据公式有：
负载上的电压有效值：

$$U_\circ = \sqrt{\frac{0.3}{0.3+0.2}} \times 220 = 170 \text{ V}$$

负载上的功率：

$$P_\circ = \frac{0.3}{0.3+0.2} \times 48.4 = 29 \text{ kW}$$

2.3.2　晶闸管交流开关

　　晶闸管交流开关也是将晶闸管反并联后串入交流电路中来代替机械开关进行工作的，

起接通和断开电路的作用。一般的机械开关响应速度都比较慢，触点间的摩擦导致开关寿命比较短；晶闸管交流开关使用时响应速度快，无触点，寿命长，可以频繁地开通和关断。另外晶闸管在作为开关控制时总是在电流过零时关断，在关断时不会因为线路电感储存能量造成过电压和电磁干扰，特别适用于操作频繁、可逆运行、易燃和多粉尘等场合。

1. 基本结构

晶闸管交流开关既不像交流调压电路那样进行相位控制，也不像交流调功电路那样控制电路的平均输出功率。交流开关只是控制通断，通常没有明确的控制周期，控制频率比交流调功电路低得多。

晶闸管交流开关也称为无触点开关，可分为任意接通模式和过零接通模式。前者可以在任何时刻使晶闸管触发导通；后者只能在交流电源电压过零时触发晶闸管导通。交流开关的特点是晶闸管在承受正半周电压时触发导通，而它的关断是利用电压负半周在晶闸管上的反压来实现的，即在电流过零时自然关断。因此，晶闸管关断时不会因负载或线路中电感储能而产生暂态过电压。

普通晶闸管反并联构成的交流开关如图 2-25(a)所示。电路中控制开关 S 闭合时，电源的正负半周分别通过二极管VD_1、VD_2和开关 S 接通VT_1、VT_2的门极电路，使相应晶闸管交替导通，即当电流为零且晶闸管自然关断时，与之反并联的另一晶闸管触发导通，电流反向。如果 S 断开，晶闸管门极开路，不能导通，交流开关为阻断状态。通过对开关 S 的操作，可达到用微小电流控制主电路通断的目的。开关靠晶闸管本身的阳极电压作为触发电源，具有强触发性质，即使触发电流比较大的晶闸管也能被可靠触发，负载上得到的基本上是正弦电压。

采用双向晶闸管构成的交流开关如图 2-25(b)所示，线路简单。当控制开关 S 闭合时，双向晶闸管 VT 触发导通，负载上获得交流电能；如果 S 断开，VT 因门极开路而不能导通，相当于交流开关断开。

只用一只普通晶闸管构成的交流开关电路如图 2-25(c)所示，晶闸管只承受正压，但由于串联元件多，其压降损耗较大。

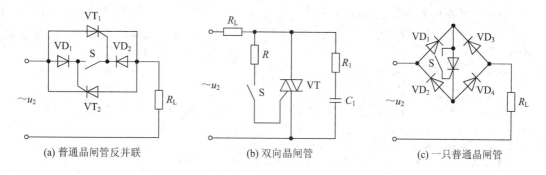

(a) 普通晶闸管反并联　　(b) 双向晶闸管　　(c) 一只普通晶闸管

图 2-25　晶闸管交流开关的基本形式

应用案例

　　三相自动电热炉温控电路采用双向晶闸管作为交流开关，电路如图 2 - 26 所示。当开关 S 拨到"自动"位置时，炉温就能自动保持在给定温度。若炉温低于给定温度，温控仪使常开触点 KT 闭合，VT_4（小容量双向晶闸管）被触发导通，继电器 KA 得电，双向晶闸管 VT_1、VT_2、VT_3 导通，负载电阻 R_L 接入交流电源，电热炉升温。若炉温达到给定温度，温控仪的常开触点 KT 断开，VT_4 关断，电阻 R_L 与电源断开，电热炉降温。通过这一系列动作，可使炉温在给定范围内波动，实现自动恒温控制。

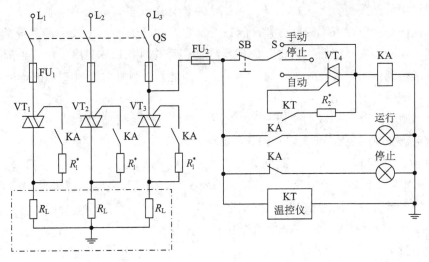

图 2 - 26　三相自动电热炉温控电路

2. 固态继电器

　　固态继电器（Solid State Relay，SSR）是由固态器件构成的无触点开关器件，因其功能与电磁继电器相似而得名。固态继电器具有驱动功率小，无触点，噪声低，抗干扰能力强，吸合、释放时间短，寿命长等优点，能与 TTL/CMOS 电路兼容，可取代传统的电磁继电器。

　　交流固态继电器典型产品的外形与电气图形符号如图 2 - 27 所示。它属于四端器件，U_I 表示直流输入端，U_O 表示交流输出端，用双向晶闸管作为开关器件来控制交流负载的通断。

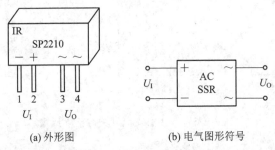

　　　(a) 外形图　　　　　　　　　(b) 电气图形符号

图 2 - 27　交流固态继电器的外形与电气图形符号

过零触发型交流固态继电器的电路框图如图 2 - 28 所示，主要包括输入电路、光电耦合器、过零触发电路、开关电路(包括双向晶闸管)、保护电路(RC 吸收网络)等。当加上输入信号 U_I(一般为高电平)，并且交流负载电源电压通过零点时，双向晶闸管被触发，将负载电源接通。

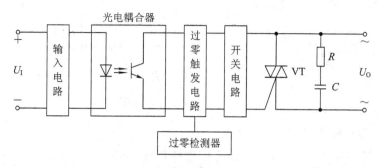

图 2 - 28　交流固态继电器电路框图

过零触发型交流固态继电器仅当交流负载电源电压经过零点时，负载电源才被接通，其工作波形如图 2 - 29(a)所示。非过零触发型交流固态继电器的特点是一旦施以输入信号，无论交流负载电源的电压处于什么状态，都能立即接通负载电源，其工作波形如图 2 - 29(b)所示。

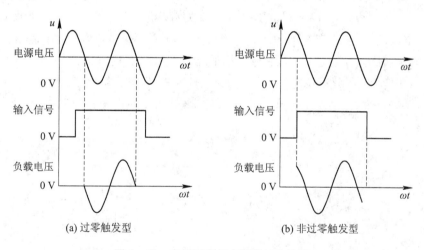

(a) 过零触发型　　　　　　　　(b) 非过零触发型

图 2 - 29　交流固态继电器的工作波形

【应用案例】

具有过零触发电路的固态继电器电路如图 2 - 30 所示。双向晶闸管 VT 正、负半周均通过VD$_1$～VD$_4$整流桥和小晶闸管VT$_2$获得门极信号，相应为Ⅰ＋和Ⅲ－触发方式。VT$_2$两端为全波整流电压，如果有输入信号 u_i，光耦隔离器 VP 导通，只要适当选取 R_2、R_3 的数值，VT$_1$ 截止，VT$_2$ 经 R_4 触发导通，就可使 VT 导通，相当于开关闭合。这里 R_2、R_3 和VT$_1$ 起零电压检测作用。当 $u_i＝0$ 时，VP 截止，VT$_1$ 导通，VT$_2$ 门极短路无法导通，则 VT 处于阻断状态，相当于开关断开。

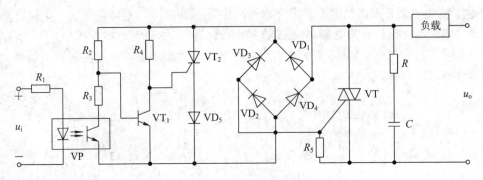

图 2-30　固态继电器电路

3. 静止无功补偿器

目前电力系统中应用最多、最为成熟的静止无功补偿器(Static Var Compensator, SVC)通常由与负荷并联的电抗器和(或)电容器组合而成,且其中往往有一个为可调的。静止无功补偿器已被证实是一个有效的无功功率管理的手段。

1) 晶闸管控制电抗器

晶闸管控制电抗器(Thyristor Controlled Reactor,TCR)将电抗器和两个反并联的晶闸管VT_1、VT_2串联,如图 2-31 所示。当 α 为 90°时,晶闸管始终导通,电抗器吸收的感性无功最大(额定功率)。当 α 为 180°时,晶闸管关断,电抗器不投入运行,吸收的感性无功功率最小(空载功率)。改变 α 的大小,相当于改变电抗器的等效电抗值。晶闸管控制电抗器就像一个连续可调的电感,可以快速、平滑地调节其吸收的感性无功功率。由于电抗器几乎是纯感性负荷,因此电感中的电流滞后于施加在电感两端的电压约 90°,为纯无功电流。如果 α 在 0°~90°,会产生含直流分量的不对称电流,所以 α 一般在 90°~180°范围内调节。

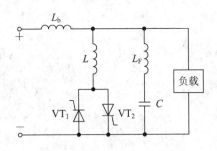

图 2-31　TCR 电路原理

TCR 类似一个连续可调的电感,它只能吸收无功功率。通常利用加入固定的并联电容器组(FC)为其提供偏置的方法使 TCR 电路可以通过调节晶闸管的触发延迟角,实现从容性到感性无功功率的平滑调节。实际应用中电容器支路通常串联一个适当的电感,使其在提供容性无功功率的同时起到滤波器的作用。

2) 晶闸管投切电容器

在电网中,大多数用电设备是感性负载,消耗的无功功率会造成电力负荷功率因数较低。负荷的功率因数低将会对供电系统和电力系统的经济运行造成不利影响，系统的无功不平衡还会造成电网电压不平衡，因此电网的无功补偿至关重要。传统的补偿方式是采用机械开关的电容投切补偿装置，但其反应速度比较慢。

晶闸管交流电力电子开关常用于在交流电网中代替机械开关，对电网无功功率进行控制，这种装置称为晶闸管投切电容器(Thyristor Switched Capacitor，TSC)。它可以提高功率因数、稳定电网电压、改善用电质量，是一种很好的无功补偿方式。

晶闸管投切电容器(TSC)是一种利用晶闸管交流开关代替机械开关的装置。其中的两个反并联的晶闸管起着把电容器投入电网或者从电网切除的功能，电感 L 的作用是抑制冲击电流，其电感值很小，基本原理如图 2 - 32(a)所示。给晶闸管触发脉冲即可将电容投入电路中；停止触发脉冲，关断晶闸管即可把电容切除。

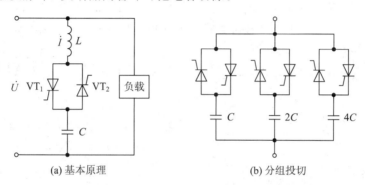

图 2 - 32　TSC 基本原理

在实际中，为避免电容投切时造成较大的冲击电流，一般将电容分成好几组，如图 2 - 32(b)所示，可根据电网对无功功率的需求来改变投入的电容容量。使用晶闸管投切电容器进行无功功率补偿时，投入时刻的选择至关重要，要保证投入时刻交流电源电压和电容预充电电压相等，防止电容电压产生跃变和冲击电流。

TSC 理想工作波形如图 2 - 33 所示，导通开始时 u_C 已由上次导通时段最后导通的晶闸管 VT_1 充电至电源电压 u_2 的正峰值，t_1 时刻导通 VT_2，以后每半个周波轮流触发 VT_1 和 VT_2；切除这条电容支路时，如在 t_2 时刻 i_C 已降为零，VT_2 关断，则 u_C 保持在 VT_2 导通结束时的电源电压负峰值，为下一次工作做好准备。

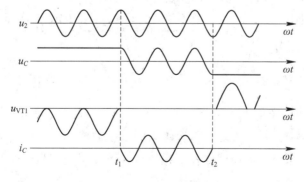

图 2 - 33　TSC 理想工作波形

┌ 拓展学习 ┐

　　交-交变频电路是把电网频率的交流电直接变换成可调频率的交流电的变流电路。因为没有中间直流环节，因此该变频电路属于直接变频电路。

　　单相交-交变频电路由相同的两组晶闸管整流器反并联构成，如图 2-34(a)所示。将其中一组整流器称为正组整流器 P，另外一组称为反组整流器 N。如果正组整流器工作在整流状态，反组整流器则被封锁，负载端得到的输出电压为上正下负；如果反组整流器工作在整流状态，正组整流器则被封锁，负载端得到的输出电压为上负下正。只要交替地以低于电源的频率切换正、反组整流器的工作状态，则在负载端就可以获得交变的输出电压。如果在一个周期内触发角 α 是固定不变的，则输出电压波形为矩形波。单相交-交变频电路的工作波形如图 2-34(b)所示。此种方式控制简单，但矩形波中含有大量的谐波，对电机负载的工作很不利。

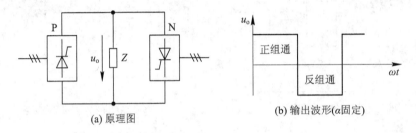

图 2-34　单相交-交变频电路及工作波形

　　如果 α 角不是固定值，在半个周期内让正组整流电路 P 的 α 角按正弦规律从 90° 逐渐减小到 0°，然后再逐渐增大到 90°，那么正组整流电路在每个控制间隔内的平均输出电压就按正弦规律从零逐渐增至最大，再逐渐减小到零，如图 2-35 中虚线所示。在另外半个周期内，对反组整流器 N 进行同样的控制，就可以得到接近正弦波的输出电压。

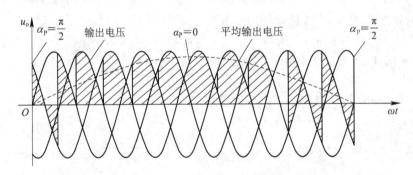

图 2-35　单相交-交变频电路工作波形(α 不固定)

　　正反两组整流器切换时，不能简单地将原来工作的整流器封锁，同时将原来封锁的整流器立即开通，因为已开通的晶闸管并不能在触发脉冲取消的那一瞬间立即被关断，必须待晶闸管承受反压时才能关断。如果触发脉冲的封锁和开放同时进行，那么两组整流器中原先导通的整流器不能立即关断，而原来封锁的整流器已经开通，于是出现两组整流器同时导通的现象,将会产生很大的短路电流,使晶闸管损坏。为了防止此现象发生,将原来工作的整流器封锁后,必须留有一定的死区时间,再开通另一组整流器。

交-交变频电路的输出电压是由若干段电网电压拼接而成的。当输出频率升高时,输出电压在一个周期内的电网电压的段数就会减少,所含的谐波分量就要增加。这种输出电压的波形畸变是限制输出频率提高的主要因素之一。一般认为,变流电路采用 6 脉波的相控桥式电路时,最高输出频率不高于电网频率的 1/3～1/2,即当电网频率为 50 Hz 时,交-交变频电路的输出上限频率约为 20 Hz。

2.4　晶闸管的触发电路

电力电子装置能否可靠安全运行,控制晶闸管导通的触发电路是关键,因此电力电子装置的触发电路必须按照主电路的要求来设计。触发信号可以是交流、直流或者脉冲信号。常见的触发信号波形如图 2-36 所示,产生触发信号的电路称为触发电路。

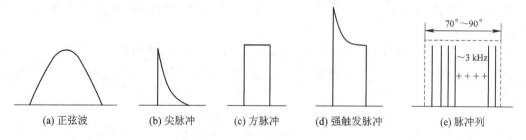

图 2-36　常见的触发信号波形

晶闸管对于触发电路通常有如下要求:

(1) 触发电路输出的脉冲必须具有足够的功率。为了使器件可靠地被触发导通,触发脉冲的数值必须大于门极触发电压 U_{GT} 和门极触发电流 I_{GT},即具有足够的触发功率。但其数值又必须小于门极正向峰值电压 U_{GM} 和门极正向峰值电流 I_{GM},以防止晶闸管门极被损坏。

(2) 为了保证控制的规律性,各晶闸管的触发电压与其主电压之间具有较严格的相位关系,即保持同步。

(3) 触发脉冲能满足主电路移相范围的要求。为了实现整流电路输出的电压连续可调,触发脉冲应能在一定的范围进行移相。例如,单相桥式全控整流电路(电阻式负载)要求触发脉冲移相范围为 180°,而阻感性负载不接续流管的电路要求移相范围为 90°;三相半波可控整流电路带电阻式负载时要求移相范围为 150°;三相桥式全控整流电路带电阻式负载时要求移相范围为 120°。

(4) 晶闸管电路要求触发脉冲的前沿要陡,以实现精确的触发导通控制。当负载为电感性时,触发脉冲必须具有一定的宽度,以保证晶闸管的电流上升到擎住电流 I_L 以上,使器件可靠导通。

理想的晶闸管触发脉冲电流波形如图 2-37 所示。

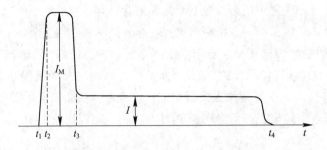

图 2 - 37　理想的晶闸管触发脉冲波形

图 2 - 23 中，$t_1 \sim t_2$ 为脉冲前沿上升时间($<1\ \mu\mathrm{s}$)；$t_1 \sim t_3$ 为强脉冲宽度；I_M 为强脉冲幅值($3 \sim 5I_{GT}$)；$t_1 \sim t_4$ 为脉冲宽度；I 为脉冲平顶幅值($1.5I_{GT} \sim 2I_{GT}$)。

2.4.1　简易触发电路

当负载功率较小，控制精度要求不高时，晶闸管常采用简易触发电路。这类电路仅由几个电阻、电容、二极管及光耦合器组成，一般不用同步变压器，因而结构简单、调试方便，应用比较广泛。

晶闸管 VT 与负载 R_L 构成主电路，R_P、C、VD_1、VD_2 构成阻容移相触发电路，如图 2 - 38 所示，它是利用电容 C 充电延时触发来实现移相的。

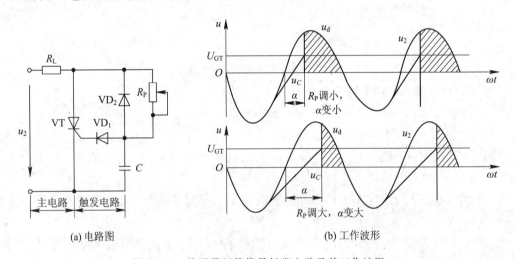

(a) 电路图　　　　　　　　　　(b) 工作波形

图 2 - 38　普通晶闸管简易触发电路及其工作波形

交流电源电压 u_2 正半周时，VT 承受正向电压，电源电压通过电位器 R_P 对电容 C 充电，极性为上正下负，当 u_C 上升到晶闸管触发电压 U_{GT} 时，晶闸管被触发导通。改变 R_P 的阻值即可改变充电的时间常数，从而改变 u_C 上升到 U_{GT} 的时间，实现移相触发。

u_2 负半周时，电源电压经二极管 VD_2 对电容 C 反充电，极性为上负下正，此时充电时间常数很小，故电容两端电压 u_C 的波形与 u_2 的波形近似。

双向晶闸管简易触发电路如图 2 - 39 所示，当开关 S 拨至"1"时，晶闸管的门极开路无触发信号，电路不导通。当开关 S 拨至"2"时，利用二极管 VD 的单向导电性，双向晶闸管

VT 只在Ⅰ＋触发，负载 R_L 上仅得到正半周电压。当开关 S 拨至"3"时，VT 在正、负半周分别在Ⅰ＋和Ⅲ－触发，负载 R_L 上得到正、负两个半周的电压。

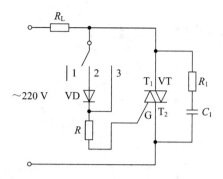

图 2-39　双向晶闸管简易触发电路

┌──────────┐
│ 应用案例 │
└──────────┘

　　延时照明开关电路原理如图 2-40 所示。它能在电源被接通、电灯点亮之后，延时一段时间，自动切断电源，熄灭电灯。它非常适用于楼道夜间照明，避免电能的浪费。

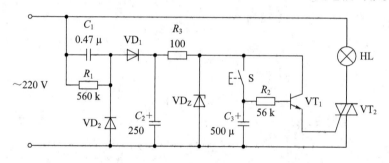

图 2-40　延时照明开关电路

　　在市电电网正常供电时，交流 220 V 电压经电容 C_1 降压，二极管 VD_1 整流，电容 C_2 滤波，VD_Z 稳压，为三极管提供 7 V 的直流电源电压。

　　当按下按钮开关 S 时，电容器 C_3 被充电，终值电压可达 7 V。在充电过程中，当电容上电压达到三极管基射极间电压 $U_{BE}=0.7$ V 时，三极管导通，由发射极输出电流，触发双向晶闸管导通，灯泡被点亮。松开 S 以后，电容器 C_3 经 R_2 放电，继续维持三极管导通，晶闸管亦导通，灯泡继续发光。当 C_3 上的电压降到 0.7 V 以下时，三极管发射极输出的电流不足以触发晶闸管导通，则交流电压过零点时，晶闸管自行关断，灯泡熄灭。晶闸管起交流开关的作用。延时时间由 C_3 和 R_2 的数值决定，只要改变 C_3 或 R_2 的数值，就可改变延时时间。按图 2-40 中给出的元件值，大约延时 30 s。

　　电路中各元件的选择：C_1 应选耐压 400 V 的交流电容。VD_1、VD_2 选耐压 400 V 的整流管，VD_Z 选稳定电压值为 6～15 V 的稳压管（2CW105 的稳压值为 7 V 左右）。晶闸管为反向电压大于 400 V 的双向晶闸管，其电流按灯泡的电流来确定。晶体三极管选用 3DG6 等小功率硅管。

2.4.2　单结晶体管触发电路

单结晶体管触发电路结构简单，输出脉冲前沿陡，抗干扰能力强，运行可靠，调试方便，广泛应用于对中小容量晶闸管的触发控制。

1. 单结晶体管

1）简介

在一块 N 型硅片一侧的上下两端各引出一个电极，电极和 N 型硅片是欧姆接触，下边的称为第一基极 b_1，上边的称为第二基极 b_2（所以又称"双"基极晶体管）；而在 N 型硅片的另一侧靠近 b_2 的部位掺入 P 型杂质引出电极，称为发射极 e，发射极与 N 型硅片间构成一个 PN 结，即构成单结晶体管。两个基极 b_1 和 b_2 之间的电阻是硅片本身的电阻，其阻值在 2~15 kΩ 之间，具有正温度系数。单结晶体管的结构、等效电路、电气图形符号如图 2-41 所示。

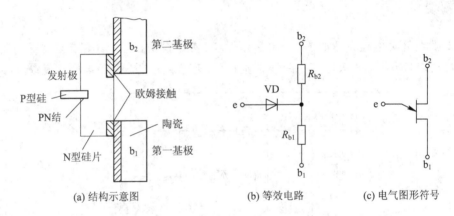

(a) 结构示意图　　　　　　(b) 等效电路　　　　　　(c) 电气图形符号

图 2-41　单结晶体管结构、等效电路及电气图形符号

国产单结晶体管的典型产品有 BT33 和 BT35 两种，其中 B 表示半导体，T 表示特种管，第一个数字 3 表示有 3 个电极，第二个数字 3（或 5）表示耗散功率为 300 mW（或 500 mW）。国外典型产品有 2N2646（美国）、2SH21（日本）等。

2）工作原理

单结晶体管原理测试电路如图 2-42(a) 所示。如果将单结晶体管用一个 PN 结和两个电阻 R_{b1}、R_{b2} 组成的等效电路替代，测试电路可以改成如图 2-42(b) 所示形式。首先在两个基极之间加电压 U_{bb}，R_{b1} 上分得的电压为

$$U_A = \frac{R_{b1}}{R_{b1}+R_{b2}}U_{bb} = \eta U_{bb} \qquad (2-14)$$

式中 η 称为分压比，其值一般在 0.5~0.8 之间。

单结晶体管的伏安特性曲线可以分为三个区：截止区、负阻区和饱和区，如图 2-43 所示。单结晶体管发射极 e 上加可变电源 U_e，U_e 可以用电位器 R_P 进行调节，从零开始逐渐升高。当 U_e 小于 U_A 时，PN 结承受反向电压，仅有微小的漏电流通过 PN 结，R_{b1} 呈现很大的电阻，这时管子处于截止状态。

当 $U_e = \eta U_{bb} + U_{VD}$ 时，单结晶体管内 PN 结导通，发射极电流 I_e 突然增大，把这个突

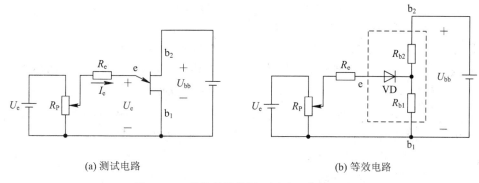

(a) 测试电路　　　　　　　　　　　(b) 等效电路

图 2 - 42　单结晶体管原理测试和等效电路

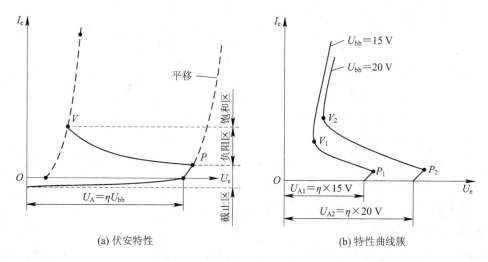

(a) 伏安特性　　　　　　　　　　　(b) 特性曲线簇

图 2 - 43　单结晶体管伏安特性

变点称为峰点 P，对应的电压 U_e 和电流 I_e 分别称为峰点电压 U_P 和峰点电流 I_P。I_P 代表了使单结晶体管导通所需的最小电流。

在单结晶体管的 PN 结导通之后，从发射区（P 区）向基区（N 区）发射了大量的空穴载流子，I_e 增长得很快，e 和 b_1 之间变成低阻导通状态，R_{b1} 迅速减小，而 e 和 b_1 之间的电压 U_e 也随之下降。这一段特性曲线的动态电阻 $\Delta U_e / \Delta I_e$ 为负值，因此称为负阻区。而 b_2 的电位高于 e 的电位，空穴型载流子不会向 b_2 运动，故电阻 R_{b2} 基本上不变。

当发射极电流 I_e 增大到某一数值时，电压 U_e 下降到最低点。特性曲线上的这一点称为谷点 V，与此点相对应的是谷点电压 U_V 和谷点电流 I_V。此后，当调节 R_P 使发射极电流继续增大时，发射极电压略有上升，但变化不大。谷点右边的这部分特性称为饱和区。谷点电压是维持单结晶体管导通的最小发射极电压。

通常单结晶体管的谷点电压 U_V 为 $1\sim 2.5$ V，谷点电流 I_V 为几个毫安，峰点电流 I_P 小于 2 μA。

3）单结晶体管自激振荡电路

利用单结晶体管的负阻特性和 RC 电路的充放电特性，可以组成自激振荡电路，如图 2 - 44(a) 所示。

设电源未接通时，电容 C 上的电压为零。电源接通后，U 通过电阻 R_e、R_P 对电容 C 充电，充电时间常数为 $(R_e+R_P)C$。当电容电压达到单结晶体管的峰点电压 U_P 时，单结晶体管进入负阻区，并很快饱和导通，电容 C 通过 eb_1 结向电阻 R_1 放电，在 R_1 上产生脉冲电压 u_{R1}。在放电过程中，当 u_C 按指数曲线下降到谷点电压 U_V 时，单结晶体管由导通迅速转变为截止，R_1 上的脉冲电压终止，如图 2-44(b)所示。此后电容 C 又开始下一次充电，重复上述过程。由于放电时间常数 $(R_1+r_{b1})C$ 远远小于充电时间常数 $(R_e+R_P)C$，故在电容两端得到的是锯齿波电压，在电阻 R_1 上得到的是尖脉冲电压。

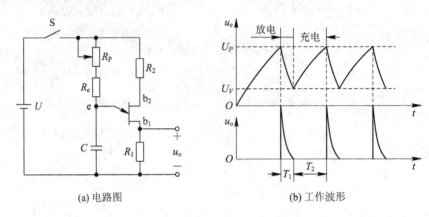

(a) 电路图　　　　　　　　　　　　(b) 工作波形

图 2-44　单结晶体管自激振荡电路及工作波形

R_1 影响输出脉冲的幅度及宽度，一般取 R_1 为 $50\sim200\ \Omega$。R_2 起温度补偿作用，用来补偿温度对峰点电压 U_P 的影响，一般取值为 $300\sim500\ \Omega$。

2. 单结晶体管触发电路

图 2-44(a)所示自激振荡电路不能满足触发脉冲与主电路电源电压同步的要求，因此不能直接用于晶闸管整流电路中。具有同步环节的单结晶体管触发电路如图 2-45(a)所示，它是采用变压器获得同步的电路，图中 T_2 为同步变压器，它的原边接主电路电源，副边经二极管 VD 半波整流，再经电阻 R_3 和稳压管 VS 削波后得到梯形波，作为触发电路电源，也作为同步信号。当主电路电压过零时，触发电路的同步电压也过零，单结晶体管的 U_{bb} 也降为零，使电容 C 放电到零，保证了下一个周期电容 C 从零开始充电，起到了同步作用。从图 2-45(b)所示的触发电路工作波形可以看出，每周期中电容 C 的充放电不止一次，晶闸管由第一个脉冲触发导通，后面的脉冲不起作用。改变 R_P 的大小，可改变电容充电速度，达到调节 α 角的目的。

单结晶体管触发的交流调压电路如图 2-46 所示。触发电路与双向晶闸管 VT 并联，R_L 是负载。交流电源经电阻降压、桥式整流、稳压管稳压后得到梯形同步电压，供给单结晶体管触发电路。触发电路在电源的正、负半周产生脉冲触发双向晶闸管，属于 Ⅰ＋、Ⅲ－ 触发方式(注意脉冲变压器 T 同名端标法)。当双向晶闸管导通时，触发电路两端只有双向晶闸管的管压降，单结晶体管停止工作，不会产生触发脉冲。当电源过零时，双向晶闸管阻断，触发电路电压恢复正常。因此，每半个周期只能产生一个脉冲，通过调节 R_P 改变电容器 C 的充电时间就可以改变晶闸管导通角 α 的大小，达到触发脉冲移相的目的，进而实现交流调压。

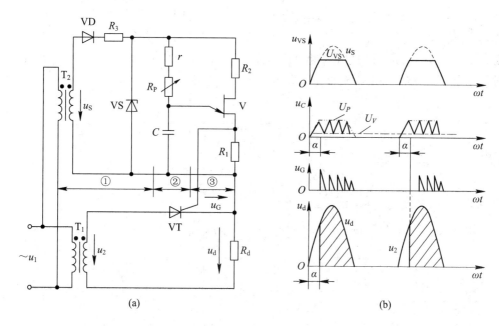

图 2-45　具有同步环节的单结晶体管触发电路及工作波形

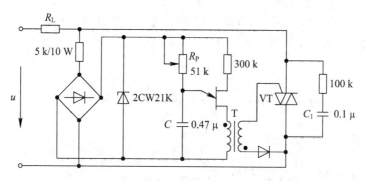

图 2-46　单结晶体管触发的交流调压电路

⎡应用案例⎤

应用案例一：简易自动调光台灯电路

　　如图 2-47 所示，交流电压经桥堆整流后，一路经降压限流电阻器 R_1 后，由稳压管 VD 稳压得到 9 V 的脉动直流电压供控制电路使用，另一路加到调光主电路照明灯 HL 和晶闸管 VS 的两端。改变 VS 的导通角即可改变 HL 的亮度。HL 中通过的是脉动直流电流，控制电路使用脉动直流电源可保证输出的触发脉冲与 VS 的阳极电压同步。光敏电阻器用作光传感器（探头）。晶体管 VT_1、电阻器 R_2 与 R_3 等组成误差放大器，VT_1 实质上起到了一个电位器的作用。单结晶体管 VT_2（BT33）、电容器与有关的电阻等组成张弛振荡器，作为 VS 的触发电路。当探头处的照度发生变化时，如改变探头和照明灯的距离使探头处的照度降低，则 R_G 的阻值增大，VT_1 的基极电位降低，其集电极电流增加，从而使电容器 C_2 的充电时间缩短，使触发脉冲相位前移，VS 导通角增大，灯的亮度增加。反之，当探头处照度增加时，会使灯的亮度减弱。可见，若探头处的照度基本保持不变，就可实现自动调光的目的。同上分析，在探头位置不变的情况下，当电源电压发生波动时，也能使灯的亮度保持不变，起到稳定亮度作用。电容器 C_1 和电感器 L 组成交流电源噪声滤波电路，可抑制对其他电子设备的射频干扰。

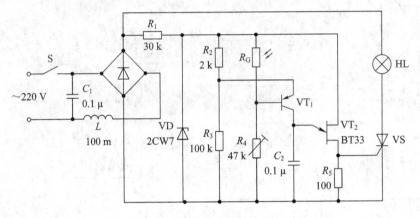

图 2-47　简易自动调光台灯电路

应用案例二：晶闸管电熨斗自动恒温电路

如图 2-48 所示，主电路用两只晶闸管反并联后与负载 R_L 串联接入 220 V 交流电源（也可用一只双向晶闸管取代这两只晶闸管）。触发电路共用一个由单结晶体管 V_4 组成的张弛振荡器。

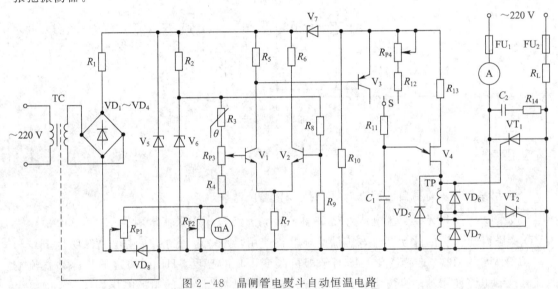

图 2-48　晶闸管电熨斗自动恒温电路

当开关 S 与电位器 R_{P4} 和电阻 R_{12} 接通时，单结晶体管的振荡频率一定，晶闸管 VT_1 和 VT_2 的导通角一定，电熨斗 R_L 的温度一定，改变电位器 R_{P4} 阻值的大小，即可改变电熨斗的温度。

当开关 S 与晶体三极管 V_3 的集电极接通时，可实现自动恒温。晶体管 V_1 和 V_2 组成差动放大器，当实际温度与给定温度一致时，由 R_T、R_4 和 R_8、R_9 组成的测量桥平衡，V_3 截止，C_1 无充电电流，单结晶体管 V_4 停振，无脉冲输出，晶闸管 VT_1 和 VT_2 截止，电熨斗停止升温。改变 R_{P1} 和 R_{P2} 可以改变电熨斗的温度。

R_T 为感温元件，当电熨斗的温度升高时，R_T 的阻值逐渐增大，晶体管 V_1 的基极电流减小，集电极电位上升，晶体管 V_3 的基极电位上升，集电极电流减小，对 C_1 的充电电流减小，脉冲后移，晶闸管 VT_1 和 VT_2 的导通角减小，通过电熨斗的电流减小，温度下降。反之，当电熨斗温度降低时，过程与上述内容相反，达到恒温的目的。

R_{P1} 和 R_{P2} 以及二极管 VD_8 和毫安表组成温度指示电路，毫安表的刻度可以改成对应的电熨斗温度的刻度。

2.4.3　双向触发二极管触发电路

双向触发二极管也称二端交流器件(DIAC)，是由 NPN 三层半导体构成的二端半导体器件，可等效于基极开路、发射极与集电极对称的 NPN 晶体管。双向触发二极管的结构、电气符号及等效电路如图 2-49 所示。

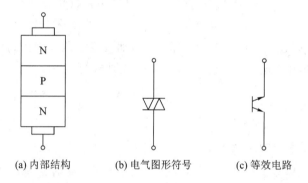

(a) 内部结构　　　(b) 电气图形符号　　　(c) 等效电路

图 2-49　双向触发二极管的结构、电气图形符号及等效电路

双向触发二极管正、反向伏安特性曲线完全对称，如图 2-50 所示。当器件两端的电压 U 小于正向转折电压 U_{BO} 时，呈高阻态；当 $U > U_{BO}$ 时，管子进入负阻区；同理，当 U 超过反向转折电压 U_{BR} 时，管子也能进入负阻区。双向触发二极管的耐压值 $U_{BO}(U_{BR})$ 大致分为 3 个等级：20～60 V、100～150 V 和 200～250 V。

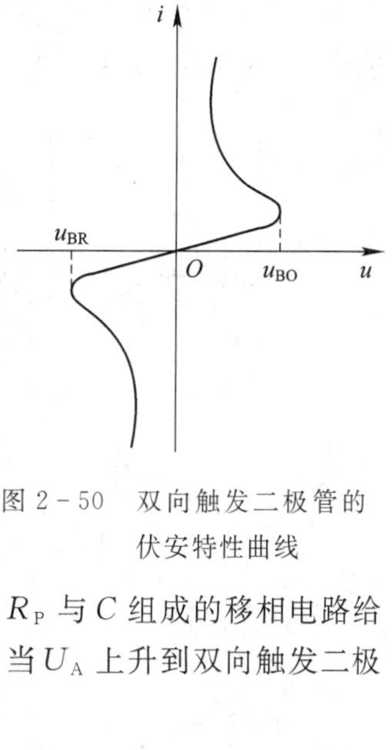

双向触发二极管转折电压的对称性用 ΔU_B 表示，$\Delta U_B = U_{BO} - |U_{BR}|$，一般要求 $|\Delta U_B| < 2$ V。

实际应用中，除应根据电路的要求选取适当的转折电压 U_{BO} 外，还应选择转折电流 I_{BO} 小、转折电压偏差 ΔU_B 小的双向触发二极管。

图 2-50　双向触发二极管的
伏安特性曲线

双向触发二极管与双向晶闸管组成的交流调压电路如图 2-51 所示。合上开关 S，在电源的正半周，电源电压 U_2 经过由 R_P 与 C 组成的移相电路给电容 C 充电，使电容 C 两端的正向电压增加，使 U_A 电位上升。当 U_A 上升到双向触发二极

管正向转折电压 U_{BO} 时，双向触发二极管 VD 突然转折导通，从而使双向晶闸管 VT_1 触发导通。在 VT_1 导通后，将触发电路短路，电容 C 通过电阻 R_P 放电。在 U_2 过零瞬间，VT_1 自行关断。

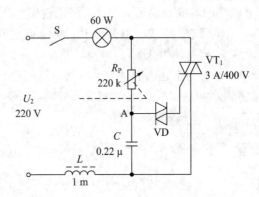

图 2-51　双向触发二极管构成的交流调压电路

在电源负半周，电容 C 反向充电，使电容 C 两端的反向电压增加，使 U_A 电位下降，当电位下降到双向触发二极管的负向转折电压 U_{BR} 时，双向触发二极管转折导通。只要改变 R_P 的阻值，便可改变电容 C 的充电时间常数，从而改变正负半周控制角 α 的大小，在负载上得到不同的输出电压。电感 L 用于消除高次谐波对电网的影响。

应用案例一：顺序控制定时电路

顺序控制定时电路如图 2-52 所示。由双向二极管组成的张弛振荡电路，均有一个独立的时间常数。本电路中共有三个独立的张弛振荡电路，组成三级顺序控制定时器。当上一级由双向二极管组成的张弛振荡器定时终了时，下一级接着起振，并触发晶闸管。例如，第二级由 V_2 导通对 C_5 充电，C_5 两端电压达到 VD_2 的转折电压时，VT_2 导通。电源 24 V 经 R_{L4}

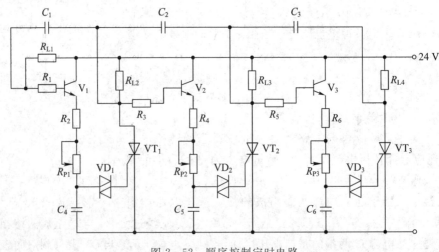

图 2-52　顺序控制定时电路

对 C_3 充电，为关断 VT_2 作准备，当 VT_3 导通时，C_3 放电，对 VT_2 施加反向电压而使其关断。不同的工作对象，根据需要选择 R_{P1}、R_{P2}、R_{P3} 的值，确定各级的延迟时间 $\tau(\tau=RC)$ 值。

应用案例二：多功能调光/调速电路

多功能调光/调速器电路可用于照明灯调光或电动机的调速，它由电源电路、计数器和光控脉宽调制电路组成，如图 2-53 所示。电源电路由开关 S_1、降压电容器 C_1、电阻器 R_1、整流二极管 VD_1 和 VD_2、三端集成稳压器 IC1 以及滤波电容器 C_2 和 C_3 组成。

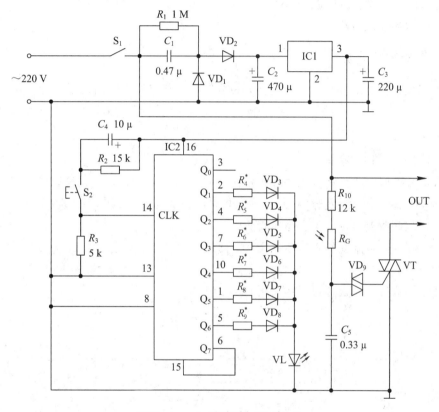

图 2-53 多功能调光/调速电路

接通电源开关 S_1 后，交流 220 V 电压经 C_1 降压、VD_1 和 VD_2 整流、C_2 滤波及 IC1 稳压后，在 C_3 两端产生 +12 V 电压，作为 IC2 的工作电压。在每次通电后，IC2 即处于初始状态，其 Q_0 端输出高电平，使发光二极管 VL 熄灭，光敏电阻器 R_G 阻值为最大（约 2 MΩ），双向晶闸管 VT 截止，电路"OUT"（电压输出端）端无电压输出。

当按动一下 S_2 时，IC2 的 2 脚（Q_1 端）输出高电平，使 VL 点亮，光敏电阻器 R_G 的阻值变小，通过双向二极管 VD_9 触发双向晶闸管 VT 导通，再按动一下 S_2 时，IC2 的 4 脚（Q_2 端）输出高电平，2 脚恢复为低电平，VL 的亮度略增强，R_G 的阻值进一步降低，使 VT 的导通角略微增大，在电路"OUT"端的输出电压也略有上升。连续按动 S_2 时，IC2 的 7 脚（Q_3 端）、10 脚（Q_4 端）、1 脚（Q_5 端）和 5 脚（Q_6 端）将依次输出高电平，使 VL 的亮度逐级增强，R_G 的阻值逐级减小，VT 的导通角逐渐增大，"OUT"端的输出电压也逐渐升高。

在电路的"OUT"两端上，可并接上灯泡或电动机做负载。当"OUT"端的电压变高时，灯泡的亮度会增大或电动机的转速会增加；当"OUT"端的电压下降时，灯泡的亮度会减弱或电动机的转速会下降。

元器件选择：C_1 和 C_5 均选用耐压值为 400～600 V 的涤纶电容器或 CBB 电容器；C_2～C_4 均选用耐压值为 25 V 的电解电容器。R_1～R_{10} 均选用 1/4 W 碳膜电阻器。VD_1 和 VD_2 均选用 1N4007 硅整流二极管；VD_3～VD_8 均选用 1N4148 型硅开关二极管；VL 选用 ϕ5 mm 的绿色高亮度发光二极管；VD_9 选用型号为 DB3 的双向二极管。VT 选用 3 A、600 V 的双向晶闸管。IC1 选用 LM7812 型三端集成稳压器；IC2 选用 CD4017 或 CC4017 型十进制计数器集成电路。

2.4.4　集成触发电路

随着集成电路制造技术的不断提高，集成触发电路产品不断出现，且应用越来越普及，已逐步取代分立式电路。集成电路可靠性高、技术性能好、体积小、功耗低、使用调试方便。

1. TCA785 移相触发电路

TCA785 是西门子公司生产的单片晶闸管移相触发专用电路，它能够输出两路相位差为 180° 的触发脉冲，且触发脉冲可在 0～180° 之间任意移动。该电路主要用于各种变流设备中触发单双向晶闸管，亦可用于晶体管驱动。

TCA785 内部电路主要由过零检测器、同步寄存器、基准电源电路、放电监视比较器、移相比较器、定时控制与脉冲控制电路、逻辑运算与功放电路等部分组成，如图 2-54 所示。其具体技术参数请读者查阅相关资料。

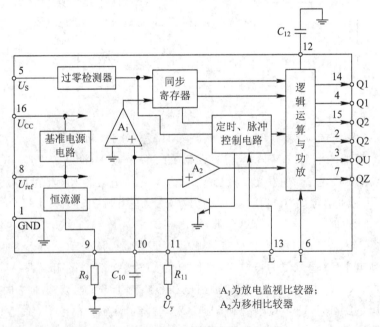

图 2-54　TCA785 内部电路框图

TCA785 的典型应用电路如图 2-55 所示，电路中 R_S 为同步限流电阻，VD_1、VD_2 构成同步电压限幅，VT_1、VT_2 为输出驱动管。

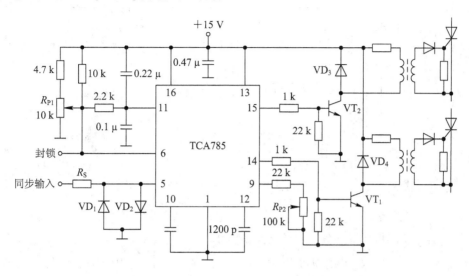

图 2-55　TCA785 典型应用电路

同步信号从 TCA785 集成电路的第 5 脚输入，经过零检测器对同步电压信号进行检测，当检测到同步信号过零时，信号送同步寄存器。同步寄存器输出锯齿波，锯齿波的斜率大小由第 9 脚的外接电阻和第 10 脚的外接电容决定；输出脉冲宽度由第 12 脚的外接电容的大小决定；第 14、15 脚输出对应负半周和正半周的触发脉冲；移相控制电压从第 11 脚输入。调节 R_{P2} 可改变锯齿波斜率，调节 R_{P1} 可改变移相电压的大小。

2. KC05 集成触发电路

KC05 集成触发电路适用于触发双向晶闸管或由两个反向并联普通晶闸管组成的交流调压电路，具有锯齿波线性好、移相范围宽、控制方式简单、易于集中控制、输出电流大等优点，是交流调压的理想触发电路。器件的内部结构、工作原理请读者查阅技术资料，在此不再详述。

KC05 集成触发电路的典型应用如图 2-56 所示。T 为脉冲变压器，起隔离作用。该电路的输出没有功率放大，所以只能触发 50 A 以下的晶闸管，同时变压器 T 和电路参数必须保证 KC05 第 9 脚的负载电流不超过 200 mA。

3. KC08 过零触发电路

用于双向晶闸管零电压或零电流触发的单片集成电路 KC08，可直接触发 50 A 的双向晶闸管，若外加功率扩展，则可触发 200 A 或更大容量的双向晶闸管。它与双向晶闸管配合可作为恒温箱的温度控制开关、光控开关和单相交流电器的无触点开关。其应用电路如图 2-57 所示。

该电路 S_1 闭合，S_2、S_3 断开，主要作为温度控制电路来使用。其电路的工作过程是：电源电压通过电阻 R_2 加到第 1、14 脚之间，以检测电源电压过零点。第 4、11、12 脚短接，

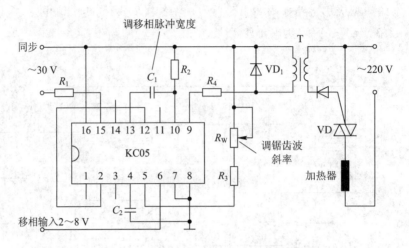

图 2 - 56　KC05 集成触发电路的典型应用

在第 4 脚得到一个固定的电位。第 2 脚电位取决于热敏电阻 R_t 与电位器 R_P 分压。R_t 作为温度反馈电阻，它的阻值随温度的升高而降低。则第 2 脚的电位随温度的升高而升高，调节电位器 R_P 即可改变温度的设定值。当被控温度超过设定值时，第 2 脚电位高于第 4 脚电位，过零点的触发脉冲消失。反之，被控温度下降到设定值以下时，第 2 脚电位低于第 4 脚电位，晶闸管重新得到过零触发脉冲而导通。

　　同理，用作光控开关时，将 S_2 闭合，S_1、S_3 断开。光线弱时，KC08 第 2 脚电位低于第 4 脚电位，双向晶管导通。反之，当光线增强时，第 2 脚电位高于第 4 脚电位，双向晶闸管关断。调节 R_P 可在不同光照度下控制晶闸管 VT 的通断。

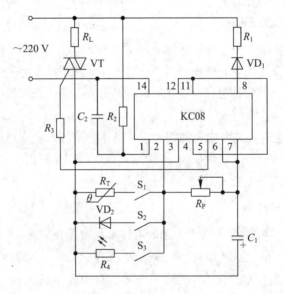

图 2 - 57　KC08 的应用电路

4. 触发电路的输出环节

触发电路的输出环节一般由脉冲变压器及其他一些元器件组成，如图 2-58 所示。

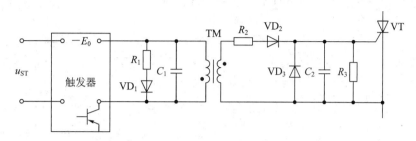

图 2-58　触发电路的输出环节

各元器件的功能如下：

（1）设计脉冲变压器 TM 时，不仅要考虑输出脉冲的幅度和宽度，还要考虑变压器的内阻。副边输出电压峰值不能超过 10 V，一般取 8 V 以内。

（2）电阻 R_1、电容 C_1 及二极管 VD_1 的作用是限制输出脉冲结束时出现于脉冲变压器原边的反向尖峰电压，并加速变压器励磁能量的消减过程，以免触发器末级三极管等因承受高电压而损坏。R_1 越小，三极管承受的过电压就越小。但脉冲变压器易饱和，在窄脉冲输出时，电阻 R_1、电容 C_1 可以不用。

（3）电阻 R_2 的作用是调节和限制输出触发电流，其数值为 50～1000 Ω。

（4）二极管 VD_2、VD_3 的作用是短路负脉冲，保证只有正脉冲输入到晶闸管门极。

（5）电阻 R_3 的作用是调节输入晶闸管门极的脉冲功率，降低干扰电压幅值，并提高晶闸管承受 du/dt 的能力，其数值为 50～1000 Ω。

（6）电容 C_2 的作用是旁路高频干扰信号，防止误触发，并提高晶闸管承受 du/dt 的能力，但会使脉冲前沿陡度变差，其数值为 0.01～0.1 μF，宜使用寄生电容较小的云母电容或陶瓷电容。

┌─────────┐
│ 同步思考 │
└─────────┘

有时晶闸管触发导通后，触发脉冲结束后它又关断了，是何原因？

思考题 08

┌─────────┐
│ 应用案例 │
└─────────┘

555 组成的自动水位控制电路错误的方式如图 2-59(a) 所示，用于水塔自动保持水位。电路的设计者考虑到水井和水塔中的水不能带市电，故 555 控制系统用变压器隔离降压供电。555③脚的输出脉冲接入双向晶闸管的门极 G。由于双向晶闸管 VT 对控制电路是悬空的，555③脚输出的脉冲根本不能形成触发电流，因此晶闸管不可能导通。该电路虽采用隔离市电的低压供电，但控制电路仍然通过 VT 极与市电相连，这是绝不允许的。

555 组成的自动水位控制电路正确的方式如图 2-59(b) 所示。晶闸管与抽水电机组成抽水控制开关，双向晶闸管的触发由第二主电极和门极间接入的电阻控制。当水位降低时，控制触点开路，555③脚输出高电平(此电路部分省略)，使 V 导通，继电器 J 吸合，双向晶闸管触发导通，电机开始运转。当水位达到最高时，触点经水接通，555③脚输出低电平，使 V 截止，双向晶闸管在交流电过零时关断，抽水停止。

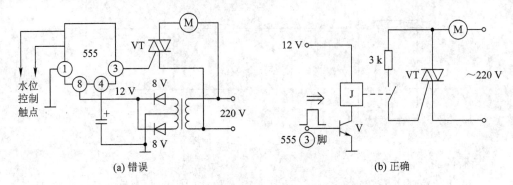

图 2-59　555 组成的自动水位控制电路

　　触发电路设计错误案例如图 2-60(a)所示。其问题在于控制系统发出的触发信号 U_G 是与负载端电压 U_L 相串联的。按图 2-60(a)的接法，晶闸管导通时 U_L 近似等于 U_{in}，高电压加到 G 和 T_1 之间将立即击穿双向晶闸管的门极，损坏晶闸管。

　　改进此电路的方法之一可以参考图 2-60(b)所示的方法。图中采用变压器隔离控制系统的参考点，这样电路不受初级参考点的影响，触发变压器次级可直接接在 G 与 T_1 之间，与负载上电压无关。

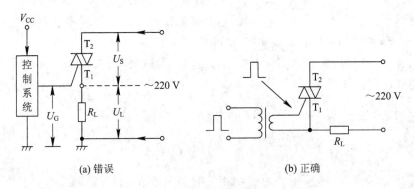

图 2-60　晶闸管的触发电路设计

2.5　电路仿真

下面以例 2-3 为例，介绍仿真过程。　　　　　　　　　　交流调压电路仿真

1. 建立仿真模型

(1)新建一个空白的模型窗口。双击 PSIM 图标，在"文件"菜单栏下点击"新建"，系统弹出空白的仿真界面。

(2)搭建仿真电路。单相交流调压电路(带阻感性负载)仿真模型如图 2-61 所示。

在该电路仿真中将会使用到的元器件模型、数量及其提取路径如表 2-1 所示。

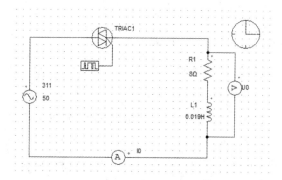

图 2 - 61　单相交流调压电路(带阻感性负载)仿真模型

表 2 - 1　仿真使用的元件模型

元件名称	数量	具体参数	提取路径
正弦电压源	1	有效值 220 V，峰值 311 V	电源/电压/正弦函数模块
TRIAC 晶闸管	1		功率电路/开关/TRIAC
电感	1	电感量为 0.019 H	功率电路/ RLC 支路/电感
电阻	1	阻值为 8 Ω	功率电路/RLC 支路/电阻
电压表	1		其他/探头/电压探头(节点到节点)
电流表	1		其他/其他/探头/电流探头

2. 设置模块参数

1）交流电源参数设置

电源电压峰值设为 311 V，电源频率设为 50 Hz。

2）TRIAC 晶闸管参数设置

TRIAC 晶闸管参数保持默认值。鼠标左键双击 TRIAC 晶闸管模块，弹出如图 2 - 62 所示的 TRIAC 晶闸管参数设置对话框。

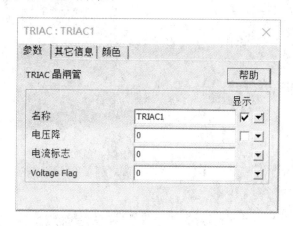

图 2 - 62　二极管参数设置对话框

3）电感参数设置

双击电感模块，将电感的阻值设置为 0.019 H。

4）电阻参数设置

双击电阻模块，将电阻的阻值设置为 8 Ω。

3．设置仿真参数

在对绘制好的模型进行仿真前，还需要确定仿真的步长、时间和选取仿真的算法等。设置仿真参数可单击"仿真"选项卡，在下拉菜单中选择"仿真控制"选项，在弹出的"Simulation Control"对话框中设置时间步长、总时间、仿真类型。

4．仿真运行及观察仿真波形

在"仿真"菜单的子菜单中单击"运行仿真"或按"F8"键即可进入仿真，更简单的方法是按工具栏上的启动仿真按钮" "开始仿真。如果模型中有些参数没有定义，则会出现错误信息提示框；如果一切设置无误，则开始仿真运行。

在模型仿真计算完成后重要的是从"波形形成过程项目 SIMVIEW"中观测仿真的结果。运行仿真后，会自动弹出 Simview 波形显示和后处理程序。如果 Simview 没有自动打开，可以点击 PSIM"仿真"菜单栏中的"运行 Simview"选项，运行波形显示程序 Simview。在弹出的"属性"对话框左列的"变量列表"中选中所需要的波形，点击"添加->"，将其添加至右边的"显示变量"栏中，点击"确定"按钮，画面中就会出现波形。仿真波形如图 2-63 所示，UO 代表的是负载两端的电压；IO 代表的是流过负载的电流。

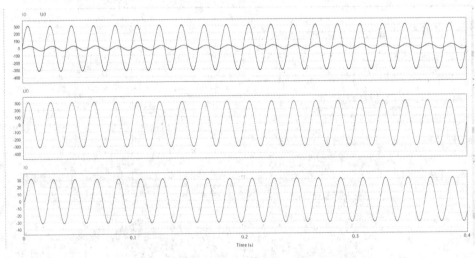

图 2-63　仿真结果波形图

5．仿真数据

在"Simview"界面点击菜单栏"测量"选项下的"测量（M）"；在波形下会出现各个波形的数值，如图 2-64 所示。

负载电压有效值：$U_o = 219.68$ V；流过负载的电流有效值：$I_o = 22.02$ A；计算两根光标线之间的数据的功率因数 PF；$\cos\varphi = 0.8$；计算两根光标线之间的数据的有功功率：

$P = 3875.89$ W。仿真结果与实际理论数据基本吻合。

:	X1	X2	Δ	平均值	|X| 平均值	RMS 值	P	PF
Time	7.95059e-002	3.20002e-001	2.40496e-001					
I0	-2.22695e+001	-1.86170e+001	3.65253e+000	-4.34189e-002	1.98370e+001	2.20287e+001	3.87589e+003	8.00922e-001
U0	-4.80818e+001	1.95630e+001	4.82774e+001	-5.06542e-002	1.97619e+002	2.19680e+002		
U0	-4.80818e+001	1.95630e+001	4.82774e+001	-5.06542e-002	1.97619e+002	2.19680e+002	必须只有两条曲线正在显示	必须只有两条曲线正在显
I0	-2.22695e+001	-1.86170e+001	3.65253e+000	-4.34189e-002	1.98370e+001	2.20287e+001	必须只有两条曲线正在显示。	必须只有两条曲线正在显

图 2-64　仿真数据结果

本 章 小 结

　　本章主要介绍双向晶闸管的基本结构、工作原理、基本特性及主要参数。理解双向晶闸管的伏安特性和主要参数的含义，对计算整流电路参数及电路元器件的选择非常重要。

　　交流-交流变换技术可以分为交流电力控制技术和交-交变频控制技术两大类。本节重点介绍交流电力控制技术。交流电力控制电路包括交流调压、交流调功和交流开关三种类型。

　　交流调压电路是目前应用较多的电路。它与可控整流电路的控制原理相同，即利用门极脉冲相位的变化来改变输出端电压的幅值。其优点是电路简单，可以采用电源换流方式（阻性负载和感性负载均如此），不需要附加换流电路；缺点是输出端电压的谐波含量较高。

　　交流调功电路一般采用双向晶闸管，它的优点是 输出波形为正弦波，不会给电源电压造成波形畸变，也没有高频电磁波干扰。它的缺点是通断比过小（即导通周波数少）时，会出现低频干扰。交流调功电路不能用于热惯量小的电热负载及调光负载，只能适用于热惯性较大的电热负载。

　　用电力电子器件组成的交流开关，与传统的接触器-继电器系统相比，没有触点及可动的机械机构，不存在电弧、触点磨损和熔焊等问题。组成交流开关的电力电子器件可以是单、双向晶闸管等器件。交流电力电子开关只是控制通断，通常没有明确的控制周期，只是根据需要控制电路的通断，控制频率比交流调功电路低得多。

　　本章介绍了晶闸管的触发电路，使用者在进行电路分析和设计中要一并考虑。

　　为强化实践技能的培养，本章采用基于 PSIM 软件、面向电气系统原理结构图的图形化仿真技术，针对整流电路系统地进行了仿真实验介绍。该方法具有方便易学、实践性强的特点，可弥补学生平时实验训练不足的缺陷。

课 后 习 题

　　1. 晶闸管相控整流电路和晶闸管交流调压电路在控制上有何区别？

　　2. 交流调压电路和交流调功电路有什么区别？二者各适用于什么样的负载？为什么？

　　3. 双向晶闸管额定电流的定义和普通晶闸管额定电流的定义有何不同？额定电流为多大的两只普通晶闸管反并联可以用额定电流为 100 A 的双向晶闸管代替？

　　4. 脉冲变压器的作用有哪些？同步变压器的作用有哪些？

5．一调光台灯由单相交流调压电路供电，假设该台灯可看成电阻性负载，在触发角 $\alpha=0°$ 时输出功率为最大值，试求功率为最大功率的 80%、50% 时的触发角 α。

6．一台 220 V/10 kW 的电炉，采用单相交流调压电路，现使其工作在功率为 5 kW 的电路中，试求电路的控制角 α、工作电流以及电源侧功率因数。

7．单相交流调压电路如图 2-10 所示，$U_2=220$ V，$L=5.516$ mH，$R_L=1$ Ω，试求：

（1）控制角 α 的移相范围。

（2）负载电流最大有效值。

（3）最大输出功率和功率因数。

8．试述单相交交变频电路的工作原理。

第3章　门极可关断晶闸管和电力晶体管及其应用

课程思政

知识脉络图

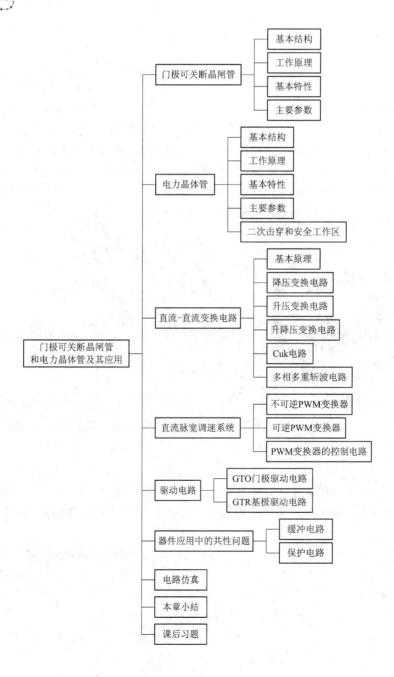

普通晶闸管问世不久，门极可关断晶闸管就出现了，随后电力晶体管投入使用，进一步推动了电力电子技术的发展。

3.1　门极可关断晶闸管

门极可关断晶闸管(Gate-Turn-Off Thyristor, GTO)是一种在晶闸管基础上发展起来的全控型开关器件，其门极可以控制器件的开通和关断。GTO 具有普通晶闸管耐高电压、电流容量大、浪涌能力强等优点，已逐步取代晶闸管成为大中容量 10 kHz 以下逆变器和斩波器的主要开关器件。

3.1.1　基本结构

GTO 的基本结构与普通晶闸管相似，都是 PNPN 四层三端半导体器件。不同的是，晶闸管是单元器件，即一个器件只含有一个晶闸管；而 GTO 则是集成器件，即一个器件是由许多小 GTO 集成在一片硅晶片上构成的。GTO 外部虽然同样引出三个电极，但内部却包含着数十个甚至数百个共阳极的小 GTO 元，它们的门极和阴极分别并联在一起。GTO 的内部结构如图 3-1(a)所示。多元集成结构使每个 GTO 元阴极面积很小，门极和阴极间距离缩短，P_2 基极的横向电阻减小，断面示意图如图 3-1(b)所示。GTO 的三端分别是阳极 A、阴极 K 和门极 G，电气图形符号如图 3-1(c)所示。

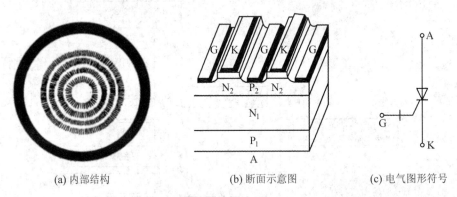

　　(a) 内部结构　　　　　　　　(b) 断面示意图　　　　　　(c) 电气图形符号

图 3-1　GTO 的内部结构、断面示意图及电气图形符号

3.1.2　工作原理

GTO 开通过程的内部机理与普通晶闸管相同，开通驱动要求与普通晶闸管也相似。但因 GTO 结构具有等效于多芯并联的特点，开通时 GTO 须提供比普通晶闸管高得多的强驱动脉冲。

GTO 的关断原理仍可用双晶体管复合电路模型来说明。GTO 双晶体管复合电路模型如图 3-2 所示。普通晶闸管等效电路中两只晶体管的放大系数 $\alpha_1 + \alpha_2$ 比 1 大很多(α_1、α_2 分别是器件等效晶体管 $P_1 N_1 P_2$、$N_1 P_2 N_2$ 的共基极电流放大系数)，两只等效晶体管的正反馈作用使普通晶闸管导通时饱和较深，因此无法用门极负脉冲电流信号去关断阳极电流。GTO 则不同，GTO 导通时两只晶体管的放大系数通常 α_1 较小、α_2 较大，且 $\alpha_1 + \alpha_2$

仅稍大于1或者略等于1，集电极电流I_{C1}占总阳极电流的比例较小。GTO关断时，门极负偏置电压E_G经开关S加到门极，这时晶体管$P_1N_1P_2$的集电极电流I_{C1}被抽出，形成门极负电流$-I_G$，使$N_1P_2N_2$晶体管的基极电流减小，进而使其集电极电流I_{C2}也减小，于是引起I_{C1}的进一步下降，如此不断循环下去，最后使GTO的阳极电流下降到维持电流，再进一步降到零而关断。

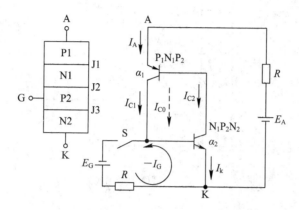

图 3-2　GTO双晶体管复合电路模型

3.1.3　基本特性

GTO的基本特性包含静态特性和动态特性。

1. 静态特性

GTO的伏安特性如图3-3所示，与普通晶闸管的极其相似。当门极开路，外施阳极正向电压超过其转折电压U_{BO}，或外加反向电压超过其反向转折电压U_{RO}时，器件击穿，GTO极易被损坏。当GTO的阳极加上适当的正向电压，门极施加正向电流时，GTO将由截止转为导通状态。

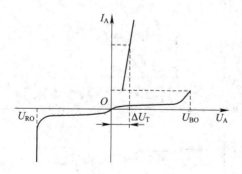

图 3-3　GTO的阳极伏安特性

2. 动态特性

1) 开通特性

开通特性是指GTO在导通过程中的阳极电压、电流及功耗与时间的关系，如图3-4所示。GTO的开通时间t_{on}由延迟时间t_d和上升时间t_r组成。GTO导通时，其阳极电流有一个上升过程，阳极电压有一个下降过程，GTO 的开通损耗 P_{on} 主要集中在下降时间 t_r 内，损耗曲线如图 3-4 中虚线所示。

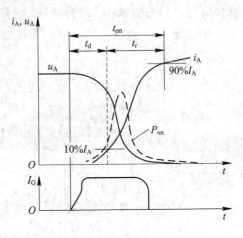

图 3-4　GTO 的开通特性

2）关断特性

关断特性是指 GTO 在关断过程中阳极电压、电流及功耗与时间的关系，如图 3-5 所示。GTO 的关断时间 t_{off} 由存储时间 t_s 和下降时间 t_f 组成。GTO 关断时，其阳极电压出现尖峰电压 U_P，U_P 主要是由 GTO 缓冲电路中的杂散电感 L_s 在阳极电流迅速下降时产生的。I_H 为 GTO 的维持电流，t_t 为尾部时间。GTO 的关断损耗 P_{off} 主要集中在下降时间 t_f 内，损耗曲线如图 3-5 中虚线所示。

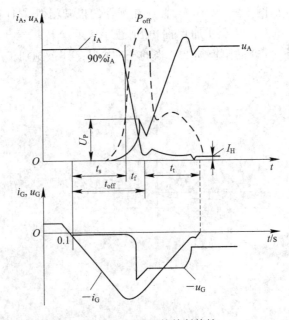

图 3-5　GTO 的关断特性

3.1.4　主要参数

1. 最大可关断阳极电流

在规定条件下，由门极控制可关断的阳极电流最大值称为最大可关断阳极电流，以 I_{ATO} 表示。它是用来标称 GTO 额定电流的参数，即管子的铭牌电流。例如 600 A/1200 V 的 GTO，即指最大可关断阳极电流 $I_{ATO}=600$ A，耐压 1200 V。

GTO 阳极允许流过的电流有一定限制，主要有以下两方面原因：一方面是热学上的限制，即额定工作结温决定了 GTO 的平均电流额定值，这一点与晶闸管相同；另一方面是由于 α_1 和 α_2 均为电流的函数，当阳极电流过大时，$\alpha_1+\alpha_2$ 略大于 1 的临界值，器件饱和程度加深，这样可能导致门极关断失败。因此，GTO 的阳极流过的电流不应超过最大可关断电流 I_{ATO}。

2. 电流关断增益

从工作原理可以看出，GTO 是用门极负电流脉冲来关断阳极电流的，因此希望用较小的门极电流来关断较大的阳极电流。最大可关断阳极电流 I_{ATO} 与门极负电流最大值 I_{GM} 之比，称为电流关断增益，以 β_{off} 表示：

$$\beta_{off}=\frac{I_{ATO}}{|-I_{GM}|} \tag{3-1}$$

电流关断增益低是 GTO 的主要缺点，一般 β_{off} 只有 5 左右。1000 A 的 GTO 关断时门极负脉冲电流的幅值达到 200 A，这是一个相当大的数值。

3. 维持电流

普通晶闸管的阳极电流低于维持电流时就转向截止，GTO 的维持电流有不同含义。GTO 的维持电流是阳极电流减小到出现 GTO 元截止时的数值，而不是以整个 GTO 不能维持导通为标志。GTO 的维持电流仍以 I_H 表示，一般都大于同等容量的普通晶闸管。

4. 擎住电流

经门极触发后，GTO 阳极电流上升到保持所有 GTO 元导通的最低值，即为擎住电流。GTO 的擎住电流仍以 I_L 表示。

┌┄┄┄┄┄┄┐
┊同步思考┊
└┄┄┄┄┄┄┘

(1) GTO 的关断增益 β_{off} 一般为多少？它受哪些参数影响？

(2) GTO 和普通晶闸管同为 PNPN 结构，为什么 GTO 能够自动关断，而普通晶闸管不能？

3.2　电 力 晶 体 管

电力晶体管又称巨型晶体管(Giant Transistor，GTR)，是一种耐高电压、大电流的双极结型电力电子器件。该器件耐压高、电流大、开关特性好，广泛应用于电源、电机控制、通用逆变器等电路中。

3.2.1　基本结构

　　GTR 的基本结构与信息电子电路中的晶体管相似，都是由 3 层半导体形成两个 PN 结构成的器件，也有 PNP 和 NPN 两种类型，其基本结构及电气图形符号如图 3 - 6 所示，三个电极分别称为发射极 E、基极 B 和集电极 C。GTR 通常采用 NPN 结构，为保证大功率应用的需要，在制造过程中采用特殊工艺，扩大结片面积来增大电流，提高开关速度和直流增益。

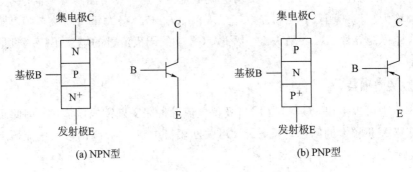

(a) NPN型　　　　　　　　　　(b) PNP型

图 3 - 6　GTR 的基本结构及电气图形符号

　　单管 GTR 的电流增益低，将给基极驱动电路造成负担。提高电流增益的一种有效方式是由两个或多个晶体管复合而成达林顿结构，如图 3 - 7(a)所示，图中 V_1 为驱动管，V_2 为输出管。常用的达林顿管由晶体管 V_1 和 V_2、稳定电阻 R_1 和 R_2、加速二极管 VD_1、续流二极管 VD_2 等组装而成，如图 3 - 7(b)所示。VD_2 可以对晶体管 V_2 起保护作用，特别在感性负载情况下，当 GTR 关断时，感性负载所存储的能量可以通过 VD_2 的续流作用而泄放，不会对 GTR 造成反向击穿。当输入端 B_1 的控制信号从高电平变成低电平时，加速二极管 VD_1 开始导通，V_1 发射极的一部分电流通过 VD_1 流到输入端 B_1，从而加快了晶体管 V_2 集电极电流的下降速度，即加速了 GTR 的关断。达林顿结构的 GTR 有较高的电流放大系数，但饱和压降 U_{CES} 也高，关断速度较慢。

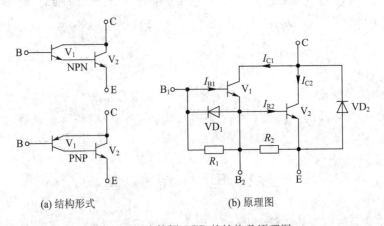

(a) 结构形式　　　　　　　　　　(b) 原理图

图 3 - 7　达林顿 GTR 的结构及原理图

为了简化 GTR 的驱动电路，减小控制电路的功率，常将达林顿结构 GTR 做成 GTR 模块，如图 3-8 所示。目前生产的 GTR 模块可将 6 个互相绝缘的达林顿管电路做在同一模块内，方便搭建三相桥式变流电路。

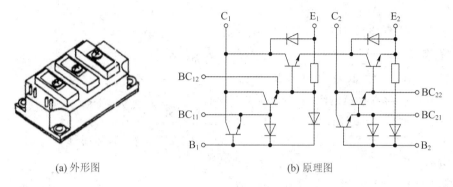

(a) 外形图　　　　　　　(b) 原理图

图 3-8　GTR 模块的外形及原理图

3.2.2　工作原理

GTR 的工作原理与信息电子电路中晶体管的相同，都是用基极电流 i_b 来控制集电极电流 i_c 的电流控制型器件。工程应用中 GTR 一般采用共发射极接法，如图 3-9 所示，集电极与发射极间施加正向电压，基极正偏（$i_b > 0$）时 GTR 处于导通状态，基极反偏（$i_b < 0$）时 GTR 处于截止状态。

GTR 内部主要载流子流动情况如图 3-9 所示。其中，1 为从基极注入的越过正向偏置发射结的空穴；2 为与电子复合的空穴；3 为因热骚动产生的载流子构成的集电结漏电流；4 为越过集电结形成的集电极电流的电子；5 为发射极电子流在基极中因复合而失去的电子。

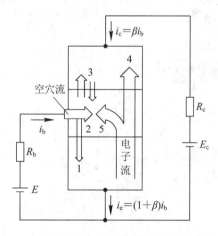

图 3-9　GTR 共发射极接法及内部载流子示意图

集电极电流 i_c 与基极电流 i_b 的比值称为 GTR 的电流放大系数，以 β 表示：

$$\beta = \frac{i_c}{i_b} \tag{3-2}$$

β 反映了器件基极电流对集电极电流的控制能力，通常其值为 10 左右。

GTR 产品说明书中给出的直流电流增益 h_{FE}，是指在直流工作情况下，集电极电流 I_c 与基极电流 I_b 之比，通常认为 $\beta \approx h_{FE}$。

3.2.3 基本特性

GTR 的基本特性包括静态特性和动态特性。

1. 静态特性

静态特性是指 GTR 在共发射极接法时的集电极电压 U_{CE} 与集电极电流 I_C 的关系，也称为输出特性。如图 3-10 所示，随着 I_B 从小到大的变化，GTR 经过截止区、放大区、准饱和区和深饱和区四个区域。GTR 一般工作在开关状态，即工作在截止区和深饱和区，但在开关切换过程中，要经过放大区和准饱和区。

在截止区 $i_b \leqslant 0$，GTR 承受高电压，$i_c = 0$，类似于开关的断态；在放大区 $i_c = \beta i_b$，GTR 应避免工作在放大区，以防止功耗过大而损坏；

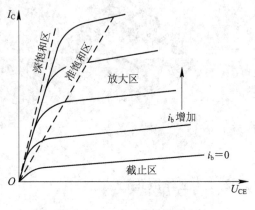

图 3-10　GTR 静态特性

在饱和区，i_b 变化时 i_c 不再改变，管压降 U_{CE} 一般较小，类似于开关的通态。

2. 动态特性

动态特性是指 GTR 在导通过程中基极电流 i_b、集电极电流 i_c 与时间的关系，如图 3-11 所示。GTR 基极注入驱动电流 i_b，这时并不立即产生集电极电流 i_c，i_c 是逐渐上升达到饱和值 I_{CS} 的。GTR 开通时间 t_{on} 由延迟时间 t_d 和上升时间 t_r 组成。当 GTR 基极加一个负的电流脉冲时，集电极电流 i_c 是逐渐减小到零的。GTR 的关断时间 t_{off} 由储存时间 t_s 和下降时间 t_f 组成。

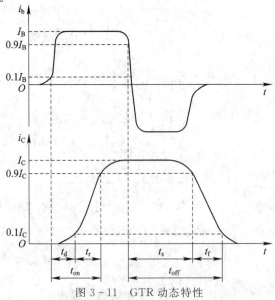

图 3-11　GTR 动态特性

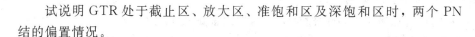

同步思考

试说明 GTR 处于截止区、放大区、准饱和区及深饱和区时，两个 PN 结的偏置情况。

思考题 09

3.2.4　主要参数

1. 集-射极击穿电压

当基极开路时，GTR 集电极和发射极间能承受的最高电压称为最小击穿电压，以 $U_{(BR)CEO}$ 表示。一般情况下，GTR 的最高工作电压 U_{CEM} 应比最小击穿电压 $U_{(BR)CEO}$ 低，从而保证器件的工作安全。

2. 饱和压降

GTR 工作在深饱和区时集电极和发射极间的电压值称为饱和压降，以 U_{CES} 表示。GTR 的饱和压降 U_{CES} 一般不超过 1.5 V。

3. 基极正向压降

GTR 工作在深饱和区时基极和发射极间的电压称为基极正向压降，以 U_{BES} 表示。

U_{CES} 和 U_{BES} 是 GTR 在大功率应用中的两个重要指标，直接关系到器件的导通损耗，在使用中要引起注意。例如，达林顿管由多管复合而成，不可能进入深饱和区，因而饱和压降 U_{CES} 大。

4. 集电极电流最大值 I_{CM}

对 I_{CM} 的规定有两种情况：一种是将 β 值下降到额定值 $1/3 \sim 1/2$ 时的 I_C 值定义为 I_{CM}；另一种是以结温和耗散功率为尺度来确定 I_{CM}，超过时将导致 GTR 内部烧毁。实际应用时要留有较大的安全裕量，一般只能用到 I_{CM} 的 $1/2$ 左右。

5. 基极电流最大值

GTR 基极内引线允许通过最大的电流称为基极电流最大值，以 I_{BM} 表示。通常取 $I_{BM} = (1/6 \sim 1/2) I_{CM}$。

6. 最高结温

GTR 的最高结温由半导体材料的性质、器件制造工艺、封装质量及可靠性等因素决定。一般情况下，塑料封装硅管结温为 $125 \sim 150 ℃$，金属封装硅管结温为 $150 \sim 175 ℃$。

7. 最大耗散功率

GTR 在最高允许结温时对应的耗散功率称为最大耗散功率，以 P_{CM} 表示。它等于集电极电压 U_{CE} 与集电极电流 I_C 的乘积，是 GTR 容量的重要标志。

3.2.5　二次击穿和安全工作区

1. 二次击穿

当 GTR 集电极电压 U_{CE} 逐渐增大到 $U_{(BR)CEO}$ 时，集电极电流 I_C 急剧增大，如此时

U_{CE} 基本保持不变，这个现象称为一次击穿。发生一次击穿时，如果有外接电阻限制电流 I_C 的增大，一般不会引起 GTR 的特性变坏。如果继续增大 U_{CE}，不限制 I_C 的增长，当 I_C 上升到 A 点(临界值)时，U_{CE} 突然下降，如图 3-12 所示，这个现象称为二次击穿。发生二次击穿后，在从纳秒到微秒数量级的时间内，器件内部出现明显的电流集中和过热点，轻者使 GTR 耐压降低、特性变差；重者使集电极和发射极熔通，造成 GTR 永久性损坏。二次击穿是 GTR 突然损坏的主要原因之一。如图 3-12 所示 GTR 的二次击穿曲线中，A 点对应的电压 U_{SB} 和电流 I_{SB} 称为二次击穿的临界电压和临界电流，其乘积称为二次击穿临界功率 P_{SB}，即

$$P_{SB} = U_{SB} I_{SB} \tag{3-3}$$

2. 安全工作区

为了确保 GTR 在开关过程中能安全可靠地长期工作，其开关动态轨迹必须限定在特定的安全范围内，该范围称为 GTR 的安全工作区(Safe Operating Area，SOA)，一般由电压极限参数 U_{CEmax}、电流极限参数 I_{CM}、耗散功率 P_{CM} 及二次击穿临界功率 P_{SB} 所构成的曲线组成，如图 3-13 所示。

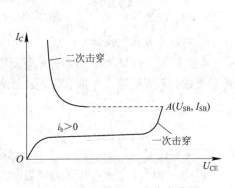

图 3-12　GTR 的二次击穿曲线

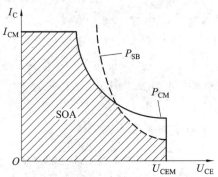

图 3-13　GTR 的安全工作区

安全工作区为器件选用提供了重要的依据，为使器件工作在最佳状态，工作点不仅应在安全区内，还应根据使用条件和器件抗二次击穿的能力留有裕量。

可能导致 GTR 二次击穿的因素有哪些？可采取什么措施加以防范？

3.3　直流-直流变换电路

直流-直流变换(DC-DC Converter)是指将一种直流电变换为另一电压固定或电压可变的直流电。

按电能的变换方式分类，直流-直流变换电路分为直接变换和间接变换两种。直接变换电路也称直流斩波电路(DC Chopper)，其输入与输出间无隔离，又称非隔离式变换器电路。间接变换电路是在直流输入和输出端之间加入交流环节，通常采用变压器实现输入与输出间的隔离，又称隔离式变换器电路。本节将重点介绍非隔离式变换器电路。有关非隔

离 DC-DC 变换电路的电感电流断续模式，读者可参考有关书籍。

3.3.1　基本原理

最基本的直流变换电路由直流电源 E、理想开关 S 和负载电阻 R_L 组成，如图 3-14 (a)所示。t_{on} 期间，开关 S 闭合，负载 R_L 两端电压 $U_o = E$，电流 I_o 流过负载 R_L；t_{off} 期间，开关 S 断开，电路中电流 $I_o = 0$，电压 $U_o = 0$，工作波形如图 3-14(b)所示。

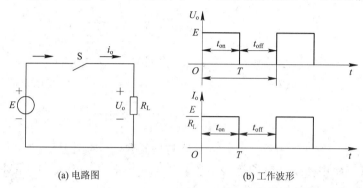

(a) 电路图　　　　　(b) 工作波形

图 3-14　基本直流变换电路及工作波形

开关 S 导通时间 t_{on} 与工作周期 T 的比值定义为占空比，以 k 表示：

$$k = \frac{t_{on}}{t_{on} + t_{off}} = \frac{t_{on}}{T} \tag{3-4}$$

由于 $t_{on} \leqslant T$，故 k 取值为 0~1。

由图 3-14(b)所示工作波形图可以得到输出电压平均值为

$$U_o = \frac{1}{T} \int_0^{t_{on}} E \, \mathrm{d}t = \frac{t_{on}}{T} E = kE$$

改变 k 的值就可以改变 U_o 的大小，而 k 的改变可以通过改变 t_{on} 或 T 来实现。根据改变参数的不同，直流变换电路的控制方式分为三种：

(1) 脉冲宽度调制(Pulse Width Modulation，PWM)方式，简称脉宽调制，即保持开关周期 T 不变，改变导通时间 t_{on}，又称定频调宽控制。

(2) 脉冲频率调制(Pulse Frequency Modulation，PFM)方式，即保持导通时间 t_{on} 不变，改变开关周期 T，又称定宽调频控制。

(3) 混合型方式，即导通时间 t_{on} 和开关周期 T 都改变，又称调频调宽控制。

由于脉冲宽度调制方式中，输出电压波形的周期 T 是不变的，因此输出谐波的频率也不变，这使得滤波器的设计变得较为容易，因此脉冲宽度调制方式在电力电子技术中应用广泛。

DC-DC 变换电路的主要形式和工作特点是什么？

思考题 10

3.3.2　降压变换电路

降压变换电路是一种输出平均电压低于直流输入电压的变换电路，也称 Buck 电路。

1. 电路组成与工作原理

降压变换电路由直流电源 E、开关管VT$_1$、二极管VD$_1$、电感 L、电容 C、负载电阻 R_L 等组成,如图 3-15 所示。开关管VT$_1$ 可以是各种全控型电力电子器件,这里以 GTR 为例进行介绍,由 PWM 信号驱动。二极管VD$_1$ 的开关速度应和VT$_1$ 同等级,常采用快恢复二极管。流过电感 L 的电流为 i_L,负载电压、电流分别为 U_o、I_o。(后面其他电路分析时类同。)

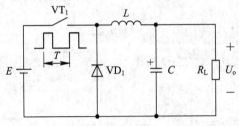

图 3-15　降压变换电路

为了简化分析,作如下假设:直流电源 E 是恒压源,其内阻为零;VT$_1$、VD$_1$ 是无损耗的理想开关,L、C 中的损耗亦可忽略;L 足够大,保证电流连续,C 足够大且已经被充电,保证电压恒定。(后面其他电路分析时类同。)

下面分析电路工作原理。工作波形如图 3-16 所示。

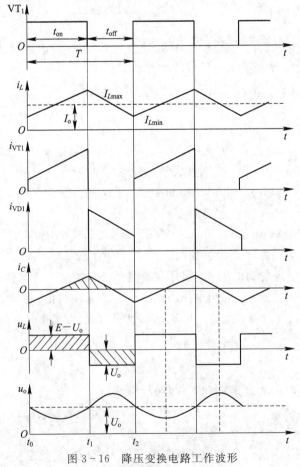

图 3-16　降压变换电路工作波形

$t_0 \sim t_1(t_{on})$ 期间：t_0 时刻，开关管 VT$_1$ 导通，电源 E 向负载供电，二极管 VD$_1$ 承受反向电压截止，如图 3-17(a) 所示，图中虚线表示相关回路断开（以后不再赘述）。电感 L 中有电流流过，产生的感应电动势 e_L 左正右负，电感储能；负载电流 i_o 按指数曲线上升，电压 $u_o = E$，电容 C 充电。

在 $t_1 \sim t_2(t_{off})$ 期间：t_1 时刻，开关管 VT$_1$ 关断，电感 L 阻碍电流的变化，产生的感应电势 e_L 左负右正，二极管 VD$_1$ 导通，如图 3-17(b) 所示。负载电流 i_o 经二极管 VD$_1$ 续流按指数曲线下降，电压 $u_o = 0$。

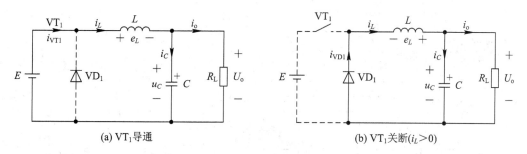

(a) VT$_1$ 导通   (b) VT$_1$ 关断 ($i_L > 0$)

图 3-17   降压变换电路工作过程

〔应用案例〕

MC34063A 是 Analog Integrations 公司生产的 DC/DC 电压变换器专用集成电路，其基本结构及引脚如图 3-18 所示。MC34063A 集成有 1.25 V、误差为 ±1.8% 的基准电压源，输入电源电压范围为 3～40 V，输出开关峰值电流为 1.5 A，静态工作电流为 1.6 mA，工作温度范围为 −40～85℃。MC34063A 可以构成输出电压可调的升压式、降压式和极性相反的 DC/DC 变换器。

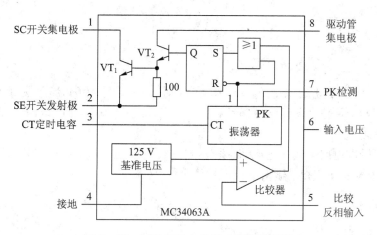

图 3-18   MC34063A 的基本结构及引脚

由 MC34063A 构成的降压式开关电源如图 3-19(a) 所示。电路的输入电压为 25 V，输出电压为 5 V/500m A，转换效率为 82.5%。将 MC34063A 的脚 1 和脚 8 连接起来组成达林顿驱动电路，外接扩流管 VT，如图 3-19(b) 所示，则可把输出电流增加到 1.5 A。

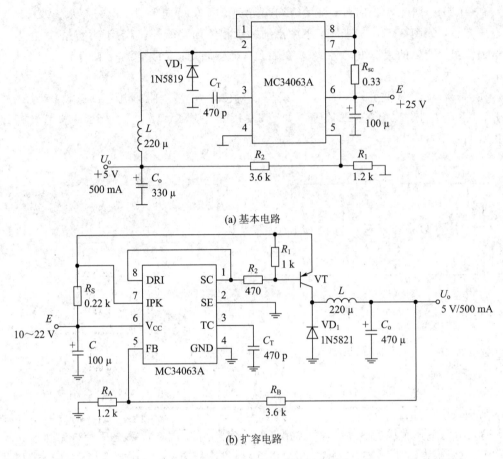

(a) 基本电路

(b) 扩容电路

图 3-19 由 MC34063A 构成的降压式开关电源

2. 数量关系

当负载电流连续时，电路输出电压值为

$$U_\circ = \frac{t_{on}}{t_{on} + t_{off}} E = \frac{t_{on}}{T} E = k \cdot E \qquad (3-5)$$

已知 k 为 $0\sim1$ 变化的系数，当 k 为 0 时，输出电压 $U_\circ = 0$；当 k 为 1 时，输出电压 $U_\circ = E$。此电路将恒定的直流电压"斩"成断续的方波电压输出，且 $U_\circ \leqslant E$，故该电路又称为降压斩波电路。

考虑降压斩波电路常用于拖动直流电动机或带蓄电池负载，因此在负载支路中加载反电动势 E_m，根据欧姆定律，输出电流平均值为

$$I_\circ = \frac{U_\circ - E_m}{R} \qquad (3-6)$$

式中：电阻性负载时 $E_m = 0$。

若忽略电路的变换损耗，则输入、输出功率相等，有 $EI = U_\circ I_\circ$，式中，I 为输入电流 i 的平均值，$I_\circ$ 为输出电流 $i_\circ$ 的平均值。由此可得变换电路的输入、输出电流关系为

$$\frac{I_\circ}{I} = \frac{E}{U_\circ} = \frac{1}{k} \qquad (3-7)$$

可见，电路的电压、电流关系与变压器的相同。

当负载电流连续时，降压变换电路相当于一个降压"直流"变压器。

例题解析

　　例 3 - 1　降压斩波电路中，已知电源电压 $E = 100$ V，$R_L = 10$ Ω，电感 L 值极大，反电势 $E_m = 20$ V，$T = 50$ μs，$t_{on} = 30$ μs，计算占空比、输出电压平均值 U_o 和输出电流平均值 I_o。

　　解　占空比为

$$k = \frac{t_{on}}{T} = \frac{30}{50} = 0.6$$

由于 L 值极大，负载电流连续，故输出电压平均值为

$$U_o = \frac{t_{on}}{T} \cdot E = k \cdot E = 0.6 \times 100 \text{ V} = 60 \text{ V}$$

输出电流平均值为

$$I_o = \frac{U_o - E_m}{R_L} = \frac{60 - 20}{10} = 4 \text{ A}$$

同步思考

思考题 11

　　(1) Buck 电路中电感电流的脉动和输出电压的脉动与哪些因素有关？

　　(2) Buck 电路中电流临界连续是什么意思？当负载电压 U_o、电流 I_o 一定时，在什么条件下可以避免电感电流断流？

　　(3) Buck 电路中只有一个电感，没有变压器，输入与输出不隔离，这就存在一个什么样的危险？

拓展学习

　　低压差线性稳压器(Low Dropout Regulator，LDO)与 Buck 电路的优缺点对比分析如下：

　　(1) 共同点：LDO 与 Buck 电路都属于降压型电路，因为都是输入电压大于输出电压，因此都是降压型电路。

　　(2) 不同点：LDO 的串联管工作在放大区(线性区)，而 Buck 电路中的串联管工作在饱和与截止区。

　　(3) 优缺点比较。

　　① 工作效率。从 LDO 电路结构图可知，LDO 的输入电流与输出电流基本相同，而效率等于输出电压与输入电压的比值，所以当串联管之间的压差较大时，LDO 的效率较低，消耗的能量以热能散出去。Buck 电路的效率高达 90%，因为管子处于截止区时，电流很小，几乎是毫安级的。

　　② 电源纹波抑制比。由于 Buck 电路中的开关管处于开关状态，因此会产生较多的高

频纹波，而 LDO 工作在放大状态，因此纹波较少。

③ 电路结构。LDO 电路相对简单，最简单的可以只加输入、输出电容，而 Buck 电路相对复杂。

对于 CPU、Mempoy、Interface 等数字电路来说，由于工作在兆赫兹级别，开关电源的噪声可以忽略不计；但是对于 Audio、RF、Sensor 等模拟电路来说，则必须考虑电源噪声对性能的影响，优先选择 LDO。

3.3.3　升压变换电路

升压变换电路是一种输出平均电压高于直流输入电压的变换电路，也称 Boost 电路。

1. 电路组成与工作原理

升压变换电路也是由直流电源 E、开关管 VT_1、二极管 VD_1、电感 L、电容 C、负载电阻 R_L 等组成的，电路如图 3-20 所示。升压斩波电路与降压斩波电路的不同点是，开关管 VT_1 与负载 R_L 以并联形式连接，电感 L 与负载 R_L 以串联形式连接。下面分析电路的工作原理，其工作波形如图 3-21 所示。

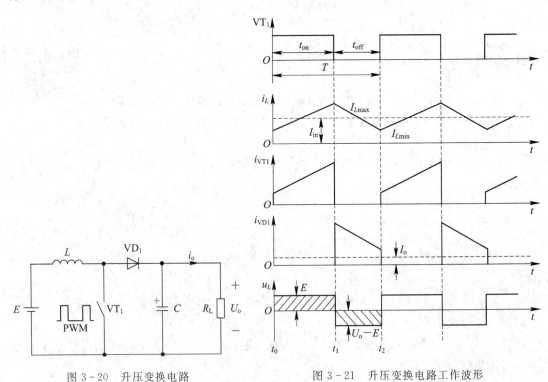

图 3-20　升压变换电路　　　　　　　　图 3-21　升压变换电路工作波形

在 $t_0 \sim t_1$ 期间：t_0 时刻，开关管 VT_1 导通，电感 L 储能，产生的感应电势 e_L 左正右负，如图 3-22(a)所示，电感 L 电流 i_L 按指数曲线上升，VD_1 承受反压截止，相当于输入端与输出端隔离。电容 C 向负载 R_L 放电。设 VT_1 的导通时间为 t_{on}，则此阶段电感 L 上的储能可以表示为 $EI_L t_{on}$。

在 $t_1 \sim t_2$ 期间：t_1 时刻，开关管 VT_1 关断，电感 L 的感应电势 e_L 左负右正，与电源

E 叠加，使二极管 VD₁ 正偏导通，如图 3-22(b)所示。电源 E 和电感 L 共同给负载 R_L 提供能量，同时向电容 C 充电。设 VT₁ 的关断时间为 t_{off}，电感释放电流与充电电流基本相同，则此段时间内电感 L 释放的能量可以表示为 $(U_o-E)I_L t_{off}$。

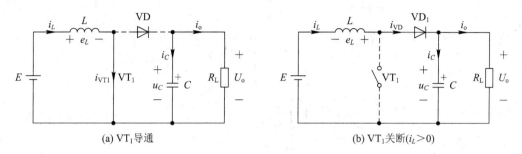

(a) VT₁ 导通　　　　　　　　　　　　　　(b) VT₁ 关断 $(i_L>0)$

图 3-22　升压变换电路工作过程

┌┈┈┈┈┈┈┈┈┐
╎ **应用案例** ╎
└┈┈┈┈┈┈┈┈┘

　　MC34063A 构成的升压式开关电源如图 3-23 所示。电路输入电压 12 V，输出电压 28 V，输出电流可达 175 mA，转换效率可达 89.2%。电路中的电阻 R_{sc} 为检测电流，由它产生的信号控制芯片内部的振荡器，可达到限制电流的目的。输出电压经 R_1、R_2 组成的分压器输入比较器的反相端，以保证输出电压的稳定性。

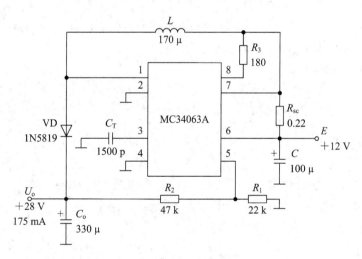

图 3-23　MC34063A 构成的升压式开关电源

　　镍氢电池充电电路由集成电路 CD4069、MOS 场效应管 VT、二极管 VD 以及电阻、电容等元器件构成，如图 3-24 所示。3 V 电源接电容 C_1 进行稳压滤波，镍氢电池串接保护电阻 R_3 和开关 S。太阳能电池的电压比较低，要给镍氢电池充电，一定要使用 DC/DC 升压电路。

　　电感 L、开关管 VT 和二极管 VD 组成了基本的升压电路。CD4069 的 G_1 和 G_2 门组成基本振荡器，振荡频率 $f=1/(2.2R_2C_2)$，大概为 155 kHz，产生的脉冲信号通过 $G_3 \sim G_6$ 门并联后驱动 MOS 管 VT 工作。

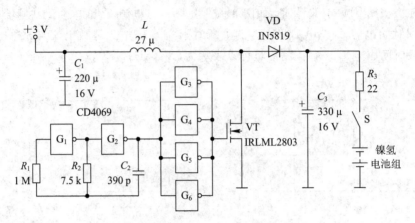

图 3-24　镍氢电池充电电路

2. 数量关系

从能量守恒的角度分析输出电压的大小。当电路处于稳定工作状态时，一个周期 T 内电感储存的能量和释放的能量相等。即

$$EI_L t_{on} = (U_o - E) I_L t_{off} \qquad (3-8)$$

整理公式得输出电压平均值为

$$U_o = \frac{t_{on} + t_{off}}{t_{off}} E = \frac{T}{t_{off}} E = \frac{1}{1-k} E \qquad (3-9)$$

由于 $T \geqslant t_{off}$，$U_o \geqslant E$，故该电路又称为升压斩波电路。T/t_{off} 又称为升压比，调节升压比的大小，可以改变输出电压 U_o 的大小。

输出电流平均值为

$$I_o = \frac{U_o}{R} \qquad (3-10)$$

 例题解析

例 3-2　在升压斩波电路中，已知电源电压 $E = 100$ V，$R_L = 10\ \Omega$，电感 L 值和电容 C 值极大，$T = 50\ \mu s$，$t_{on} = 30\ \mu s$，计算占空比、输出电压平均值 U_o 和输出电流平均值 I_o。

解　占空比为

$$k = \frac{t_{on}}{T} = \frac{30}{50} = \frac{3}{5}$$

输出电压平均值为

$$U_o = \frac{T}{t_{off}} E = \frac{1}{1-k} E = \frac{1}{1-\frac{3}{5}} \times 100 = 250\ V$$

输出电流平均值为

$$I_o = \frac{U_o}{R_L} = \frac{250}{10} = 25\ A$$

同步思考

（1）降压斩波电路和升压斩波电路的电容、电感、二极管各起什么
作用？

思考题 12

（2）Boost 电路为什么不宜在占空比 k 接近 1 的情况下工作？

拓展学习

拓展学习一：电荷泵原理

电荷泵的基本原理是通过电容对电荷的积累效应而产生高压，使电流由低电势流向高电势。如图 3 - 25 所示，电容 C 的 A 端通过二极管 VD 接直流电源 E，电容 C 的 B 端接振幅为 U_{in} 的方波。当 B 点电位为"0"时，VD 导通，E 对电容 C 充电，直到节点 A 的电位达到 E。当 B 点电位为"1"时，因为电容两端电压不能突变，此时 A 点电位上升为 $E+U_{in}$。所以 A 点的电压也是一个方波，最大值为 $E+U_{in}$，最小值为 E（假设二极管为理想二极管）。A 点的方波经过滤波后，可提供高于 E 的电压。电荷泵电路不用电感储能，而是用电容器进行储能和电压变换。

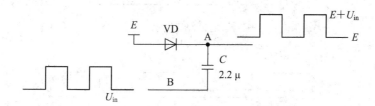

图 3 - 25　电荷泵原理

拓展学习二：电荷泵电路

电荷泵应用电路由三阶电荷泵构成，如图 3 - 26 所示。$E=5$ V 的方波。当 a 点为低电平时，二极管 VD_1 导通，电容 C_1 充电，使 b 点电压 $U_b=U_{si}-U_{tn}$。当 a 点为高电平时，由于电容 C_1 电压不能突变，故 b 点电压 $U_b=U_{si}+U_{in}-U_{tn}$。此时二极管 VD_2 导通，电容 C_3 充电，使 c 点电压 $U_c=U_{si}+U_{in}-2U_{tn}$。当 a 点再为低电平时，二极管 VD_1、VD_3 导通，分别对电容 C_1、C_2 充电，使得 d 点电压 $U_d=U_{si}+U_{in}-3U_{tn}$。当 a 点再为高电平时，由于电容 C_2 电压不能突变，故 d 点电压 $U_d=U_{si}+2U_{in}-3U_{tn}$。此时二极管 VD_2、VD_4 导通，分别

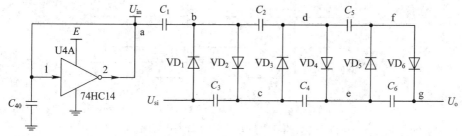

图 3 - 26　电荷泵应用电路

对电容 C_3、C_4 充电,使 e 点电压 $U_e = U_{si} + 2U_{in} - 4U_{tn}$。如此循环,便在 g 点得到比 U_{si} 高的电压 $U_g = U_{si} + 3U_{in} - U_{tn} = U_{si} + 11.4$ V。其中 U_{tn} 为二极管压降,一般取 0.6 V。

3.3.4 升降压变换电路

升降压变换电路是由降压和升压两种基本变换电路混合串联而成的,具有 Buck 电路降压和 Boost 电路升压的双重作用;由于输出电压的极性与输入电压是相反的,故又称其为升降压反极性变换电路,简称 Buck-Boost 电路。

1. 电路组成与工作原理

升降压变换电路也是由直流电源 E、开关管 VT_1、二极管 VD_1、电感 L、电容 C、负载电阻 R_L 等组成的,如图 3-27 所示。该电路的结构特征是电感 L 与负载 R_L 并联,二极管 VD_1 反向串联接在电感 L 与负载 R_L 之间。下面分析电路工作原理,其工作波形如图 3-28 所示。

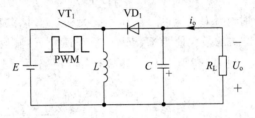

图 3-27　升降压变换电路

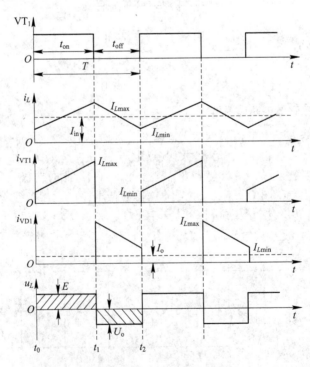

图 3-28　升降压变换电路工作波形

$t_0 \sim t_1$ 期间:t_0 时刻,开关管 VT_1 导通,电源 E 经 VT_1 向电感 L 供电使其储能,电

感的感应电势 e_L 上正下负，流过 VT 的电流为 $i_L(i_{VT1})$；二极管 VD$_1$ 反偏截止，电容 C 向负载 R_L 提供能量并维持输出电压基本稳定，负载 R_L 及电容 C 上的电压极性为上负下正，与电源极性相反，电路工作过程如图 3-29(a)所示。设 VT$_1$ 的导通时间为 t_{on}，则此阶段电感 L 上的储能可以表示为 EI_Lt_{on}。

$t_1 \sim t_2$ 期间：t_1 时刻，开关管 VT$_1$ 关断，电感 L 释放能量，电感的感应电势 e_L 上负下正，VD$_1$ 正偏导通，流过 VD$_1$ 的电流为 i_2。电感 L 中储存的能量通过 VD$_1$ 向负载 R_L 释放，同时给电容 C 充电，电路工作过程如图 3-29(b)所示。负载电压极性为上负下正，与电源电压极性相反。设 VT$_1$ 的关断时间为 t_{off}，电感 L 释放的能量为 $U_oI_Lt_{off}$。

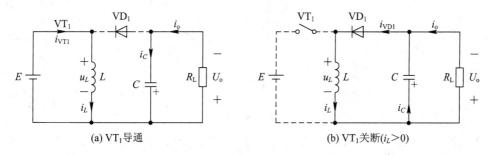

(a) VT$_1$ 导通　　　　　　　　(b) VT$_1$ 关断($i_L > 0$)

图 3-29　升降压变换电路工作过程

应用案例

　　MC34063 构成的反极性开关电源如图 3-30 所示。电路输入电压为 4.5~6.0 V，输出电压为 -12 V，电路转换效率为 64.5%。电路输出电流≤910 mA，外接扩流管可将输出电流增加到 1.5 A 以上。

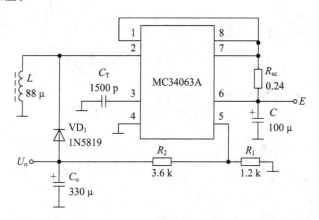

图 3-30　MC34063A 构成的反极性开关电源

　　太阳能电池的输出特性曲线如图 3-31 所示，其中图(a)为温度变化时的特性曲线，图(b)是日照强度变化时的特性曲线。从图 3-31 中可以看出太阳能电池具有明显的非线性，太阳能电池的输出受日照强度、电池结温等因素的影响。当结温增加时，太阳能电池的开路电压下降，短路电流稍有增加，最大输出功率减小；当日照强度增加时，太阳能电池的开路电压变化不大，短路电流增加，最大输出功率增加。在一定的温度和日照强度下，太阳能电池具有唯一的最大功率点，当太阳能电池工作在该点时，能输出当前温度和日照条件下的最大功率。

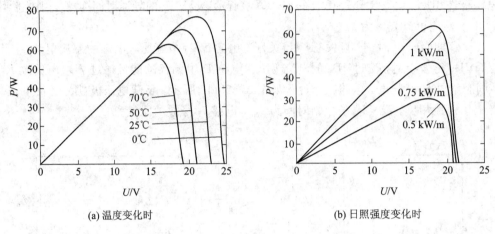

(a) 温度变化时　　　　　　　　　　　　　　(b) 日照强度变化时

图 3-31　太阳能电池的输出特性曲线

将升降压式变换电路接入太阳能电池的输入回路，调节开关管的占空比可以控制太阳能电池的输出电流，实质上就是调节转换电路的等效电阻，实现系统对太阳能电池最大功率点的跟踪。同时通过调节开关管的占空比也可调节太阳能电池输出，从而使蓄电池电压保持恒定。

2. 数量关系

从能量守恒的角度可以分析输出电压的大小。当电路处于稳定工作状态时，一个周期 T 内电感储存的能量和释放的能量相等，则有

$$EI_L t_{on} = U_o I_L t_{off} \qquad (3-11)$$

整理公式得输出电压平均值为

$$U_o = \frac{t_{on}}{t_{off}} E = \frac{t_{on}}{T - t_{on}} E = \frac{k}{1-k} E \qquad (3-12)$$

当 $0 < k < 1/2$ 时，$U_o < E$，此时为降压斩波电路。当 $k = 1/2$ 时，$U_o = E$，但极性相反，也称作反极性电路。当 $1/2 < k < 1$ 时，$U_o > E$，此时为升压斩波电路。故该电路又称为升降压斩波电路。

根据输入功率 P_i 等于输出功率 P_o，有

$$EI_i = U_o I_o \qquad (3-13)$$

得

$$\frac{I_o}{I_i} = \frac{E}{U_o} = \frac{1-k}{k} \qquad (3-14)$$

可见，升降压斩波电路也可以看作一个"直流"变压器。

╭┈┈┈┈┈┈┈╮
┊ **例题解析** ┊
╰┈┈┈┈┈┈┈╯

例 3-3　升降压斩波电路由电池供电，电池电压 $E = 100$ V，工作在连续电流模式，负载

电阻 $R=70\ \Omega$。计算占空比 k 分别是 0.25、0.5 和 0.75 时的负载电压、电流以及输入电流。

解　由式

$$U_\mathrm{o}=\frac{k}{1-k}E$$

得

$$I_\mathrm{o}=\frac{U_\mathrm{o}}{R_\mathrm{L}}=\frac{k}{1-k}\frac{E}{R_\mathrm{L}}$$

当 $k=0.25$ 时，有

$$I_\mathrm{o}=\frac{0.25}{0.75}\times\frac{100}{70}=0.476\ \mathrm{A}$$

$$U_\mathrm{o}=I_\mathrm{o}R=33.33\ \mathrm{V}$$

当 $k=0.5$ 时，有

$$I_\mathrm{o}=\frac{0.5}{0.5}\times\frac{100}{70}=1.43\ \mathrm{A}$$

$$U_\mathrm{o}=I_\mathrm{o}R=100\ \mathrm{V}$$

当 $k=0.75$ 时，有

$$I_\mathrm{o}=\frac{0.75}{0.25}\times\frac{100}{70}=4.286\ \mathrm{A}$$

$$U_\mathrm{o}=I_\mathrm{o}R=300\ \mathrm{V}$$

以上输出电压的极性与电源的极性相反。

由式(3-14)可得

$$I_\mathrm{i}=\frac{k}{k-1}I_\mathrm{o}=\frac{k}{k-1}\cdot\frac{k}{1-k}\cdot\frac{E}{R_\mathrm{L}}=\left(\frac{k}{k-1}\right)^2\frac{E}{R_\mathrm{L}}$$

当 $k=0.25$ 时，有

$$I_\mathrm{i}=\left(\frac{0.25}{-0.75}\right)^2\times\frac{100}{70}=0.16\ \mathrm{A}$$

当 $k=0.5$ 时，有

$$I_\mathrm{i}=\left(\frac{0.5}{-0.5}\right)^2\times\frac{100}{70}=1.43\ \mathrm{A}$$

当 $k=0.75$ 时，有

$$I_\mathrm{i}=\left(\frac{0.75}{-0.25}\right)^2\times\frac{100}{70}=\frac{9\times100}{70}=12.86\ \mathrm{A}$$

3.3.5　Cuk 电路

针对升降压变换电路存在输入电流、输出电流脉动大的缺点，美国学者 Slobodan Cuk 研究提出了一种非隔离式单管 DC-DC 升降压反极性变换电路，简称 Cuk 电路，其输入、输出电流均连续而且纹波小。

1. 电路组成和工作原理

Cuk 电路由开关管 VT_1、储能电容器 C_1、输入储能电感 L_1、输出储能电感 L_2、续流二

极管 VD_1 及输出滤波电容器 C_2 等元器件组成,如图 3 - 32 所示。开关管 VT_1 由 PWM 驱动电路控制,二极管 VD_1 将输入回路和输出回路分开,左半部分是输入回路,右半部分是输出回路。C_1 起储能和由输入向输出传送能量的双重作用。

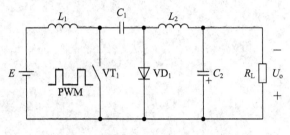

图 3 - 32　Cuk 电路

假设电路中电容 C_1、C_2 取值较大,在一个开关周期中可以认为电容电压 U_{C1}、U_{C2}(即负载电压 U_o)基本稳定。下面分析工作原理,其工作波形如图 3 - 33 所示。

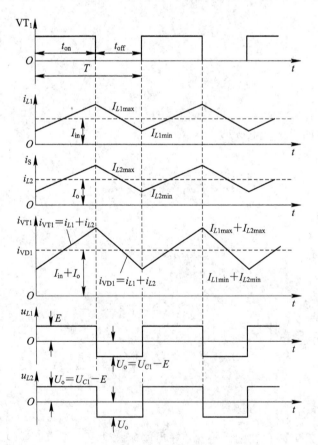

图 3 - 33　Cuk 电路工作波形

$t_0 \sim t_1$ 期间:t_0 时刻,开关管 VT_1 导通,电感 L_1 储能,电感电流 i_{L1} 增加;二极管 VD_1 反向偏置,电容 C_1 经开关管 VT_1 放电,传送能量至电感 L_2 和负载 R_L 上,负载获得反极性电压,变换电路工作过程如图 3 - 34(a)所示。随着放电过程的进行,电感电流 i_{L2} 增加，电感电流 i_{L1} 和 i_{L2} 均流过开关管 VT$_1$。

　　$t_1 \sim t_2$ 期间：t_1 时刻，开关管 VT$_1$ 关断，电源 E 和电感 L_1 的储能经二极管 VD$_1$ 给 C_1 充电，C_1 储能。随着充电过程的进行，i_{L1} 逐渐减小。电感 L_2 经二极管 VD$_1$ 放电，传送能量至输出端负载 R_L 上，负载获得反极性电压。变换电路工作过程如图 3-34(b) 所示。随着放电过程的进行，电感电流 i_{L2} 减小。

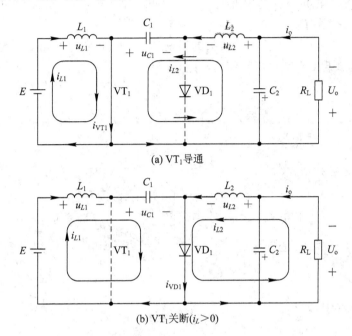

(a) VT$_1$ 导通

(b) VT$_1$ 关断($i_L > 0$)

图 3-34　Cuk 变换电路工作过程

2. 数量关系

输出电压平均值为

$$U_\circ = \frac{k}{1-k} E \qquad (3-15)$$

输出电流平均值为

$$I_\circ = \frac{1-k}{k} I_i \qquad (3-16)$$

　　Cuk 斩波电路的输入、输出关系式与升降压斩波电路的完全相同，但本质上却有区别。Cuk 斩波电路是借助电容来传输能量的，而升降压斩波电路是借助电感来传输能量的。升降压斩波电路是在开关管 VT$_1$ 关断期间储能电感给滤波电容补充能量，输出电流脉动很大；而 Cuk 斩波电路中，当开关管 VT$_1$ 导通时，两个电感的电流都要通过它，因此通过开关管 VT$_1$ 的峰值电流比较大。因为是通过电容 C_1 传输能量的，所以电容 C_1 中的脉动电流也比较大。只要电容 C_1 足够大，输入、输出电流都是连续平滑的，可有效地降低纹波，即降低对滤波电路的要求。

📋应用案例

随着电子技术和电子产品的发展，一些系统中经常会需要负电压为其供电。例如，在LCD背光系统中，会使用负电压为其提供门极驱动和偏置电压。另外，在系统的运算放大器中，也经常会使用正负对称的偏置电压为其供电。如何产生一个稳定可靠的负电压已成为设计人员面临的关键问题。

AP3031 经常被应用在工作电流较大的系统中，提供单路正或负偏置电压。AP3031 采用 Cuk 电路结构实现−5 V 输出的应用电路如图 3-35 所示。

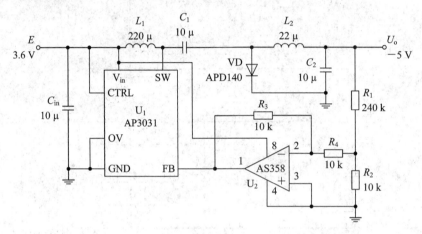

图 3-35　由 AP3031 构成的−5 V 输出电路

📋拓展学习

1. Sepic 电路

Sepic 电路如图 3-36 所示。其基本工作原理是：当 VT_1 处于通态时，$E-L_1-VT_1$ 回路和 $C_1-VT_1-L_2$ 回路同时导电，L_1 和 L_2 储能；当 VT_1 处于断态时，$E-L_1-C_1-VD_1$ -负载（C_2 和 R_L）回路及 L_2-VD_1 -负载回路同时导电，此阶段 E 和 L_1 既向负载供电，同时也向 C_1 充电，C_1 储存的能量在 VT_1 处于通态时向 L_2 转移。

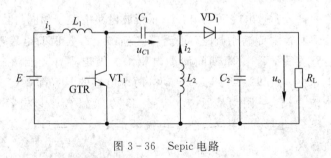

图 3-36　Sepic 电路

Sepic 电路的输入和输出的关系为

$$U_o = \frac{t_{on}}{t_{off}}E = \frac{t_{on}}{T-t_{on}}E = \frac{k}{1-k}E \qquad (3-17)$$

2. Zeta 电路

Zeta 电路也称为双 Sepic 电路,电路如图 3-37 所示。其基本工作原理是:在 VT_1 处于通态期间,电源 E 经开关 VT_1 向电感 L_1 储能;待 VT_1 关断后,L_1 经 VD_1 与 C_1 构成振荡回路,其储存的能量转移至 C_1,至振荡回路电流过零,L_1 上的能量全部转移至 C_1 上之后,VD_1 关断,C_1 经 L_2 向负载供电。

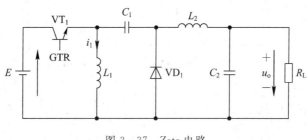

图 3-37　Zeta 电路

Zeta 电路的输入、输出关系为

$$U_o = \frac{k}{1-k}E \qquad (3-18)$$

以上两种电路具有相同的输入、输出关系。Sepic 电路中,电源电流和负载电流均连续,有利于输入、输出滤波;Zeta 电路的输入、输出电流均是断续的。另外,与前一小节所述的两种电路相比,这里的两种电路的输出电压为正极性的,且输入、输出关系相同。

3.3.6　多相多重斩波电路

采用斩波电路供电时,负载电压、电流以及电源电流都是脉动的,它们的脉动量都反比于斩波器的工作频率,提高斩波器的工作频率有利于减少脉动,从而减少斩波电路的输入和输出电流谐波的含量。当斩波器的工作频率受到电力电子器件的限制时,常常采用多相多重的方式来解决。

多相多重斩波电路是在电源和负载之间接入多个结构相同的基本斩波电路而构成的。所谓“相”,是指从电源端看,相数即一个控制周期中电源侧的电流脉波数;所谓“重”,是指从负载端看,重数即负载电流脉波数。从这一定义出发,3 相 3 重降压斩波电路的基本结构如图 3-38(a)所示,电压、电流波形如图 3-38(b)所示。当电源共用而负载为 3 个独立负载时,为 3 相 1 重斩波电路;而当电源为 3 个独立电源,向一个负载供电时,为 1 相 3 重斩波电路。

3 相 3 重降压斩波电路相当于由 3 个降压斩波电路单元并联而成,总输出电流为 3 个斩波电路单元输出电流之和,平均值为单元输出电流平均值的 3 倍,脉动频率也为 3 倍。并联的斩波电路越多,输出的电压、电流的脉动程度就越小,负载端所需平波电抗器的总重量就越小。

多相多重斩波电路还具有备用功能,各斩波电路单元可互为备用。某个斩波电路单元发生故障时,其余各相可继续运行,提高了供电可靠性。

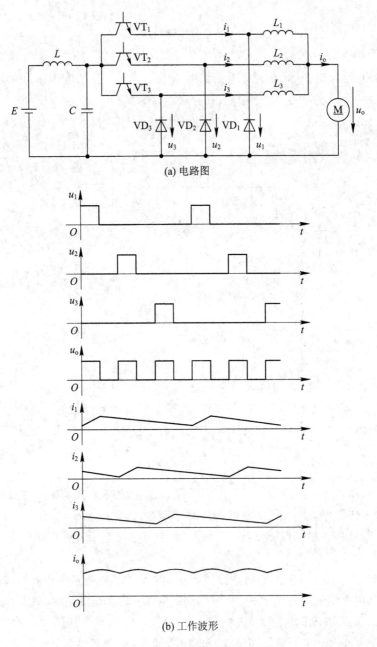

(a) 电路图

(b) 工作波形

图 3-38 3 相 3 重斩波电路及工作波形

3.4 直流脉宽调速系统

在过去的工业应用中,普通晶闸管变流器构成的相控式直流调速系统一直占据着主要的地位。由于普通晶闸管是一种只能用"门极"控制其导通,不能用"门极"控制其关断的半控型器件,所以这种晶闸管整流装置的性能受到了很大的限制。

随着电力电子器件的发展，以 GTR 为基础组成的晶体管脉宽调制直流调速系统在直流传动中的应用逐渐成为主流。晶体管脉宽调制利用 GTR 的开关作用，将直流电压转换成较高频率的方波电压，加在直流电动机的电枢上，通过对方波脉冲宽度的控制，改变电动机电枢电压的平均值，从而调节电动机的转速。直流脉宽调速系统的框图如图 3 - 39 所示，其核心是脉冲宽度调制变换器，简称 PWM 变换器。PWM 变换器有不可逆和可逆两类，可逆变换器又有不同的工作方式。下面分别介绍其工作原理和特性。

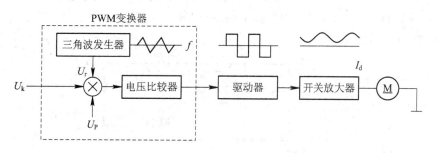

图 3 - 39　直流脉宽调速系统框图

3.4.1　不可逆 PWM 变换器

1. 无制动力情况

简单不可逆 PWM 变换器就是直流斩波器，其原理如图 3 - 40(a)所示，它采用了全控式的电力晶体管，开关频率可达几十千赫兹。直流电源 U_S 一般由不可控整流电源提供，采用大电容 C 滤波，二极管 VD 在开关管 VT 关断时为电枢回路提供释放电感储能的续流回路。开关管 VT 的基极由脉宽可调的脉冲电压 U_b 驱动。

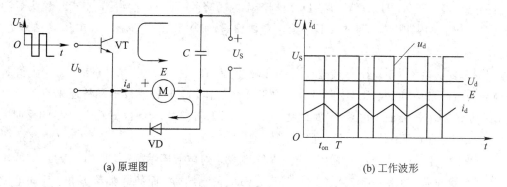

(a) 原理图　　　　　　　　　　　　　　(b) 工作波形

图 3 - 40　简单不可逆 PWM 变换器及工作波形

在一个开关周期内，当 $0 \leqslant t < t_{on}$ 时，U_b 为正，VT 饱和导通，电源电压通过 VT 加到电动机电枢两端；当 $t_{on} \leqslant t < T$ 时，U_b 为负，VT 关断，电枢失去电源，经二极管 VD 续流。电路工作波形如图 3 - 40(b)所示。

电动机电枢两端得到的电压为脉冲波，其平均电压为

$$U_d = \frac{t_{on}}{T} U_s = k U_s$$

式中，k 为占空比。一般情况下，周期 T 固定不变，当调节 t_{on}，使 t_{on} 在 $0\sim T$ 范围内变化时，则电动机电枢端电压 U_d 在 $0\sim U_S$ 之间变化，而且始终为正。因此，电动机只能单方向旋转，为不可逆调速系统。

2. 有制动力情况

图 3-40 所示电路由于电流 i_d 不能反向，所以不能产生制动作用，只能作单象限运行。需要制动时必须具有反向电流的通路，因此应该设置控制反向通路的第二个电力晶体管，形成两个晶体管 VT_1 和 VT_2 交替开关的电路，原理如图 3-41 所示，开关管的驱动电压大小相等、方向相反。

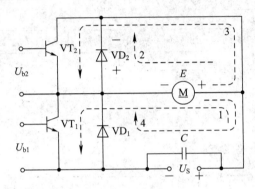

图 3-41　有制动电流通路的不可逆 PWM 变换器

当电动机在电动状态下运行时，平均电流应为正值。在 $0\leqslant t<t_{on}$ 期间（t_{on} 为 VT_1 导通时间），U_{b1} 为正，VT_1 饱和导通，U_{b2} 为负，VT_2 截止。此时，电源电压 U_S 加到电机电枢两端，电流 i_d 沿图中的回路 1 流通。在 $t_{on}\leqslant t<T$ 期间，U_{b1}、U_{b2} 变换极性，VT_1 截止，i_d 沿回路 2 经二极管 VD_2 续流，在 VD_2 两端产生的压降给 VT_2 施加反压，使 VT_2 失去导通的可能。一个开关周期内实际上是 VT_1、VD_2 交替导通，而 VT_2 始终不通。其工作波形如图 3-42(a) 所示。

如果在电动运行中要降低转速，则应先减小控制电压，使 U_{b1} 的正脉冲变窄，负脉冲变宽，从而使平均电枢电压 U_d 降低，但由于惯性的作用，转速和反电动势还来不及立刻变化，造成 $E>U_d$ 的局面。$t_{on}\leqslant t<T$ 期间，由于 U_{b2} 变正，VT_2 导通，$E-U_d$ 产生的反向电流 $-i_d$ 沿回路 3 通过 VT_2 流通，产生能耗制动，直到 $t=T$ 为止。在 $T\leqslant t<T+t_{on}$（也就是 $0\leqslant t<t_{on}$）期间，VT_2 截止；$-i_d$ 沿回路 4 通过 VD_1 续流，对电源回馈制动，同时在 VD_1 上的压降使 VT_1 不能导通。在整个制动状态中，VT_2、VD_1 轮流导通，而 VT_1 始终截止。反向电流的制动作用使电动机转速下降，直到新的稳态。其电路工作波形如图 3-42(b) 所示。

还有一种特殊情况，在轻载电动状态中，负载电流较小，以致当 VT_1 关断后 i_d 的续流很快就衰减到零，如图 3-42(c) 中的 t_2 时刻，电枢两端电压将跳变到 $u_d=E$。此时，二极管 VD_2 两端的压降为零，VT_2 导通，沿回路 3 流过电流 i_d，产生局部时间的能耗制动作用。到了 $t=T$（相当于 $t=0$）时刻，VT_2 关断，$-i_d$ 又开始沿回路 4 经 VD_1 续流，直到 $t=t_4$ 时刻 $-i_d$ 衰减到零，VT_1 才开始导通。一个开关周期内 VT_1、VD_2、VT_2、VD_1 四个管子轮流导通的电流波形如图 3-42(c) 所示。

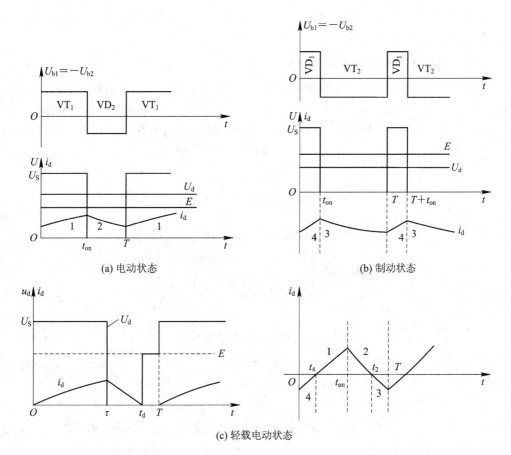

(a) 电动状态　　　　　　　　　　(b) 制动状态

(c) 轻载电动状态

图 3-42　有制动电流通路的不可逆 PWM 变换器工作波形

一般直流电源由不可控的整流器供电，在电机回馈制动阶段电能不可能通过它送回电网，只能向滤波电容 C 充电，从而造成瞬间的电压升高，称作"泵升电压"。如果回馈能量大，泵升电压太高，将危及开关管和续流二极管，所以必须采取措施加以限制。泵升电压限制电路如图 3-43 所示。当电源的滤波电容 C 两端电压超过规定的泵升电压允许数值时，过压信号使 VT 导通，接入分流电阻 R，把回馈能量的一部分消耗在分流电阻中。对于更大功率的系统，为了提高效率，可以在分流电路中接入逆变器，把一部分能量回馈到电网中去。

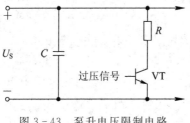

图 3-43　泵升电压限制电路

3.4.2　可逆 PWM 变换器

可逆 PWM 变换器主电路结构有 H 型、T 型等类型，这里主要讨论常用的 H 型变换器。根据基极驱动电压的极性和大小不同，变换器又可分为双极式、单极式和受限单极式三类控制方式，下面逐一分析。

1. 双极式可逆 PWM 变换器

双极式可逆 PWM 变换器是由电力晶体管（$VT_1 \sim VT_4$）和续流二极管（$VD_1 \sim VD_4$）构成的，如图 3-44 所示，$U_{b1} \sim U_{b4}$ 分别为 $VT_1 \sim VT_4$ 的基极驱动电压。桥式电路四个桥臂的电力晶体管分为两组：VT_1 与 VT_4 一组，它们同时导通与关断，其驱动电压 $U_{b1} = U_{b4}$；VT_2 与 VT_3 一组，$U_{b2} = U_{b3} = -U_{b1}$。

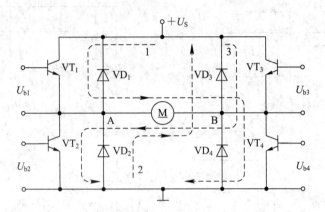

图 3-44　双极式可逆 PWM 变换器及工作过程

在一个开关周期内，当 $0 \leqslant t < t_{on}$ 时，U_{b1}、U_{b4} 为正，晶体管 VT_1、VT_4 饱和导通；而 U_{b2}、U_{b3} 为负，VT_2、VT_3 截止。这时，电源电压 U_S 加在电枢 AB 两端，$U_{AB} = U_S$，电枢电流 i_d 沿回路 1 流通。

当 $t_{on} \leqslant t < T$ 时，U_{b1}、U_{b4} 变负，VT_1、VT_4 截止；U_{b2}、U_{b3} 变正，但 VT_2、VT_3 并不能立即导通，因为在电枢电感释放储能的作用下，i_d 沿回路 2 经 VD_2、VD_3 续流，在 VD_2、VD_3 上的压降使 VT_2 和 VT_3 的 C 极、E 极两端承受反压。这时，$U_{AB} = -U_S$。其工作波形如图 3-45 所示，这是双极式 PWM 变换器的特征，即 U_{AB} 在一个周期内正负相间。

由于电压 U_{AB} 的正、负变化，电枢电流波形出现 i_{d1} 和 i_{d2} 两种情况，如图 3-45 所示。i_{d1} 相当于电动机负载较重的情况，这时平均负载电流大，在续流阶段电流仍维持正方向，电动机始终工作在第一象限的电动状态。i_{d2} 相当于负载很轻的情况，这时平均电流小，在续流阶段电流很快衰减到零，VT_2 和 VT_3 的 C 极、E 极两端失去反压，在负的电源电压（$-U_S$）和电枢反电动势的合成作用下导通，电枢电流反向，沿回路 3 流通，电动机处于制动状态。在 $t_{on} \leqslant t < T$ 期间，当负载较轻时，电枢电流有一次倒向。

可见，双极式可逆 PWM 变换器的电流波形和有制动电流通路的不可逆 PWM 变换器相似，那么怎样才能反映出"可逆"的作用呢？这要视正、负脉冲电压的宽窄而定。当正脉冲较宽，即 $t_{on} > T/2$ 时，电枢两端的平均电压为正，在电动运行时电动机正转。当正脉冲较窄，即 $t_{on} < T/2$ 时，平均电压为负，电动机反转。如果正、负脉冲宽度相等，即 $t_{on} = T/2$，平均电压为零，则电动机停止转动。图 3-45 所示的电压、电流波形都是电动机正转时的情况。

双极式可逆 PWM 变换器电枢端的平均电压为

$$U_{\mathrm{d}} = \frac{t_{\mathrm{on}}}{T} U_{\mathrm{S}} - \frac{T - t_{\mathrm{on}}}{T} U_{\mathrm{S}} = \left(\frac{2 t_{\mathrm{on}}}{T} - 1 \right) U_{\mathrm{S}} \qquad (3-19)$$

仍以 k 来定义 PWM 电压的占空比，则 k 与 t_{on} 的关系与前面不同，即为

$$k = \frac{2 t_{\mathrm{on}}}{T} - 1 \qquad (3-20)$$

调速时，k 的变化范围变成 $-1 \leqslant k \leqslant 1$。当 k 为正值时，电动机正转；当 k 为负值时，电动机反转；当 $k=0$ 时，电动机停止转动。在 $k=0$ 时，虽然电动机不动，电枢两端的瞬时电压和瞬时电流却都不是零，而是交变的。这个交变电流平均值为零，不产生平均转矩，徒然耗费电动机的功率。但它的好处是使电动机带有高频的微振，起着所谓"动力润滑"的作用，可消除正、反向时的静摩擦死区。

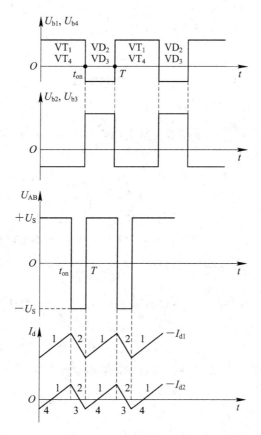

图 3-45　双极式 PWM 变换器工作波形

实际应用中，双极式 PWM 变换器的 4 只电力晶体管都处于开关状态，开关损耗大，而且容易发生上、下两管直通（即同时导通）的事故，降低了装置的可靠性。为了防止上、下两管直通，在一个开关管关断和另一个开关管导通的驱动脉冲之间，应设置逻辑延时。

RC 阻容延时电路如图 3-46 所示，脉宽调制信号 U_{PWM} 分为两路，一路经 $R_1 C_1$ 延时电路加到同相电压比较器 A_1 上，另一路经 $R_2 C_2$ 延时电路加到反相比较器 A_2 上。二极管

VD_1 和 VD_2 的作用是只延时脉宽调制信号的前沿，而不影响用于关断管子的控制脉冲的后沿。显然，改变 R_1C_1 和 R_2C_2 就可以获得所需的延时时间。

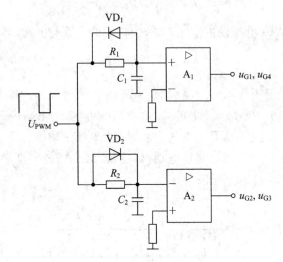

图 3-46　RC 阻容延时电路

2. 单极式可逆 PWM 变换器

为了克服双极式变换器的上述缺点，对于静、动态性能要求低一些的系统，可采用单极式 PWM 变换器。其电路结构同双极式(见图 3-44)，不同之处仅在于驱动脉冲信号。在单极式变换器中，左边两个管子的驱动脉冲 $U_{b1}=-U_{b2}$，具有和双极式一样的正负交替的脉冲波形，使 VT_1 和 VT_2 交替导通。右边两管 VT_3 和 VT_4 的驱动信号就不同了，改成因电动机的转向而施加不同的直流控制信号。当电动机正转时，使 U_{b3} 恒为负，U_{b4} 恒为正，则 VT_3 截止而 VT_4 常通。希望电动机反转时，则 U_{b3} 恒为正而 U_{b4} 恒为负，使 VT_3 常通而 VT_4 截止。驱动信号的变化会使不同阶段各开关管的开关情况、电流流通的回路与双极式变换器有所不同。

在电动机朝一个方向旋转时，PWM 变换器只在一个阶段中输出某一极性的脉冲电压，在另一阶段中 $U_{AB}=0$，所以称作"单极式"变换器。由于单极式变换器的电力晶体管 VT_3 和 VT_4 二者之中总有一个常导通、一个常截止，运行中无须频繁交替导通，因此和双极式变换器相比，单极式变换器的开关损耗可以减少，装置的可靠性有所提高。表 3-1 给出了单极式工作制下，电动机运行在四个象限时管子的工作情况、负载电流 i_d 的流通路径及输出电压 u_d 的情况。

3. 受限单极式可逆 PWM 变换器

单极式变换器在减少开关损耗和提高可靠性方面要比双极式变换器好，但还是有一对晶体管 VT_1 和 VT_2 交替导通和关断，仍有电源直通的危险。当电动机正转时，在 $0 \leqslant t < t_{on}$ 期间，VT_2 是截止的，在 $t_{on} \leqslant t < T$ 期间，由于经过 VD_2 续流，VT_2 也不通。既然如此，不如让 U_{b2} 恒为负，使 VT_2 一直截止。同样，当电动机反转时，让 U_{b1} 恒为负，VT_1 一直截止。这样，就不会产生 VT_1、VT_2 直通的故障了，这种控制方式称作受限单极式。

表 3 - 1　单极式工作制下四象限工作情况

工作象限	电流 i_d 通路	输出电压 u_d	工作区间
Ⅰ	VT_1 -电动机- VT_1 -电源	$u_d = U_S$	$0 < t \leqslant \tau$
	VD_2 -电动机- VT_4	$u_d = 0$	$\tau < t \leqslant T$
Ⅱ	VD_4 -电动机- VD_1 -电源	$u_d = U_S$	$0 < t \leqslant \tau$
	VD_4 -电动机- VT_2	$u_d = 0$	$\tau < t \leqslant T$
Ⅲ	VT_3 -电动机- VD_1	$u_d = 0$	$0 < t \leqslant \tau$
	VT_3 -电动机- VT_2 -电源	$u_d = -U_S$	$\tau < t \leqslant T$
Ⅳ	VT_1 -电动机- VD_3	$u_d = 0$	$0 < t \leqslant \tau$
	VD_2 -电动机- VD_3 -电源	$u_d = -U_S$	$\tau < t \leqslant T$

　　受限单极式可逆变换器在电机负载较重时，电流 i_d 在一个方向内连续变化，所有的电压、电流波形都和一般单极式变换器一样。但是，当负载较轻时，由于有两个晶体管一直处于截止状态，不可能导通，因而不会出现电流变向的情况，在续流期间电流衰减到零（ $t = t_d$ ）时，波形便中断了，这时电枢两端电压 U_{AB} 跳变到 E ，工作波形如图 3 - 47 所示。

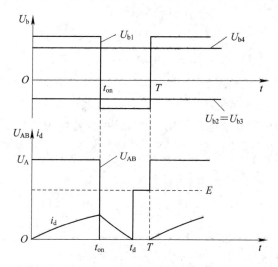

图 3 - 47　受限单极式 PWM 变换器轻载时工作波形

3.4.3　PWM 变换器的控制电路

　　PWM 变换器的控制电路一般由调制信号振荡器、电压-脉冲变换器与分配器以及功率变换电路中开关管的驱动保护电路等组成，如图 3 - 48 所示。

1. 调制信号振荡器

1）三角波振荡器

　　三角波振荡器是目前 PWM 系统中应用最广泛的一种，其电路如图 3 - 49(a)所示。它由运算放大器 A_1 和 A_2 组成，其中 A_1 在正反馈下工作，具有继电特性。电阻 R_3 和稳压管

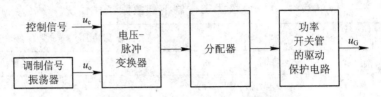

图 3-48　PWM 变换器控制电路框图

VS 组成一个限幅器，限制 A_1 的输出电压的幅值。运算放大器 A_2 为反向积分器，当输入电压为正时，其输出电压 u_o 向负方向变化；当输入电压为负时，其输出电压 u_o 向正方向变化。A_1 和 A_2 组成正反馈电路，形成自激振荡。所以 A_1 的输出 u_1 为对称的方波，A_2 的输出 u_o 为三角波，工作波形如图 3-49(b)所示。

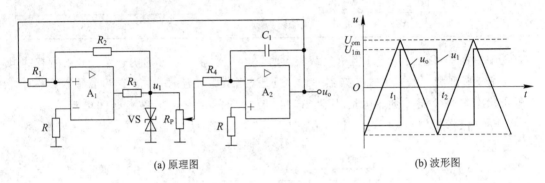

(a) 原理图　　　　　　　　　　　　　　　　(b) 波形图

图 3-49　三角波振荡器与工作波形

2）锯齿波振荡器

锯齿波也可以作为脉宽调制器的调制波。由运算放大器组成的锯齿波振荡器电路如图 3-50(a)所示。与三角波振荡器电路相比，锯齿波振荡器的积分器 A_2 的输入回路中增加了由二极管 VD 和电阻 R_5 组成的支路，输出变成了矩形脉冲和锯齿波，其工作波形如图 3-50(b)所示。

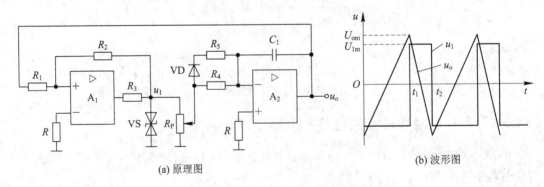

(a) 原理图　　　　　　　　　　　　　　　　(b) 波形图

图 3-50　锯齿波振荡器电路与工作波形

2. 电压-脉冲变换器

电压-脉冲变换器又称脉宽调制器。下面按变换器对应的双极式、单极式控制方式进行介绍。

1) 双极式脉宽调制器

双极式脉宽调制器由三角波或锯齿波振荡器和电压比较器组成，电路如图 3-51 所示。电压比较器是由正反馈运算放大器 A 构成的，采用正反馈是为了提高输出前后沿的陡度。脉宽调制器的工作原理是将偏置电压 U_P、三角波电压 u_o 和控制电压 u_c 进行叠加，产生一个等幅的、占空比与 u_c 成比例的方波脉冲序列。当控制电压 $u_c=0$ 时，调节 U_P，使电压比较器的输出 u_M 为宽度相等的正负方波，如图 3-52(a) 所示；当控制电压 $u_c>0$ 时，三角波过零时间提前，u_M 的波形如图 3-52(b) 所示；当 $u_c<0$ 时，三角波过零时间推迟，u_M 的波形如图 3-52(c) 所示。

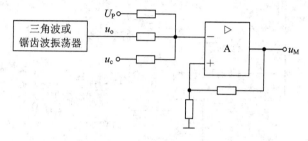

图 3-51　双极式脉宽调制器

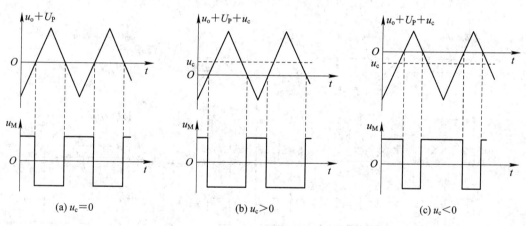

(a) $u_c=0$　　　　(b) $u_c>0$　　　　(c) $u_c<0$

图 3-52　双极式脉宽调制器工作波形

2) 单极式脉宽调制器

单极式脉宽调制器由两只运算放大器组成，电路如图 3-53 所示。VD_1 和 VD_3 为保护二极管，电位器 R_{P1} 和 R_{P2} 用于建立比较器的工作点，即翻转电平。当 $u_c=0$ 时，调节电位器 R_{P1} 和 R_{P2}，使正向、反向输出 u_A 和 u_B 均为低电平，工作波形如图 3-54(a) 所示；当 $u_c>0$ 时，A_1 利用三角波的顶部及正极性的控制信号 u_c 来工作，输出单极性脉冲，而 A_2 输出一直为低电平，工作波形如图 3-54(b) 所示；当 $u_c<0$ 时，A_1 一直处于低电平，而 A_2 则利用三角波的底部和负极性的控制信号 u_c 来工作，输出反向脉冲，工作波形如图 3-54(c) 所示。此电路工作调整很方便，为避免死区，可调节 R_{P1} 和 R_{P2}，在 $u_c=0$ 时，A_1、A_2 分别输出反相 180° 的初始脉冲，可消除系统死区，又可防止主电路直通短路。电路中用 R_0 调整两相的对称性，用 R_1 调整两相的灵敏度。

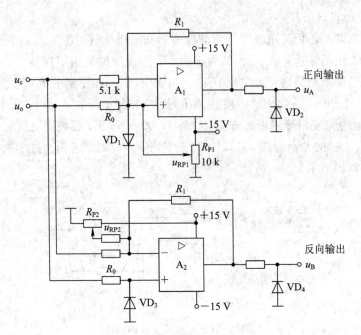

图 3-53 单极式脉宽调制器

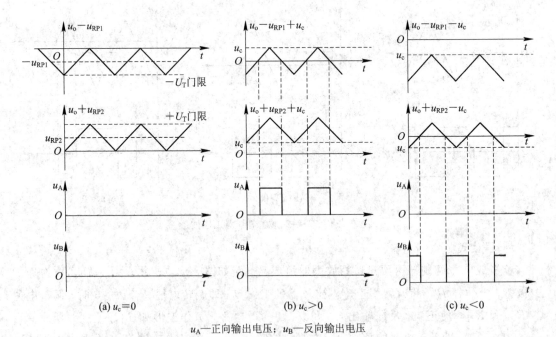

(a) $u_c = 0$　　　　　(b) $u_c > 0$　　　　　(c) $u_c < 0$

u_A—正向输出电压；u_B—反向输出电压

图 3-54 单极式脉宽调制器工作波形

拓展学习

专用 PWM 集成电路 SG1731 的内部结构如图 3-55 所示。其内部集成有三角波发生器、偏差信号放大器、比较器及桥式功放等电路。该芯片将一个直流信号电压与三角波电压叠加后，形成脉宽调制方波，再经桥式功放电路输出。它具有外触发保护、死区调节和 ±100 mA 电流的输出能力。其振荡频率在 100～350 kHz 之间可调，适用于单极性 PWM 控制。

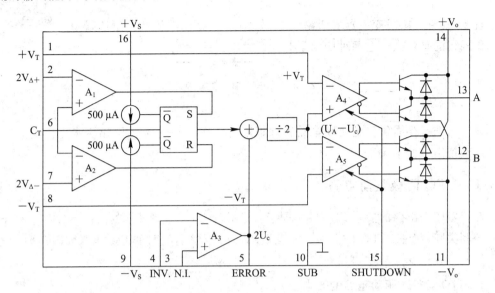

图 3 - 55　集成 PWM 控制器 SG1731 内部结构示意图

　　直流电动机的 PWM 控制可用不同的控制手段来实现，目前大多使用专用集成 PWM 控制器构成直流调速系统。集成 PWM 控制器 SG1731 构成的直流调速系统如图 3 - 56 所示。

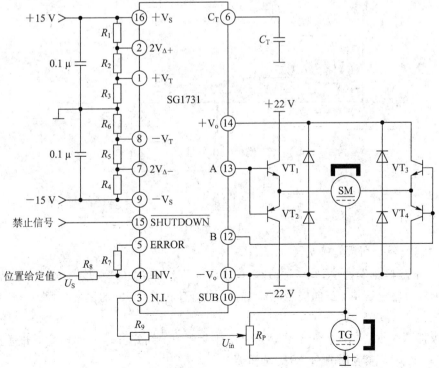

图 3 - 56　SG1731 构成的直流调速系统

思考题 13

同步思考

直流-直流四象限变换器的四象限指的是什么？直流电机四象限运行中的四象限指的是什么？这两种四象限有什么对应关系？

3.5　驱动电路

设计与选择性能优良的驱动电路对保证电力电子器件正常工作和性能优化至关重要，它是正确使用器件的关键。

3.5.1　GTO 门极驱动电路

对门极驱动电路的要求，GTO 不同于普通晶闸管，因为 GTO 的门极不仅要控制开通，还要控制关断，而且 GTO 的多项电气参数均与门极驱动电路的参数有关，因而驱动电路的设计和参数选择尤为重要。

1. GTO 运行对驱动电路的要求

GTO 理想门极信号波形如图 3-57 所示，分开通和关断两部分。图中实线为门极电流波形，虚线为门极电压波形，I_{GF} 为门极正向触发电流，I_{GR} 为门极反向触发电流，I_{GRM} 为门极最大反向电流，I_{ATO} 为 GTO 的最大可关断阳极电流。

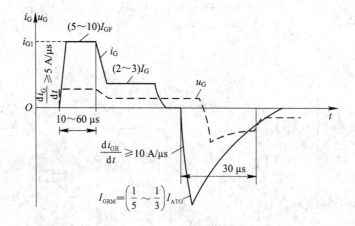

图 3-57　GTO 理想门极信号波形

1）开通过程对门极信号的要求

GTO 的门极触发特性要求门极开通信号前沿陡、幅度高、宽度大、后沿缓。脉冲前沿陡对结电容充电速度快，正向门极电流建立迅速，有利于 GTO 的快速导通。一般取门极开通电流变化率 di_{GF}/dt 为 5～10 A/μs。

门极正脉冲幅度高可以实现强触发，强触发有利于缩短开通时间，减小开通损耗，降低管压降，这对高频应用的 GTO 尤为重要。

由于开通时阳极电流必须大于器件擎住电流才能可靠开通，尤其在电感负载条件下，阳极电流建立时间可能比 GTO 开通时间长得多，因此，门极电流脉冲宽度一般定为 10~60 μs。考虑到 GTO 的维持电流比普通晶闸管大，在负载电流变化较大的情况下，需要在GTO 导通期间连续地提供门极电流。

强触发脉冲后沿应缓慢下降，以免产生振荡，出现负门极电流尖峰，使器件误关断。

2）关断过程对门极信号的要求

导通的 GTO 用门极反向电流来关断。门极反向电流波形对 GTO 的安全运行有很大影响，对它的要求是：前沿陡、幅度高、宽度足够、后沿平缓。

脉冲前沿陡可缩短关断时间，减少关断损耗；但前沿过陡会使关断增益降低，阳极尾部电流增加，对 GTO 产生不利的影响。一般根据 GTO 阳极可关断电流的大小，di_{GR}/dt 选取 10~50 A/μs，以加速关断过程和减少器件功耗，并使内部并联 GTO 元动作一致。

门极关断脉冲峰值电流应大于 $(1/5 \sim 1/3)I_{ATO}$。门极关断负电压脉冲必须具有足够的宽度，既要保证下降时间内能继续抽出载流子，又要保证剩余载流子的复合有足够的时间，一般门极负电压脉冲宽度不小于 30 μs，保证可靠关断。门极关断电压脉冲的后沿坡度应尽量平缓，若坡度太陡，会由于结电容的效应产生一个正向门极电流而使 GTO 误导通。

2. GTO 门极驱动电路

GTO 的驱动电路除满足开通、关断要求外，还要考虑与门极所连接的主电路（强电电路）与控制电路（弱电电路）之间的绝缘隔离问题，而且门极开通电路、门极关断电路及负偏置电路之间不能相互干扰。主电路与控制回路间的隔离一般采用变压器，小功率信号的传递往往采用光电耦合的隔离方法。

GTO 门极驱动电路由门极触发电路和门极关断电路组成，如图 3-58 所示。为了获得GTO 最有效的关断特性，门极关断电路需要提供门极关断电流，并在主电路被关断以后提供一个足够高的反向电压。

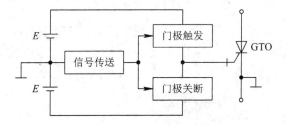

图 3-58　GTO 门极驱动电路组成

单电源脉冲变压器双信号门极驱动电路如图 3-59(a)所示，这种电路可提供较大的门极负电流。回路 1 是门极触发电路，若晶体管 V_1 导通，则脉冲变压器 T_1 的二次感应电压使GTO 导通。回路 2 是门极关断电路，若 V_2 导通，T_2 的二次感应电压使晶闸管 VT 导通，则在 GTO 的门极、阴极间有反向电流流过。二极管 VD_3 和晶闸管 VT 用于防止回路 1 和回路2 相互干扰，即若没有 VT，开通门极电流 i_{GT} 就不流过 GTO 的门极而完全通过 T_2 的二次线圈，因而不能使 GTO 导通；若没有 VD_3，则门极关断电流的一部分就会流入 T_1 的二次线圈，T_1 的杂散电感中就会储能，这个能量成为门极关断电流消失后使 GTO 再导通的主要原因，因此在门极触发电路和关断电路两者间有必要考虑防止干扰措施。

双电源变压器隔离门极驱动电路如图 3-59(b)所示，电容 C_1 用于提供前沿较陡的开通脉冲，C_2 提供关断脉冲，C_3 提供反偏电压。详细分析略。

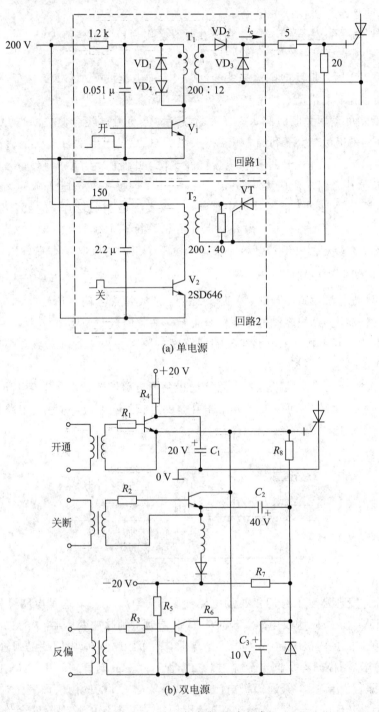

(a) 单电源

(b) 双电源

图 3-59 GTO 门极驱动电路

思考题 14

同步思考

如图 3-60、图 3-61 所示，比较普通晶闸管和可关断晶闸管两种驱动电路的工作原理、输出波形和脉冲变压器的利用率。

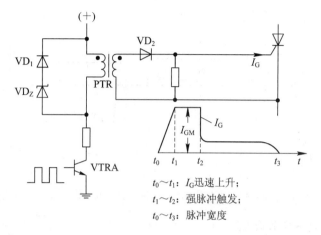

$t_0 \sim t_1$：I_G 迅速上升；
$t_1 \sim t_2$：强脉冲触发；
$t_0 \sim t_3$：脉冲宽度

图 3-60　普通晶闸管门极触发电路

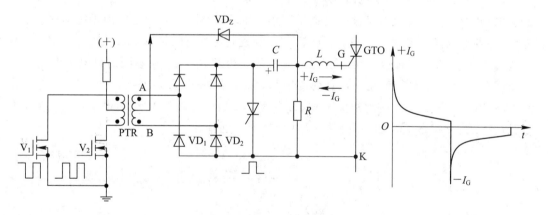

图 3-61　可关断晶闸管门极触发电路

3.5.2　GTR 基极驱动电路

GTR 基极驱动电路的优劣和功能的完善程度不仅对 GTR 本身的工作性能和可靠性有直接影响，而且对整个系统的性能和安全可靠也有很大的影响，因此最佳基极驱动电路设计是 GTR 应用技术的核心问题。

1. GTR 对驱动电路的要求

理想的 GTR 基极驱动电流波形如图 3-62 所示。强触发电流 I_{B1} 就是为加快 GTR 的开通过程而设置的；反向电流 I_{B3} 则是为加快 GTR 的基极电荷释放速度，为缩短关断时间而设置的。关断后同样应在基射极之间施加一定幅值(6 V 左右)的负偏压。

GTR 的热容量小，过载能力低，过载或短路产生的功耗可能在若干微秒的时间内使结温超过最大允许值而导致器件损坏。为此 GTR 的驱动电路既要及时准确地测得故障状态，又要快速实现自动保护，在故障状态下迅速地自动切除基极驱动信号，避免 GTR 损坏。

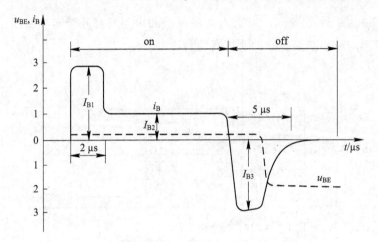

图 3 - 62　理想的 GTR 基极驱动电压、电流波形

2. GTR 的基极驱动电路

GTR 的抗饱和恒流驱动电路(亦称贝克钳位电路)如图 3 - 63 所示。图中 VD_1、VD_2 为抗饱和二极管，VD_3 为反向基极电流提供回路。在轻载情况下，VT_1 饱和深度加剧使 U_{CE} 减小，A 点电位高于集电极电位，二极管 VD_2 导通，使流过二极管 VD_1 的基极电流 I_B 减小，从而减小了 VT_1 的饱和深度。抗饱和基极驱动电路使 VT_1 在不同的集电极电流情况下，集电结处于零偏或轻微正向偏置的准饱和状态，有利于提高器件的开关速度。应当注意的是，钳位二极管 VD_2 必须是快速恢复二极管，其耐压也须和 VT_1 的耐压相当。因该电路工作于准饱和状态，其正向压降增加，也增大了导通损耗。

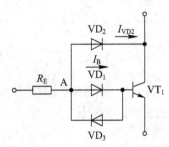

图 3 - 63　GTR 的抗饱和恒流驱动电路

施加反向偏置电压的 GTR 驱动电路如图 3 - 64 所示。图 3 - 64(a)中，电力晶体管 VT_3 截止时 VT_2 导通，把反向电压 U_2 加到电力晶体管 VT_3 的基极，即使脉冲很窄也能对 VT_3 加足够的反向偏置电压，但需要反向偏置用电源 U_2。图 3 - 64(b)中，电力晶体管 VT_3 导通期间电容 C 充电，截止期间电容 C 放电，通过 VT_2 对 VT_3 加反向偏置电压。图 3 - 64(c)中，反向电压 U_2 从变压器的抽头获得。

GTR 驱动电路模块也有多种系列，如日本富士公司的 ESB356 - 359、三菱公司的 M57917L、国内所研制的 HL202 等系列厚膜驱动模块等。法国 THOMSON 公司生产的专

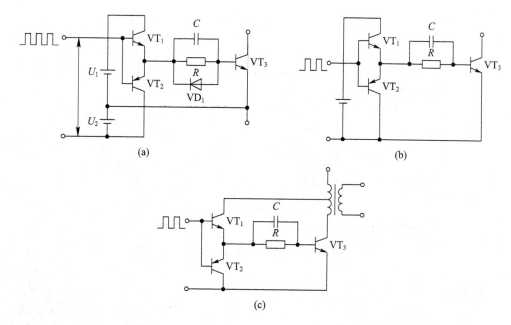

图 3-64　施加反向偏置电压的 GTR 驱动电路

用集成化基极驱动电路芯片 UAA4002 内部框图如图 3-65 所示。UAA4002 集成基极驱动
电路可对 GTR 实现基极电流优化驱动和自身保护，基极驱动输入信号的方式由设置端 SE
（④脚）的电平决定：SE 端为高电平时为电平输入方式，为低电平时为脉冲输入方式。
UAA4002 对 GTR 基极的正向驱动能力为 0.5 A，反向驱动能力为 −3 A，也可以通过外接
晶体管扩大驱动能力，不需要隔离环节。UAA4002 可对被驱动的 GTR 实现过流保护、退
饱和保护、最小导通时间限制（$t_{on(min)}=1\sim2$ μs）、最大导通时间限制、正反向驱动电源电压
监控以及自身过热保护等功能。

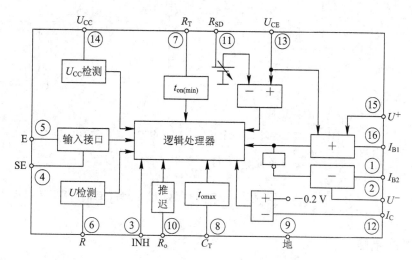

图 3-65　UAA4002 内部框图

由 UAA4002 构成的 GTR 驱动电路如图 3-66 所示。有关原理和功能说明略。

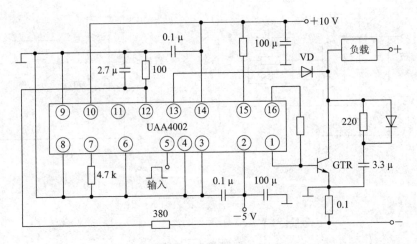

图 3-66　UAA4002 构成的 GTR 驱动电路

┌─┈┈┈┈┈┐
┆ 同步思考 ┆
└─┈┈┈┈┈┘

思考题 15

（1）什么是电流驱动型电力电子器件？

（2）GTO 与 GTR 同为电流控制器件，前者的触发信号与后者的驱动信号有哪些异同？

（3）如图 3-67(a)所示 GTR 驱动器中为什么要用正、负双电源？电容器 C 起什么作用？

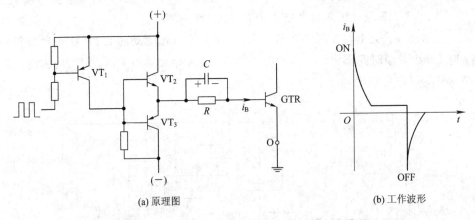

(a) 原理图　　　　　　　　(b) 工作波形

图 3-67　GTR 双管射极输出驱动电路及工作波形

（4）GTR 关断时为什么要设置基极反向电流？

3.6　器件应用中的共性问题

3.6.1　缓冲电路

1. GTO 缓冲电路

基于 GTO 搭建的直流斩波电路如图 3-68 所示，下面基于该电路介绍 GTO 缓冲电路的工作原理。电路中 R、L 是负载，VD 为续流二极管。L_A 为缓冲电感，也包含主电路的线路电感，其作用是限制 GTO 导通瞬间 di/dt 的值。电阻 R_A 和二极管VD$_A$ 组成电感 L_A 的阻尼缓冲器。R_S、C_S 和VD$_S$ 组成了 GTO 的缓冲电路，它与晶闸管的缓冲电路的区别在于增加了二极管VD$_S$。

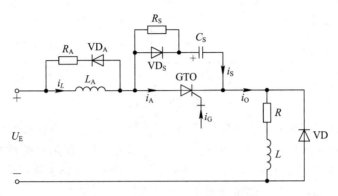

图 3 - 68 　基于 GTO 搭建的直流斩波电路

GTO 开通瞬间，电容 C_S 要通过阻尼电阻 R_S 向 GTO 放电，若 R_S 太小，则 C_S 放电电流峰值很高，可能超出 GTO 的承受能力。为此增加了二极管VD$_S$，在 GTO 关断时，用VD$_S$ 的通态内阻及 GTO 关断过程中的内阻来限制 L_A 和 C_S 谐振。电阻 R_S 则用于 GTO 开通时，限制 C_S 放电电流峰值及 GTO 关断末期VD$_S$ 反向恢复阻断时阻尼 L_A 和 C_S 谐振。

要发挥缓冲电路的效能，不仅需要正确选取缓冲电路的参数和电路元器件的类型，而且必须有正确的安装工艺。具体包括：

（1）缓冲电路的元器件（R_S、C_S、VD$_S$）必须尽量靠近 GTO 的阳极和阴极接线端安装，应最大限度地缩短连接导线，一般不应超过 10 cm，以减小分布电感和其他不良影响。

（2）电阻 R_S 宜选用无感电阻；C_S 宜选用无感电容。二极管VD$_S$ 应选用快导通和快恢复二极管。

（3）R_S 工作时有一定温升，不应将 C_S 安装于 R_S 上方受热。

（4）缓冲电路中所有元器件必须可靠连接，切忌虚焊，以免工作时因元器件发热脱焊，意外的不可靠连接都将造成 GTO 损坏。

2. GTR 缓冲电路

为了保护 GTR，利用缓冲电路减缓 U_{CS} 的上升过程，转移 GTR 的开关损耗吸收过电压，限制电压、电流的上升率，改善 GTR 的开关轨迹，对防止 GTR 损坏、保证 GTR 安全工作是十分必要的。

基本缓冲电路由电阻 R_S、电容 C_S 和二极管VD$_1$ 组成，电路如图 3 - 69（a）所示。当 GTR 关断时，GTR 的集电极电流近似线性地下降，负载电流对电容 C_S 充电，电容电压按指数规律增加，从而使 U_{CS} 也缓慢上升。这样既减小了关断时集–射极电压 U_{CE} 的峰值，也减小了关断时的损耗。当 GTR 重新开通时，C_S 上储存的能量经电阻 R_S 和 GTR 释放。

基本缓冲电路属于 RC 型，结构简单，对 GTR 关断时集–射极电压上升有抑制作用，这种电路只适用于小容量的 GTR（电流 10 A 以下）。其他常用缓冲电路还有 R - C - VD 充放电型

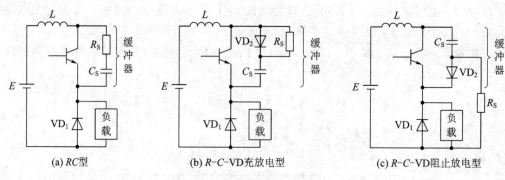

图 3-69　GTR 的缓冲电路

和 R-C-VD 阻止放电型，分别如图 3-69(b)、(c)所示。R-C-VD 充放电型缓冲电路增加了缓冲二极管 VD_2，可以用于大容量的 GTR。但它的损耗(在缓冲电路的电阻上产生)较大，不适合用于高频开关电路。R-C-VD 阻止放电型缓冲电路主要用于大容量 GTR 和高频开关电路的缓冲器，其最大优点是缓冲产生的损耗小。

同步思考

（1）为什么 GTR 在开关瞬变过程中容易被击穿？可采取什么措施来防止它被击穿？
（2）在大功率 GTR 组成的开关电路中为什么要加缓冲电路？

3.6.2　保护电路

1. GTO 保护电路

　　GTO 主要应用于大容量的斩波器、逆变器及开关电路中，由于各种原因造成的短路过电流现象严重地威胁着器件乃至整个机械设备的安全，因此必须在过电流情况下采取措施保护 GTO，使其免遭损坏。

　　过电流包括过载和短路两种情况。负载过大产生的过载电流一般可用负反馈控制法进行保护，这里不再进行讨论。本节主要讨论短路过电流情况。由于 GTO 通态压降和关断存储时间会随阳极电流而变化，因此可采用识别通态压降或存储时间的方法实现对 GTO 的过流保护。这里仅介绍通态压降识别法。此外，为避免门极过电流，可用快速熔断器和稳压管保护门极电路。

　　典型的 GTO 通态压降与阳极电流对应关系曲线如图 3-70(a)所示。由图可知，通态压降随阳极电流的增大而增加。利用通态压降与 GTO 阳极电流的函数关系可以检测过电流。只要发现阳极管压降超过相对应的阳极电流的设定值，则可取得过流反馈信号，之后可以采用全关断的办法来使过电流的 GTO 强迫关断。其电路原理如图 3-70(b)所示。

　　图 3-70(a)中还表示出了结温 T_j 与管压降的关系。对同一个 GTO 来说，阳极电流在额定值附近运行时，若结温增加，管压降也增加。这个特点有利于管压降识别保护法的设计，因为结温升高，管压降增加，保护动作更趋向于安全范围。

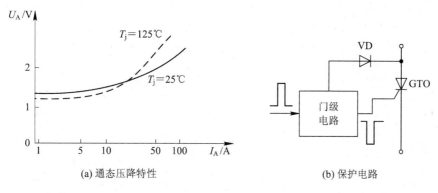

(a) 通态压降特性　　　　　　　　　　(b) 保护电路

图 3 - 70　GTO 的通态压降特性与保护电路

2. GTR 保护电路

GTR 的热容量极小，过电流能力较低。由于 GTR 存在二次击穿问题且过程很快，远小于快速熔断器的熔断时间，因此诸如快速熔断器之类的过电流保护方法对 GTR 类电力电子设备来说是无用的，因为 GTR 可能先行烧毁。GTR 的过电流保护要求故障检测、信号传送、保护动作能在瞬间完成，即在微秒级的时间内将电流限制在过载能力的限度以内。目前常用的有状态识别保护法、LEM 模块保护法等。

1) 状态识别保护法

GTR 过电流的出现是由于器件过载或因短路故障而引起的。随着集电极电流 I_C 的急剧增加，器件基极电压 U_{BE} 和集电极电压 U_{CE} 均发生相应变化。在基极电流和结温一定时，U_{BE} 随 I_C 正比变化，如图 3 - 71(a)所示，监测 U_{BE} 可实现过载和过流保护。电压 U_{CE} 与 I_C 的变化关系如图 3 - 72(a)所示，监测 U_{CE} 也可达到过流保护的目的。由于 U_{BE} 随 I_C 的变化比 U_{CE} 随 I_C 的变化速度快，因此监测 U_{BE} 适用于短路保护，监测 U_{CE} 适用于过载保护。

GTR 基极电压监测电路如图 3 - 71(b)所示。电路将 U_{BE} 与基准电压值 U_R 进行比较。正常情况下，$U_{BE} < U_R$，比较器输出低电平保证驱动管 VT_1 和 GTR 导通。当主电路发生短路时，$U_{BE} > U_R$，比较器输出高电平使驱动管 VT_1 截止，迅速关断已经短路过流的 GTR，实现过流保护。电路中电容 C 起加速强制开通作用。

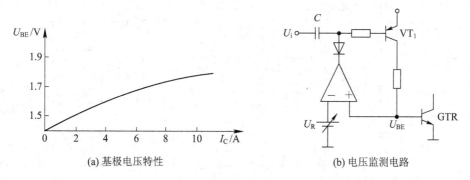

(a) 基极电压特性　　　　　　　　　　(b) 电压监测电路

图 3 - 71　GTR 基极电压特性及电压监测电路

GTR 工作在深饱和区和准饱和区时，U_{CE} 一般在 0.8～2 V 之间。当负载过流或由于基极驱动电流不足时，均会使 GTR 退出饱和区进入线性放大区，致使 U_{CE} 迅速增大，功耗猛增而导致器件烧毁。GTR 集电极电压监测电路如图 3-72(b) 所示，电路将 U_{CE} 与基准电压值 U_R 进行比较，当 $U_{CE} > U_R$ 时，保护电路动作使 GTR 关断。

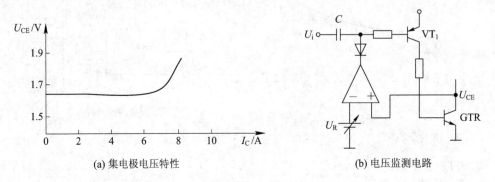

(a) 集电极电压特性　　　　　　　(b) 电压监测电路

图 3-72　GTR 集电极电压特性及电压监测电路

2) LEM 模块保护法

LEM 模块是一种磁场平衡式霍尔电流电压传感器，可测量直流、交流、脉动电流或电压，电流测量范围为 0～500 kA，电压测量范围为 0～6400 V，频率范围(直流)为 0～100 kHz，测量精度优于 0.5%，反应时间小于 1 μs。

用 LEM 模块既可测直流，又可测交流，还可测脉冲电流。它不但响应速度快，而且与被测电路隔离，因此 LEM 模块成为快速过电流保护的理想器件。选用 LEM 模块构成的 GTR 保护电路如图 3-73 所示，该电路的主要特点是利用 555 时基电路对驱动脉冲进行整形，以提高脉冲前后沿的陡度，并利用其封锁电位，实现过电流及过电压保护。当流过 GTR 的电流超过规定值时，LEM 模块输出信号使晶闸管 VT 导通，R_A 上压降变为低电平，通过 555 的④脚封锁了加到 GTR 上的控制信号，使 GTR 关断，实现了过电流保护的目的。当 GTR 集电极承受的电压高于规定值时，二极管 VD_A 截止，使 555 的⑥脚为高电平，同样阻止了控制信号的传递，即封锁了加到 GTR 上的驱动信号，也使 GTR 关断，实

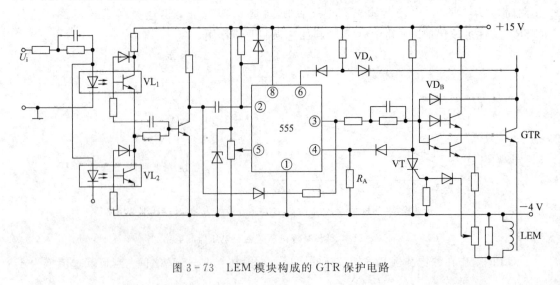

图 3-73　LEM 模块构成的 GTR 保护电路

现了过电压保护的目的。

3.7　电路仿真

这里以"例 3 - 1"为例,介绍仿真过程。

1. 建立仿真模型

降压变换电路仿真模型如图 3 - 74 所示。

升压斩波
电路仿真

升降压斩波
电路仿真

降压斩波电
路仿真实验

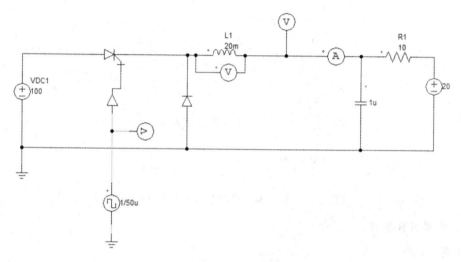

图 3 - 74　降压变换电路仿真模型

模型搭建中需要使用的元器件模型、数量及其提取路径如表 3 - 2 所示。

表 3 - 2　仿真使用的元器件模型

元件名称	数量	具体参数	提取路径
直流电压源	2	电压分别为 100 V 和 20 V	电源/电压/正弦函数模块
GTO 晶闸管	1		功率电路/开关/GTO
二极管	1		功率电路/开关/GTO
电感	1	电感量为 20 mH	功率电路/ RLC 支路/电感
电阻	1	阻值为 10 Ω	功率电路/RLC 支路/电阻
电容	1	电容量为 1 μF	功率电路/RLC 支路/电容
开关器件控制器	1		其他/开关控制/开关控制
方波电压源	1	频率为 1/50 μs、占空比为 0.6	电源/电压/方波
电压表	1		其他/探头/电压探头(节点到节点)
电流表	1		其他/其他/探头/电流探头

2. 设置模块参数

对 GTO 的门控模块(方波电压源)进行占空比参数的设置:

$$k = \frac{t_{on}}{T} = \frac{30}{50} = 0.6$$

设置对话框如图 3-75 所示。

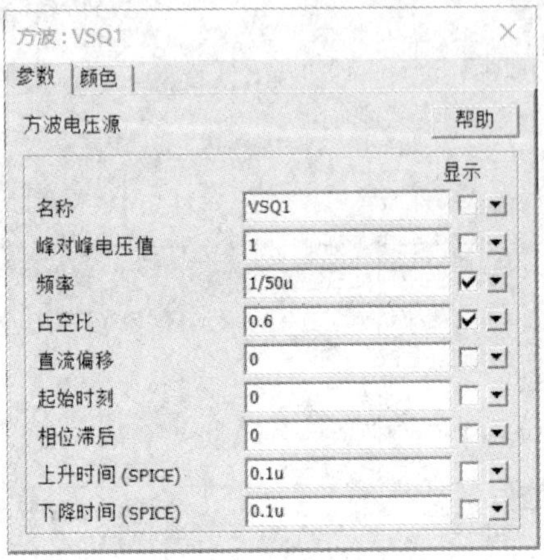

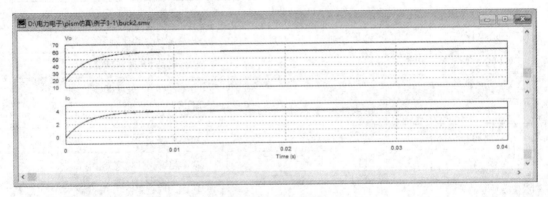

图 3-75　GTO 的门控模块的参数设置对话框

3. 设置仿真参数

仿真参数略。

4. 仿真运行及观察仿真波形

启动仿真按钮"▣"开始仿真。仿真波形如图 3-76 所示,其中 Vo 代表的是负载两端的电压,Io 代表的是流过负载的电流。

图 3-76　仿真波形

5. 仿真数据

在"Simview"界面点击菜单栏中"测量"选项下的"测量(M)",在波形下会出现各个波形的数值,如图 3-77 所示。电压平均值 Vo=59.892 V,电流平均值 Io=3.989 A,仿真结果与理论数据基本吻合。

测量				
	X1	X2	Δ	平均值
Time	8.00080e-03	3.20002e-02	2.39994e-02	
Io	3.92513e+00	3.99543e+00	7.02991e-02	3.99407e+00
Vo	5.91627e+01	5.98765e+01	7.13756e-01	5.99404e+01

图 3-77　仿真数据

本 章 小 结

　　本章从应用角度出发介绍了 GTO 和 GTR 的基本结构、工作原理、基本特性和主要参数,重点介绍了 GTO 和 GTR 的驱动和保护电路,分析了其典型应用电路。GTO 和 GTR 的驱动电路主要是由驱动模块和外接元件组成的。GTO 和 GTR 的保护电路包括缓冲电路,过电压、过电流保护电路等。GTO 和 GTR 均为电流驱动型器件,其共同特点是:具有电导调制效应,因而通态压降低,导通损耗小,但工作频率较低,所需驱动功率大,驱动电路也比较复杂。

　　直流变换电路能将固定的直流电压变换成可变的直流电压。变换电路采用斩控方式,与传统的相控方式相比具有加速平稳、效率高、动态响应快等优点,用在直流电动机再生制动场合,可以把电能反馈回电网,具有节能意义。

　　直流变换电路的控制方式基本有三种,即脉冲宽度控制、脉冲频率控制和脉冲混合控制。目前采用脉冲宽度控制的变换电路更为普遍,主要由于频率一定,这对滤波器设计更为有利。直流变换电路具有很多形式,大致分类如图 3-78 所示。

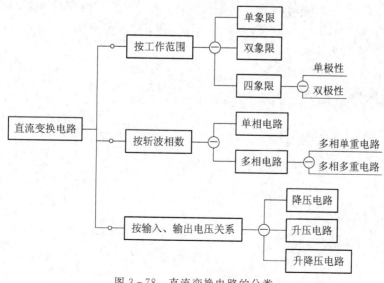

图 3-78　直流变换电路的分类

直流降压变换电路和直流升压变换电路是直流变换电路的基础，要理解这两种电路的结构组成、工作原理、数量关系、电路分析方法及工作特点。直流变换电路传统的应用领域在直流传动，相关的电路为 PWM 变换器，而开关电源则是斩波电路应用的新领域。为了减少斩波电路输入、输出电流的脉动，可采用多相多重斩波电路。

课 后 习 题

1. GTR 的负载电路如图 3-79 所示。若 $i_c=100$ A，$L=1$ mH，$U_{CC}=100$ V，电流下降时间 $t_f=1$ μs。试求：

(1) 若 GTR 的负载 L 上不并接续流二极管，GTR 关断时承受的最高电压是多少？

(2) 并接续流二极管后，GTR 关断时承受的最高电压是多少？

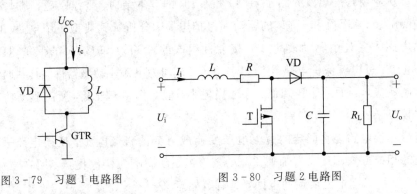

图 3-79　习题 1 电路图　　　　　　图 3-80　习题 2 电路图

2. 已知升压式直流变换器电路如图 3-80 所示，其中输入电压为 27 V±10％，输出电压为 45 V，输出功率为 750 W，效率为 95％。若等效电阻为 $R=0.05$ Ω，求最大占空比。若要求输出电压为 60 V，是否可能？为什么？

3. 有一开关频率为 50 kHz 的 Cuk 变换电路，假设输出端电容足够大，元器件功率损耗忽略不计，若输入电压 $E=10$ V，输出电压 U_o 调节为 5 V 不变。试求：

(1) 占空比 k 的大小；

(2) 电容器 C 两端的电压 U_C；

(3) 开关管的导通时间和关断时间。

第 4 章 电力场效应晶体管及其应用

课程思政

知识脉络图

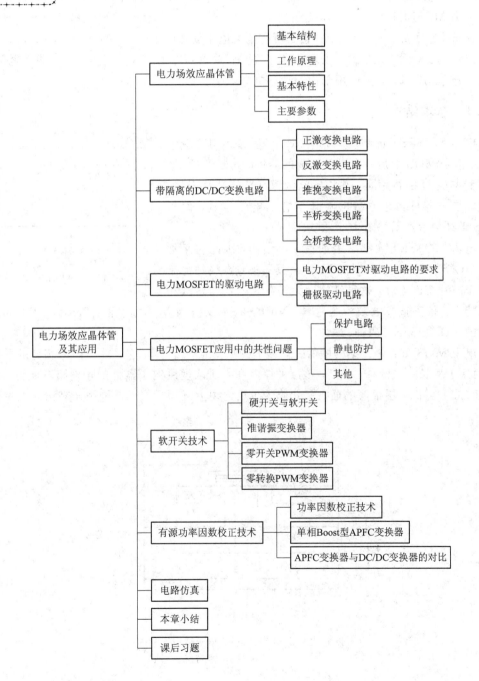

4.1　电力场效应晶体管

电力场效应晶体管(Power Metal Oxide Semiconductor Field Effect Transistor，Power MOSFET，简称电力 MOSFET)与信息电子电路中的场效应晶体管(简称信号 MOS 管)一样，也分为绝缘栅型和结型两种类型。电力 MOSFET 通常主要指绝缘栅型电力场效应晶体管，而结型电力场效应晶体管一般称为静电感应晶体管(Static Induction Transistor，SIT)。

电力 MOSFET 是一种电压控制型电力电子器件。它的优点是驱动电路简单，驱动功率小，开关速度快，工作频率高(它是所有电力电子器件中工作频率最高的)，输入阻抗高，热稳定性优良，无二次击穿，安全工作区宽等；缺点是电流容量小，耐压低，通态电阻大。因此，电力 MOSFET 只适用于中小功率电力电子装置。

4.1.1　基本结构

电力 MOSFET 的结构与信号 MOS 管的结构有较大区别。信号 MOS 管是一次扩散形成的器件，其栅极 G、源极 S 和漏极 D 在芯片同一侧，导电沟道平行于芯片表面，属横向导电器件，这种结构限制了它的电流容量。信号 MOS 管结构示意图如图 4-1 所示。

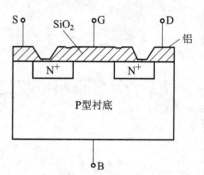

图 4-1　信号 MOS 管结构示意图

电力 MOSFET 大都采用垂直导电结构，因此它又称为 VMOSFET(Vertical MOSFET)，其漏极到源极的电流垂直于芯片表面流过，这种结构大大提高了器件的耐压和通流能力。按垂直导电结构的差异，VMOSFET 又分为 V 形槽型的 VVMOSFET 和双扩散型的 VDMOSFET 两种。

电力 MOSFET 单元结构中的一个截面图如图 4-2 所示，它是在电阻率很低的重掺杂 N^+ 衬底上生长一层漂移层 N^-，该层的厚度和杂质浓度决定了器件的正向阻断能力；然后在漂移层上生长一层很薄的栅极氧化物，在氧化物上沉积栅极 G；再用光刻法除去一部分

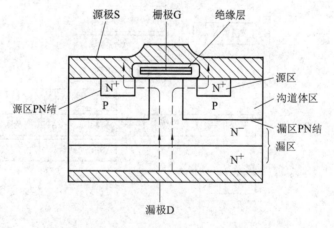

图 4-2　电力 MOSFET 单元结构示意图

氧化物后沉积源极 S。

电力 MOSFET 的电气图形符号如图 4-3 所示，三个电极分别是源极 S、漏极 D 和栅极 G，虚线部分为寄生二极管（又称体二极管）。体二极管是电力 MOSFET 源极 S 的 P 区和漏极 D 的 N 区形成的寄生二极管，是电力 MOSFET 不可分割的整体。体二极管的存在使电力 MOSFET 失去了反向阻断能力。

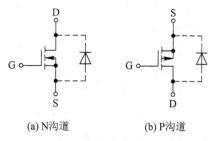

(a) N 沟道　　　　(b) P 沟道

图 4-3　电力 MOSFET 的电气图形符号

4.1.2　工作原理

当电力 MOSFET 的漏源极间接正向电压，栅源极电压为零时，P 基区与 N 漂移区之间形成的 PN 结 J_1 反偏，漏源极间无电流流过，电力 MOSFET 处于截止状态。

当电力 MOSFET 的栅源极间加正向电压 U_{GS} 时，由于栅极绝缘，不会有电流流过，但栅极的正向电压会将其下面 P 区中的空穴推开，而将 P 区中的少数载流子电子吸引到栅极下面的 P 区表面。当 $U_{GS} > U_T$（阈值电压）时，栅极下 P 区表面的电子浓度将超过空穴浓度，从而使 P 型半导体反型成 N 型半导体，该反型层形成 N 沟道而使 PN 结 J_1 消失，漏极和源极导电，形成漏极电流 I_D，电力 MOSFET 导通。

4.1.3　基本特性

电力 MOSFET 的基本特性包括静态特性和动态特性。

1. 静态特性

电力 MOSFET 的静态特性主要指转移特性和输出特性。

1）转移特性

转移特性是指电力 MOSFET 的漏源极电压 U_{DS} 一定时，漏极电流 I_D 和栅源极电压 U_{GS} 之间的关系，如图 4-4 所示。

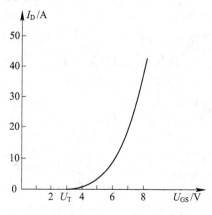

图 4-4　电力 MOSFET 的转移特性

电力 MOSFET 的漏源极间接正向电压；当 $0{\leqslant}U_{GS}{\leqslant}U_T$ 时，漏源极间相当于两只反向串联的二极管，$I_D{=}0$，电力 MOSFET 处于截止状态；当 $U_{GS}{>}U_T$ 时，漏源极间流过电流 I_D，电力 MOSFET 导通。可见，漏极电流 I_D 受控于栅源极电压 U_{GS}。

2）输出特性

输出特性是指以电力 MOSFET 的栅源极电压 U_{GS} 为参变量，漏极电流 I_D 和漏源极电压 U_{DS} 之间的关系，如图 4-5 所示。输出特性分为截止区、饱和区、非饱和区 3 个区。电力 MOSFET 主要工作在截止区和非饱和区。

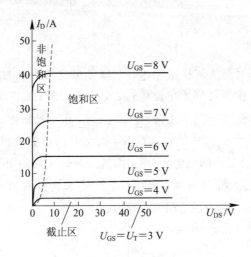

图 4-5　电力 MOSFET 的输出特性

截止区：$U_{GS}{\leqslant}U_T$，$I_D{=}0$。该区对应于 GTR 的截止区。

饱和区：$U_{GS}{>}U_T$，$U_{DS}{\geqslant}U_{GS}{-}U_T$。当 U_{GS} 不变时，I_D 几乎不随 U_{DS} 的增加而增加，近似为一常数，故称为饱和区。该区对应于 GTR 的放大区。

非饱和区：$U_{GS}{>}U_T$，$U_{DS}{<}U_{GS}{-}U_T$，U_{DS} 和 I_D 之比近似为常数。非饱和是指 U_{DS} 增加时，I_D 相应增加。该区对应于 GTR 的饱和区。

2. 动态特性

电力 MOSFET 动态特性测试电路见图 4-6(a)，u_p 为栅极控制电压信号源，R_s 为信号源内阻，R_G 为栅极电阻，R_L 为漏极负载电阻，R_F 为检测漏极电流的电阻。电力 MOSFET 的开关过程波形如图 4-6(b)所示。

电力 MOSFET 的开通时间为

$$t_{on}{=}t_{d(on)}{+}t_r \tag{4-1}$$

其中，$t_{d(on)}$ 表示延迟时间，t_r 表示电流 i_D 上升时间。

电力 MOSFET 的关断时间为

$$t_{off}{=}t_{d(off)}{+}t_f \tag{4-2}$$

其中，$t_{d(off)}$ 表示延迟时间，t_f 表示电流 i_D 下降时间。

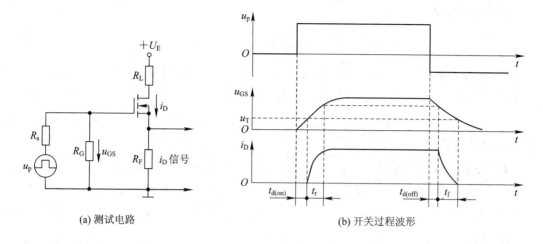

图 4 - 6　电力 MOSFET 的动态特性

电力 MOSFET 的三个电极之间分别存在极间电容 C_{GS}、C_{GD} 和 C_{DS}，电容值是非线性的，它是器件结构、几何尺寸和偏置电压的函数，等效电路如图 4 - 7 所示。电力 MOSFET 的输入电容 C_i、输出电容 C_o 和反馈电容 C_r 之间有如下关系：

$$C_i = C_{GS} + C_{GD} \tag{4-3}$$

$$C_o = C_{DS} + C_{GD} \tag{4-4}$$

$$C_r = C_{GD} \tag{4-5}$$

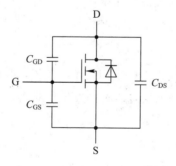

图 4 - 7　电力 MOSFET 极间等效电容

电力 MOSFET 的开关速度与输入电容 C_i 的充、放电速度有很大关系。电力 MOSFET 开通过程中需一定的驱动功率对输入电容 C_i 充电，开关频率越高，所需要的驱动功率就越大。使用者虽无法降低 C_i 的值，但可降低栅极驱动信号源的内阻 R_s，降低栅极回路的充电时间常数，加快开通速度。电力 MOSFET 只靠多子导电，不存在少子储存效应，因而其关断过程是非常迅速的。电力 MOSFET 的开关时间在 $10 \sim 100$ ns 之间，其工作频率可达 100 kHz 以上，是目前常用电力电子器件中最高的。

4.1.4　主要参数

1. 通态电阻

通态电阻是电力 MOSFET 非常重要的参数，是指在确定的栅源极电压 U_{GS} 下，器件导通时漏源极电压 U_{DS} 与漏极电流 I_D 的比值，用 $R_{DS(on)}$ 表示。漏极电流流过通态电阻时产生耗散功率，阻值越大，耗散功率就越大，越容易损坏器件。

2. 阈值电压

器件漏极流过一个特定的电流时所需的最小栅源极电压称为阈值电压，用 U_T 表示。实际使用时，栅源极电压 U_{GS} 是阈值电压 U_T 的 1.5～2.5 倍。目前器件的 U_T 一般为 2～6 V，故栅源极驱动电压设计为 15 V。

3. 跨导

跨导是衡量器件放大能力的重要参数，反映了栅源极电压 U_{GS} 对漏极电流 I_D 的控制能力，用 g_m 表示。跨导 g_m 定义为漏极电流 I_D 变化量与栅源极电压 U_{GS} 变化量的比值，即

$$g_m = \frac{dI_D}{dU_{GS}} \tag{4-6}$$

4. 漏源击穿电压

漏源击穿电压决定了器件的最高工作电压，表征器件的耐压极限，用 $U_{(BR)DS}$ 表示。它是为了避免器件进入雪崩区而设立的极限参数。

5. 栅源击穿电压

栅源击穿电压表征栅源间能承受的最高正反向电压，用 $U_{(BR)GS}$ 表示；一般取 $U_{(BR)GS} = \pm 20$ V。它是为了防止器件绝缘栅层电压过高发生击穿而设立的参数。栅源间绝缘层很薄，$|U_{GS}| > 20$ V 时将导致绝缘层击穿。

6. 漏极连续电流和漏极峰值电流

当栅源极电压 $U_{GS} = 10$ V，漏源极电压 U_{DS} 为某一数值，器件内部温度不超过最高工作温度时，电力 MOSFET 允许通过的最大漏极连续电流和脉冲电流分别称为漏极连续电流和漏极峰值电流，用 I_D 和 I_{DM} 表示，它们是电力 MOSFET 的电流额定参数。

> **应用案例**

应用案例一：12 V 至 5 V DC/DC 变换电路

适用于野外作业的 DC/DC 变换电路如图 4-8 所示。该电路中，电源为 12 V 汽车蓄电池，电力 MOSFET MMSF3P02HD 作为开关管，DC/DC 变换专用芯片 MAX1626 对其进行控制，可实现输出电压 5 V、最大输出电流 3 A 的功能。

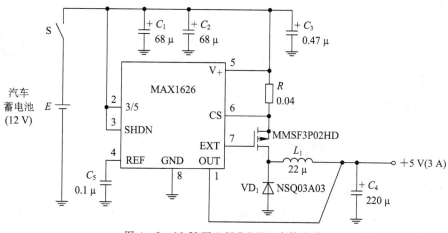

图 4 - 8　12 V 至 5 V DC/DC 变换电路

应用案例二：电子镇流器

　　以往的荧光灯都用电感镇流器限制灯管电流。由硅钢片和铜制成的镇流器不仅笨重，而且其功耗约占灯具总功耗的 30％。与电感镇流器相比，电子镇流器具有体积小、重量轻、启动快、灯光无闪烁、工作无蜂鸣噪音、工作电压宽（低压也能启动）、节电 20％～30％、灯管寿命长等优点。目前，电子镇流器已取代传统的电感镇流器，广泛用于日光灯、节能灯等照明电路中。

　　由电力 MOSFET 构成的节能型荧光灯电源如图 4 - 9 所示。交流电源输入，经整流桥整流和电容器 C_1 滤波后的直流电压在 R_1、R_2 上分压，R_2 两端电压同时加到两只电力 MOSFET 的栅极，其值略大于器件的阈值电压值，以便在启动时 VT_1、VT_2 同时出现电流，再利用电路的自然不对称和正反馈作用引起振荡。由于电力 MOSFET 作高频功率开关的特性比电力晶体管优越且温度稳定性好，因此在这类振荡电源中使用电力 MOSFET 更为适宜。

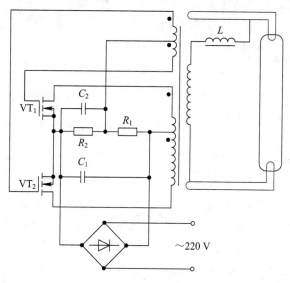

图 4 - 9　由电力 MOSFET 构成的节能型荧光灯电源

思考题 16

同步思考

（1）为什么电力 MOSFET 的开关损耗较小？

（2）试述电力 MOSFET 的结构特点。

（3）电力 MOSFET 与 GTR 相比有何优缺点？

拓展学习

拓展学习一：静电感应晶体管

　　静电感应晶体管（Static Induction Transistor，SIT）是一种结型场效应晶体管，在一块掺杂浓度很高的 N 型半导体两侧有 P 型半导体薄层，分别引出漏极 D、源极 S 和栅极 G。SIT 的内部结构与电气图形符号如图 4-10 所示。当 G、S 之间的电压 $U_{GS}=0$ 时，电源 U_s 可以经很宽的 N 区流过电流，漏极 D 和源极 S 之间的等效电阻不大，SIT 处于通态。当 $U_{GS}<0$ 时，N 区变窄，等效电阻加大。当 U_{GS} 大到一定的临界值时，导电的 N 区消失，漏极 D 和源极 S 之间的等效电阻变为无限大，SIT 转为断态。SIT 在电路中的开关作用类似于一个继电器的常闭触点，G、S 两端无外加电压（$U_{GS}=0$）时，SIT 处于通态（闭合），电路接通；有外加电压 U_{GS} 作用后，SIT 由通态（闭合）转为断态（断开）。SIT 通态电阻较大，故导通时损耗也较大。

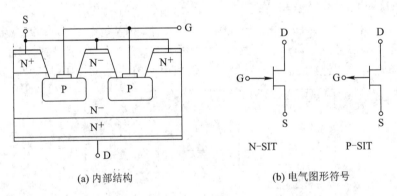

(a) 内部结构　　　　　　　　　(b) 电气图形符号

图 4-10　SIT 的内部结构与电气图形符号

拓展学习二：静电感应晶闸管

　　静电感应晶闸管（Static Induction Thyristor，SITH）又称场控晶闸管（Field Controlled Thyristor，FCT），其通断控制机理与 SIT 类似，可通过电场控制阳极电流。结构上的差别仅在于 SITH 是在 SIT 结构基础上增加了一个 PN 结，在内部又形成了一个三极管，两个三极管构成一个晶闸管。SITH 的内部结构与电气图形符号如图 4-11 所示。

　　栅极不加电压时，SITH 与 SIT 一样也处于通态；外加栅极负电压时，由通态转为断态。由于 SITH 比 SIT 多了一个具有注入功能的 PN 结，因此 SITH 属于两种载流子导电的双极型功率器件。实际使用时，常取 5～6 V 的正栅压而不是零栅压，以降低器件通态压降；关断时，SIT 和 SITH 都需要几十伏的负栅压。

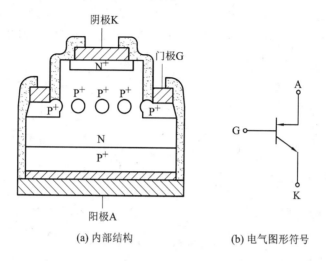

(a) 内部结构　　　　　　(b) 电气图形符号

图 4-11　SITH 的内部结构与电气图形符号

4.2　带隔离的 DC/DC 变换电路

前面介绍的直流斩波电路的输入和输出之间存在直接电连接，然而许多应用场合要求输入和输出之间实现电气隔离。带隔离的 DC/DC 变换电路又称为间接直流变换电路，它在基本直流变换电路中引入了隔离变压器，使电源与负载之间实现电气隔离，该电路提高了电路运行的安全可靠性和电磁兼容性。带隔离的 DC/DC 变换电路还可以提供相互隔离的多路输出，实现输入电压与输出电压比很大或很小的需求。

带隔离的 DC/DC 变换电路中，如只需 1 个电力电子开关器件，变压器的磁通只在单方向变化，则该变换器称为单端变换器，其仅用于小功率电源变换电路；如采用 2 个或 4 个电力电子开关器件，变压器的磁通可在正、反两个方向变化，则该变换器称为双端变换器，此变换器的铁芯利用率高，铁芯的体积小。如果开关导通时电源将能量直接传送给负载，则此电路称为正激变换电路(Forward Converter)；如果开关导通时电源将电能转为磁能存储在电感中，开关关断时再将磁能变为电能传送到负载，则此电路称为反激变换电路(Flyback Converter)。电路中引入的隔离变压器一般为高频变压器，采用高频磁芯绕制而成。常用的间接直流变换电路有正激变换电路、反激变换电路、推挽变换电路、半桥变换电路和全桥变换电路等，下面进行详细介绍。

4.2.1　正激变换电路

1. 电路组成与工作原理

如图 4-12(a)所示，在降压式斩波电路的虚线位置处增加隔离变压器，并变动开关的位置，即可得到正激变换电路。有复位绕组的单开关正激变换电路由电源 E、隔离变压器 T、开关 S、二极管 VD_1 和 VD_2、滤波电感 L 和电容 C、负载电阻 R_L 等组成，如图 4－12 (b)所示。滤波电感 L、电容 C 和续流二极管 VD_2 保证了输出电流的连续和平稳。PWM 控制方式下的开关 S 可选用电力 MOSFET，也可选用 GTO、GTR、IGBT 等全控型电力电子器件。后面如果没有特别指明，开关 S 的选型同前。

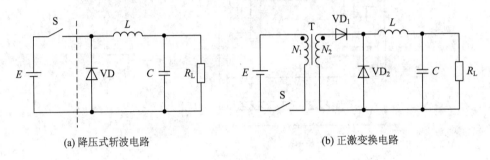

(a) 降压式斩波电路　　　　　　　(b) 正激变换电路

图 4－12　正激变换电路的变换过程

　　一个开关周期内电路的工作过程如图 4－13 所示。隔离变压器有三个绕组：原边绕组 W_1，匝数为 N_1；副边绕组 W_2，匝数为 N_2；复位绕组 W_3，匝数为 N_3。绕组中标有"·"的一端为同名端。电路中隔离变压器不仅起电气隔离的作用，还起储能电感的作用。电路工作波形如图 4－14 所示。具体分析如下：

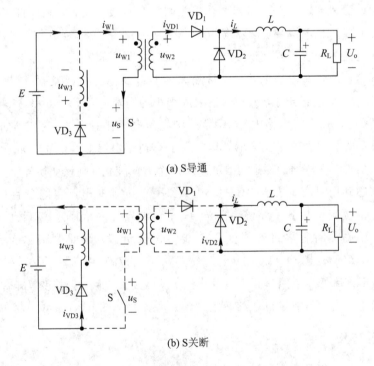

(a) S导通

(b) S关断

图 4－13　正激变换电路的工作过程

　　$t_0 \sim t_1$ 期间：t_0 时刻，开关 S 导通，工作过程变压器原边绕组 W_1 中产生上正下负的

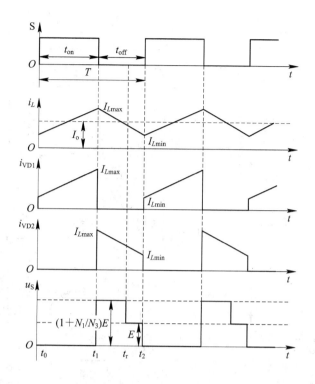

图 4 - 14　正激变换电路的工作波形

电压 u_{W1}，同时将能量传递到副边绕组。根据变压器同名端的关系，副边绕组 W_2 中也产生上正下负的电压 u_{W2}，二极管 VD_1 导通、VD_2 截止，电感 L 中的电流 i_L 逐渐增大，能量提供给负载；复位绕组 W_3 中产生上负下正的电压 u_{W3}，二极管 VD_3 承受反压而截止。

$t_1 \sim t_2$ 期间：t_1 时刻，开关 S 截止，电压 u_{W1}、u_{W2} 变为上负下正，二极管 VD_1 截止；电感 L 中的电流 i_L 通过二极管 VD_2 续流并逐渐下降，储存在电感中的能量释放给负载。根据同名端的关系，复位绕组 W_3 的电压 u_{W3} 为上正下负，二极管 VD_3 导通，变压器原边储存的能量经复位绕组 W_3 和二极管 VD_3 流回电源端。

值得注意的是变压器的磁芯复位问题。开关 S 导通时，变压器的励磁电流由零开始增加，且随着时间的推移线性增长。开关 S 关断到下次再导通时，励磁电流必须下降到零。否则，在下一个开关周期中，励磁电流将在本周期结束时的剩余值的基础上继续增加，并在以后的开关周期中不断累积，最后使变压器磁芯饱和。磁芯饱和后变压器绕组电流迅速增大而损坏电路中的开关器件。

应用案例

由 PWM 控制器 TL494 构成的开关电源电路如图 4 - 15 所示，主电路为正激变换电路，开关频率为 100 kHz，输出功率为 150 W，具体工作原理请读者查阅相关资料。

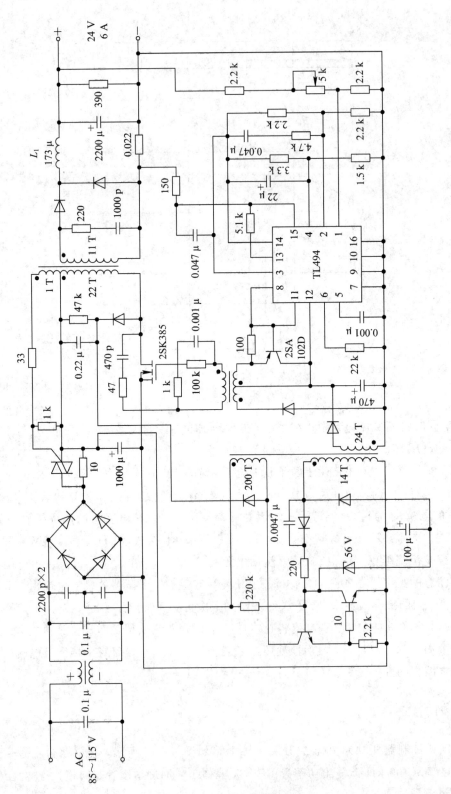

图4-15 由TL494构成的开关电源电路

2. 数量关系

在滤波电感电流连续的情况下，输出电压为

$$U_\circ = \frac{N_2}{N_1} \frac{t_{on}}{T} E = \frac{N_2}{N_1} kE \qquad (4-7)$$

式中：k——占空比；

N_1、N_2——变压器绕组 W_1、W_2 的匝数。

在滤波电感电流不连续的情况下，输出电压 $U_\circ$ 随负载电流减小而升高，在负载为零的极限情况下，$U_\circ$ 为

$$U_\circ = \frac{N_2}{N_1} E \qquad (4-8)$$

从开关管断开到绕组 W_3 的电流下降到零的时间为

$$t_r = \frac{N_3}{N_1} t_{on}$$

如图 4-14 所示，$t_1 \sim t_r$ 期间，开关 S 承受的电压为

$$u_S = \left(1 + \frac{N_1}{N_3}\right) E \qquad (4-9)$$

$t_r \sim t_2$ 期间，开关 S 承受的电压为

$$u_S = E \qquad (4-10)$$

式中：N_1、N_3——变压器绕组 W_1、W_3 的匝数。

正激变换电路具有电路简单、可靠的优点，广泛应用于较小功率的开关电源中。但是其变压器铁芯工作点只在其磁化曲线的第一象限，变压器铁芯未得到充分利用。在对开关电源的体积、质量和效率要求较高的情况下，不适合采用正激变换电路。

4.2.2   反激变换电路

1. 电路组成与工作原理

将图 3-27 的直流升降压变换电路中的储能电感换成变压器绕组后即得到反激变换电路的雏形，如图 4-16 所示。它由电源 E、隔离变压器 T、开关 S、二极管 VD_1、滤波电感 L 和电容 C、负载电阻 R_L 等组成。

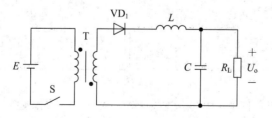

图 4-16   反激变换电路

开关 S 关断时，根据变压器副边绕组中的电流是否为零，反激变换电路存在电流连续和电流断续两种工作模式，下面分别介绍。

1）电流连续工作模式

一个开关周期内电路的工作过程如图 4 - 17 所示，电路工作波形如图 4 - 18 所示。具体分析如下：

$t_0 \sim t_1$ 期间：t_0 时刻，开关 S 导通，根据绕组间同名端关系，副边绕组 W_2 上的电压极性为上负下正，二极管 VD_1 反向偏置而截止，变压器原边电流 i_S 线性增长，变压器储能增加。

$t_1 \sim t_2$ 期间：t_1 时刻，开关 S 关断，副边绕组 W_2 上的电压极性为上正下负，二极管 VD_1 导通，电流 i_S 被切断，变压器在 $t_0 \sim t_1$ 时段储存的磁场能量通过变压器副边绕组 W_2 和二极管 VD_1 向负载释放。

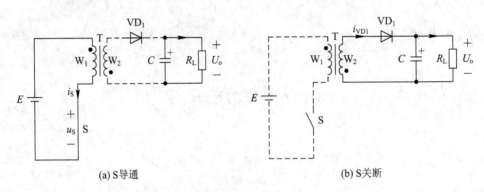

(a) S导通　　　　　　　　　　　　　(b) S关断

图 4 - 17　反激变换电路电流连续时的工作过程

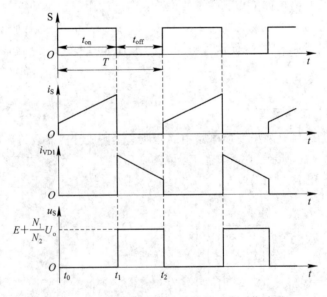

图 4 - 18　反激变换电路电流连续时的工作波形

2）电流断续工作模式

一个开关周期内电路的工作过程如图 4 - 19 所示，电路工作波形如图 4 - 20 所示。具体分析如下：

$t_0 \sim t_1$ 期间：变压器储能过程同上。

$t_1 \sim t_2$ 期间：变压器释能过程同上。t_2 时刻，变压器中的磁场能量释放完毕，二极管 VD_1 截止。

$t_2 \sim t_3$ 期间：变压器原边绕组 W_1 和副边绕组 W_2 中的电流均为零，电容 C 向负载提供能量。

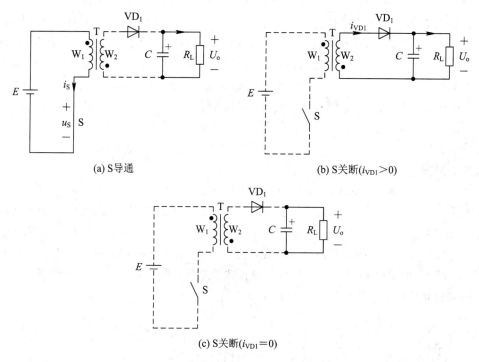

(a) S导通   (b) S关断($i_{VD1} > 0$)

(c) S关断($i_{VD1} = 0$)

图 4 - 19 反激变换电路电流断续时的工作过程

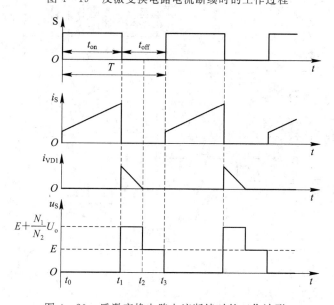

图 4 - 20 反激变换电路电流断续时的工作波形

应用案例

　　由 UC3842 构成的开关电源电路如图 4 - 21 所示。电路工作过程分析如下:

　　(1) 电源启动与振荡电路。220 V 交流电通过电源开关 S 和保险管 F_1 进入由 C_1、L_1、C_2 组成的滤波器,滤除交流电网中的各种高频干扰脉冲。滤波后的交流电压经 $VD_1 \sim VD_4$ 组成的桥式整流在滤波电容 C_3 两端产生 280 V 左右的直流电压。280 V 电压不但经开关变压器 T_{01} 的⑤-③绕组加到开关场效应管 VT_1 的漏极(D 极),而且还经 R_3 限流,在滤波电容 C_8 两端建立启动电压。当 C_8 两端的充电电压达到 16 V 时,U_1(UC3842)的 7 脚内的 5 V 基准电压发生器产生 5 V 电路充、放电,在 U_1 的 4 脚上形成锯齿波脉冲电压,再经整形电路获得矩形脉冲电压由 6 脚输出,使电力 MOSFET 管 VT_1 工作在开关状态。

　　VT_1 工作后,由开关变压器 T_{01} 变换能量,不但为负载供电,而且其反馈绕组(②-①绕组)产生的脉冲电压经 VD_6 整流、C_8 滤波后获得直流电压,并送到 U_1 的 7 脚,为 U_1 提供完成启动后的工作电压。

　　(2) 稳压控制电路。稳压控制电路由 U_2(PC817)、U_3(TL431)等组成的误差取样放大电路和 U_1 的 2 脚内部误差放大器、电流比较器与 PWM 锁存器共同组成。当市电电压或负载保持稳定时,U_1 的 2 脚输入的取样电压保持不变,U_1 的 6 脚输出的驱动电压占空比保持稳定。只有在市电电压或负载电路变化时,U_1 的 2 脚电压在误差取样放大电路控制下发生变化,使 U_1 的 6 脚输出的驱动电压占空比改变,开关变压器 T_{01} 存储的能量不随市电电压或负载变化而改变,从而达到稳定输出电压的目的。

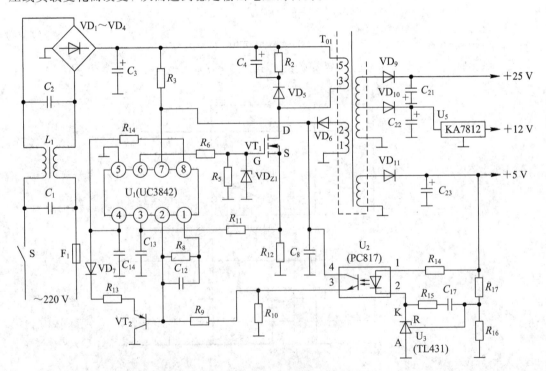

图 4 - 21　由 UC3842 构成的开关电源电路

2. 数量关系

电路工作在电流连续模式时，输出电压为

$$U_o = \frac{N_2}{N_1} \frac{t_{on}}{t_{off}} E = \frac{N_2}{N_1} \frac{k}{1-k} E \tag{4-11}$$

式中：k——占空比；

　　　N_1、N_2——变压器绕组 W_1、W_2 的匝数。

可见，反激变换电路和升降压(Buck-Boost)变换电路的输入/输出电压关系的差别也仅在于变压器的变比。但反激变换电路的输入/输出电压极性相同，而 Buck-Boost 变换电路的输入/输出电压极性相反。

电路工作在断续模式时，输出电压随负载的减小而升高。在负载为零的极限情况下，$U_o \to \infty$，这将损坏电路中的器件，因此反激变换电路不能工作在负载开路状态。

反激变换电路工作中变压器绕组 W_1 和 W_2 不会同时有电流流过，不存在磁动势相互抵消的可能，因此变压器磁芯的磁通密度取决于绕组中电流的大小。与正激变换电路类似，变压器磁芯工作点只在磁化曲线的第一象限，变压器利用率低、开关器件承受的电流峰值大，因此反激变换电路不适用于较大功率的开关电源中。电流断续模式时，变压器磁芯的利用率较高、较合理，工程设计时应保证反激变换电路工作在电流断续模式。

开关 S 关断时其两端承受的电压为

$$u_S = E + \frac{N_1}{N_2} U_o \tag{4-12}$$

式中：U_o——输出电压；

　　　N_1、N_2——变压器绕组 W_1、W_2 的匝数。

4.2.3　推挽变换电路

1. 电路组成与工作原理

推挽变换电路由电源 E、隔离变压器 T、开关 S_1 和 S_2、整流二极管VD_1 和VD_2、滤波电感 L 和电容C、负载电阻 R_L 等组成，如图 4-22 所示。变压器具有中间抽头，原边绕组 W_{11}、W_{12} 的匝数相等，均为 N_1；副边绕组 W_{21}、W_{22} 的匝数也相等，均为 N_2；绕组间同名端如图 4-22 中"•"所示。二极管VD_1、VD_2 构成全波整流电路，滤波电感 L、电容C 保证输出电流的连续和平稳。

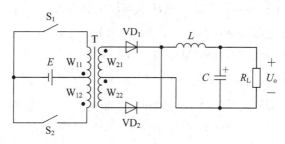

图 4-22　推挽变换电路

推挽变换电路实际上就是由两个正激变换电路组成的，只是它们工作的相位相反。在每个周期中，两个二极管 VD_1 和 VD_2 交替导通和截止，在各自导通的半个周期内，二极管分别将能量传递给负载，故称为推挽变换电路。

推挽变换电路也存在电流连续和电流断续两种工作模式。电路工作于电流连续模式时，在一个开关周期内电路的工作过程如图 4-23 所示，工作波形如图 4-24 所示。

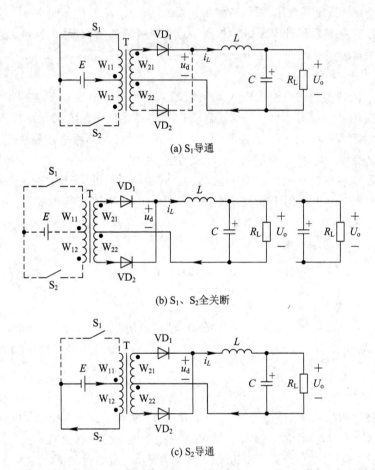

图 4-23　推挽变换电路的工作过程

$t_0 \sim t_1$ 期间：开关 S_1 导通，电源电压 E 加到原边绕组 W_{11} 两端，根据绕组间同名端关系，变压器两个副边的电压极性均为上正下负，二极管 VD_1 正向偏置导通，二极管 VD_2 反向偏置截止，电感电流 i_L 流经副边绕组 W_{21} 线性上升。

$t_1 \sim t_2$ 期间：开关 S_1 和 S_2 都关断，原边绕组 W_{11} 中的电流为零，根据变压器磁动势平衡方程，变压器两个副边绕组中电流大小相等、方向相反，二极管 VD_1 和 VD_2 都导通，各分担一半的电流，即 $i_{VD1}=i_{VD2}=i_L/2$，电感电流 i_L 线性下降。

$t_2 \sim t_3$ 期间：开关 S_2 导通，二极管 VD_2 正向偏置导通，二极管 VD_1 反向偏置截止，电感电流 i_L 流经副边绕组 W_{22} 线性上升。

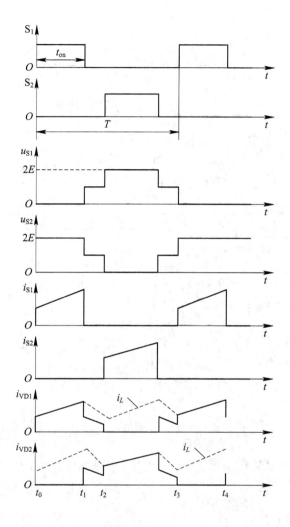

图 4 - 24　推挽变换电路的工作波形

$t_3 \sim t_4$ 期间：与 $t_1 \sim t_2$ 期间的电路工作过程相同。

推挽变换电路中，如果 S_1 和 S_2 同时导通，就相当于变压器一次绕组短路，为避免两个开关同时导通，每个开关各自的占空比不能超过 50%，还要留有裕量。

┌ 应用案例 ┐

由 TL494 构成的 10 W 开关电源电路如图 4 - 25 所示。集成电路 TL494 驱动两只开关管 VT_1 和 VT_2 推挽工作，通过开关变压器 T_1 升压，再经整流滤波获得 400 V 输出电压。开关频率约 100 kHz，输出电压调整率为 1.25%。

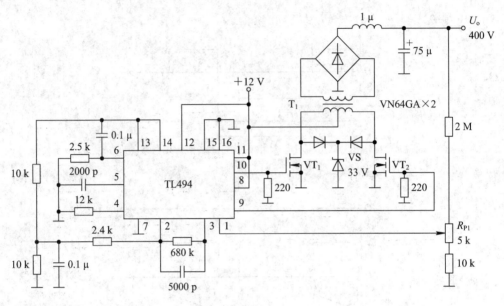

图 4-25　由 TL494 构成的 10 W 开关电源电路

2. 数量关系

当滤波电感电流连续的情况下,输出电压为

$$U_{\circ} = \frac{N_2}{N_1}\frac{2t_{on}}{T}E = 2k\frac{N_2}{N_1}E \qquad (4-13)$$

式中:k——占空比;

　　　　N_1、N_2——原边、副边绕组的匝数。

在滤波电感电流不连续的情况下,输出电压 $U_{\circ}$ 随负载的减小而升高,在负载为零的极限情况下,有

$$U_{\circ} = \frac{N_2}{N_1}E \qquad (4-14)$$

在推挽变换电路中,还必须注意变压器的磁芯偏磁问题。开关 S_1 和 S_2 交替导通,使变压器磁芯交替磁化和去磁,完成能量从变压器原边到副边的传递。由于电路不可能完全对称,例如开关 S_1 和 S_2 的开通时间可能不同,或开关 S_1 和 S_2 导通时的通态压降可能不同等情况,会在变压器原边的高频交流上叠加一个数值较小的直流电压,这就是所谓的直流偏磁。由于原边绕组电阻很小,即使是一个较小的直流偏磁电压,如果作用时间太长,也会使变压器磁芯单方向饱和,引起较大的磁化电流,导致器件损坏,因此只能靠精确地控制信号和电路元器件参数的匹配来避免电压直流分量的产生。

4.2.4　半桥变换电路

1. 电路组成与工作原理

半桥变换电路由电源 E、变压器 T、开关 S_1 和 S_2、输入电容 C_1 和 C_2、二极管 VD_1 和 VD_2、滤波电感 L 和电容 C、负载电阻 R_L 等组成,如图 4-26 所示。变压器副边具有中间

抽头，原边绕组 W_1 的匝数为 N_1；副边绕组 W_{21} 和 W_{22} 的匝数相等，均为 N_2；绕组间同名端如图 4-26 中"·"所示。开关 S_1 和 S_2 构成一个桥臂；两个容量相等的电容 C_1 和 C_2 构成一个桥臂，电容 C_1 和 C_2 的容量较大，故 $U_{C1} = U_{C2} = E/2$。变压器副边电路同推挽变换电路，这里不再赘述。

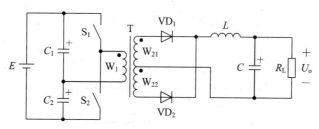

图 4-26　半桥变换电路

一个开关周期内电路的工作过程如图 4-27 所示，工作波形如图 4-28 所示。

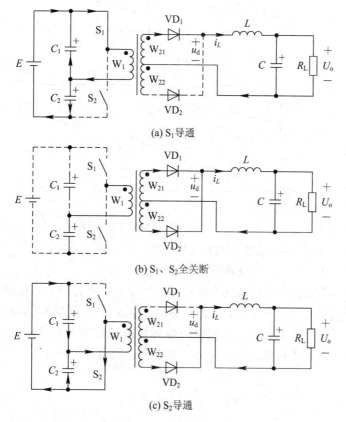

(a) S_1 导通

(b) S_1、S_2 全关断

(c) S_2 导通

图 4-27　半桥变换电路的工作过程

$t_0 \sim t_1$ 期间：开关 S_1 导通，电容 C_1 加到原边绕组 W_1 两端放电，根据绕组间同名端关系，变压器两个副边的电压极性均为上正下负，二极管 VD_1 正向偏置导通，二极管 VD_2 反向偏置截止，电感电流 i_L 流经副边绕组 W_{21} 线性上升。

$t_1 \sim t_2$ 期间：开关 S_1 和 S_2 都关断，分析过程同推挽变换电路。

$t_2 \sim t_3$ 期间：开关 S_2 导通，电容 C_2 加到原边绕组 W_1 两端，VD_2 导通，VD_1 截止，电

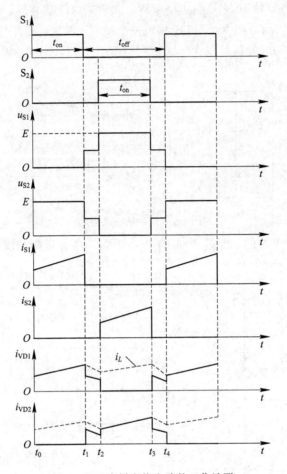

图 4-28 半桥变换电路的工作波形

感电流 i_L 流经副边绕组 W_{22} 线性上升。

$t_3 \sim t_4$ 期间：与 $t_1 \sim t_2$ 期间的电路工作过程相同。

由于电容的隔离作用，半桥变换电路对由两个开关导通时间不对称而造成的变压器一次电压的直流分量有自动平衡作用，因此不容易发生变压器偏磁和直流磁饱和。

为避免上、下两个开关在换流过程中因短暂地同时导通而造成短路，损坏开关器件，每个开关各自的占空比不能超过 50%，并应留有一定的裕量。

╭─ 应用案例 ─╮

由 TL494 构成的 100 W 开关电源电路如图 4-29 所示。工频 50 Hz、220 V 市电分两路。一路经 C_1 降压，又经过 $VD_1 \sim VD_4$ 全波整流，提供集成电路 TL494 工作电压，C_2、C_3 为滤波电容。另一路经 $VD_7 \sim VD_{10}$ 全波整流，C_7 滤波后提供近 300 V 直流电压。

集成电路 TL494 的 9、10 脚输出方波，通过由晶体管 VT_1、VT_2、VT_3、VT_4 组成的互补对称 BTL 功率放大电路放大后驱动高频变压器 B_1 的原边 N_1，变压器副边 N_2、N_3 输出的信号分别驱动开关管 VT_5、VT_6。VT_5、VT_6 与分压电容 C_8、C_9 的中点之间构成工作频

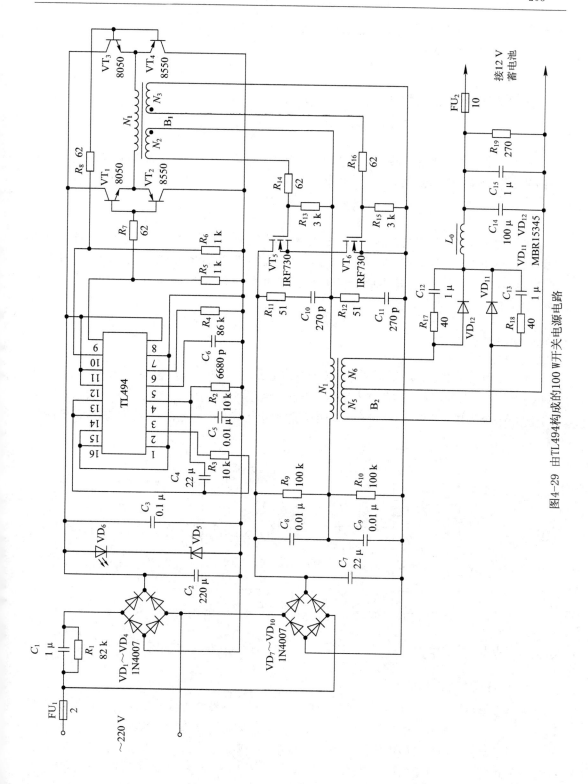

图4-29 由TL494构成的100 W开关电源电路

率为 200 kHz 的半桥变换电路，通过输出变压器 B_2 降压，并经 VD_{11}、VD_{12} 全波整流，L_0、C_{14}、C_{15} 滤波，输出直流电压供蓄电池充电。

2. 数量关系

在滤波电感电流连续的情况下，输出电压为

$$U_o = \frac{N_2}{N_1} \frac{t_{on}}{T} E = k \frac{N_2}{N_1} E \qquad (4-15)$$

在滤波电感电流不连续的情况下，输出电压 U_o 将高于式(4-15)中的计算值，并随负载的减小而升高，在负载为零的极限情况下，有

$$U_o = \frac{N_2}{N_1} \frac{E}{2} \qquad (4-16)$$

半桥变换电路的优点是：前半个周期内流过变压器的电流与后半个周期内流过变压器的电流大小相等、方向相反，变压器的磁芯工作在磁滞回线的两端，磁芯得到充分利用；变压器双向励磁，开关较少，成本低。半桥变换电路的缺点是：可靠性低，需要复杂的隔离驱动电路。

┌─────────┐
│ 拓展学习 │
└─────────┘

半桥变换电路中 C_1 和 C_2 上的电压不相等时，或 C_1 和 C_2 上的电荷 Q_1 和 Q_2 的占空比不相等时，变压器的伏·秒参数将不平衡，变压器磁芯将逐渐趋于饱和，开关管会因变压器原边过电流而损坏。无极隔直电容 C_3 与变压器原边串联，可避免偏磁问题，其应用电路如图 4-30 所示。

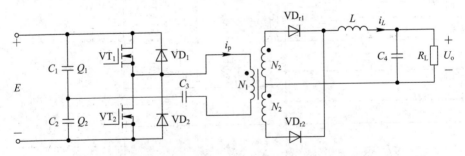

图 4-30　变压器原边串联电容的半桥变换电路

4.2.5　全桥变换电路

1. 电路组成与工作原理

全桥变换电路由电源 E、变压器 T、开关 $S_1 \sim S_4$、二极管 $VD_1 \sim VD_4$、滤波电感 L 和电容 C、负载电阻 R_L 等组成，如图 4-31 所示。变压器原边绕组 W_1 的匝数为 N_1；副边绕组 W_2 的匝数为 N_2；绕组间同名端如图 4-31 中"·"所示。开关 S_1、S_2 和开关 S_3、S_4 分别构成一个桥臂，互为对角的两个开关 S_1、S_4 和 S_2、S_3 同时导通，而同一桥臂上、下两个开关 S_1、S_2 和 S_3、S_4 交替导通。变压器副边是由二极管 $VD_1 \sim VD_4$ 构成的桥式整流电路。

一个开关周期内电路的工作过程如图 4-32 所示，工作波形如图 4-33 所示。

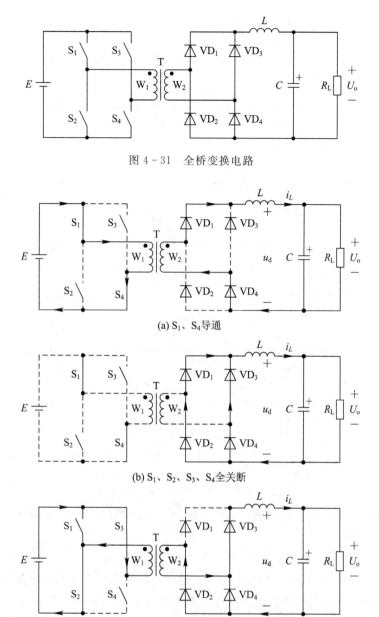

图 4 - 31 全桥变换电路

(a) S₁、S₄导通

(b) S₁、S₂、S₃、S₄全关断

(c) S₂、S₃导通

图 4 - 32 全桥变换电路的工作过程

$t_0 \sim t_1$ 期间：开关 S_1、S_4 导通，输入电压 E 加到原边绕组 W_1 两端，根据绕组间同名端关系，变压器副边的电压极性为上正下负，二极管 VD_1、VD_4 正向偏置导通，二极管 VD_2、VD_3 反向偏置导通，电感电流 i_L 线性上升。开关 S_2 和 S_3 承受的峰值电压均为 E。

$t_1 \sim t_2$ 期间：开关 $S_1 \sim S_4$ 都关断，原边绕组 W_1 中的电流为零，电感通过二极管 VD_1、VD_4 和 VD_2、VD_3 续流，每个二极管流过电感电流 i_L 的一半，即 $i_{VD1} = i_{VD2} = i_{VD3} = i_{VD4} = i_L/2$，电感电流 i_L 线性下降。

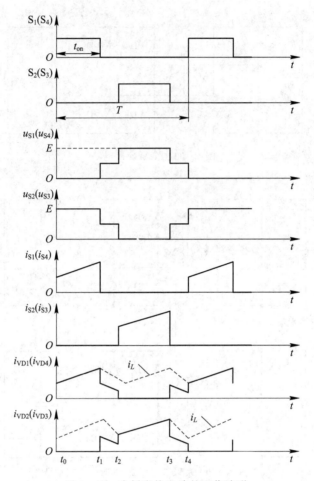

图 4 - 33　全桥变换电路的工作波形

　　$t_2 \sim t_3$ 期间：开关 S_2、S_3 导通，其余分析同 $t_0 \sim t_1$ 期间。开关 S_1 和 S_4 承受的峰值电压均为 E。

　　$t_3 \sim t_4$ 期间：与 $t_1 \sim t_2$ 期间的电路工作过程相同。

　　若 S_1、S_4 与 S_2、S_3 的导通时间不对称，则变压器原边交流电压中将含有直流分量，可能造成磁路饱和，因此全桥变换电路应注意避免电压直流分量的产生；也可以在变压器的原边回路中串联一个电容，以阻断直流电流的通路（如图 4 - 30 所示）。为避免同一桥臂中上、下两个开关在换流过程中因短暂的同时导通而被损坏，每个开关各自的占空比不能超过 50%，并应留有一定的裕量。

2. 数量关系

　　在滤波电感电流连续的情况下，输出电压为

$$U_o = \frac{N_2}{N_1} \frac{2t_{on}}{T} E = 2k \frac{N_2}{N_1} E \qquad (4-17)$$

　　在滤波电感电流不连续的情况下，输出电压 U_o 将高于式（4-17）中的计算值，并随负载的减小而升高，在负载为零的极限情况下，有

$$U_o = \frac{N_2}{N_1} E \tag{4-18}$$

·例题解析·

例 4-1　如图 4-34 所示的 DC/DC 变换电路，已知输出电压为 24 V，负载电阻为 $R_L = 0.4\ \Omega$，MOS 管和二极管通态压降分别为 1.2 V 和 1 V，$k = 0.5$，匝数比 $N_2/N_1 = 0.5$，求：

(1) 平均输入电流 I_i；

(2) 转换效率；

(3) MOS 管的平均电流、峰值电流和有效值电流；

(4) MOS 管承受的峰值电压。

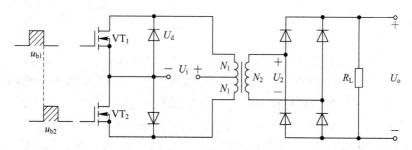

图 4-34　DC/DC 变换电路

解　(1) 因为

$$I_o = \frac{U_o}{R} = \frac{24}{0.4} = I_2 = 60\ \text{A}$$

故平均输入电流为

$$I_i = \frac{N_2}{N_1} I_2 = 0.5 \times 60 = 30\ \text{A}$$

(2) 因为

$$U_i = U_1 + 1.2$$

$$U_1 = \frac{N_1}{N_2} U_2$$

$$U_2 = U_o + 2 \times 1$$

则

$$U_1 = \frac{N_1}{N_2}(U_o + 2) = 2 \times (24 + 2) = 52\ \text{V}$$

$$U_i = 52 + 1.2 = 53.2\ \text{V}$$

$$P_i = U_i I_i = 53.2 \times 30 = 1596\ \text{W}$$

$$P_o = U_o I_o = 24 \times 60 = 1440\ \text{W}$$

故转换效率为

$$\eta = \frac{P_o}{P_i} \times 100\% = \frac{1440}{1596} \times 100\% \approx 90.2\%$$

（3）MOS 管的平均电流为

$$I_{dVT}=\frac{1}{2}I_i=15\ A$$

峰值电流为

$$I_{PVT}=I_i=30\ A$$

有效值电流为

$$I_{VT}=\sqrt{\frac{1}{2}}I_i\approx21.2\ A$$

（4）MOS 管承受的峰值电压为

$$U_{CC}=2U_i=2\times53.2=106.4\ V$$

工程小经验

　　磁性器件是开关电源中的关键元器件之一。磁性器件主要由绕组和磁芯两部分组成，其中，绕组可以是 1 个，也可以是 2 个或多个。磁性器件是进行储能、转换和隔离所必备的元器件，在开关电源中主要把它作为变压器和电感来使用。当作为变压器使用时，其主要功能是：电气隔离；变压（升压或降压）；磁耦合传输能量；测量电压、电流等。当作为电感使用时，其主要功能是：储能、平波或者滤波；抑制尖峰电压或电流，保护容易因过压或过流而损坏的电子元器件；与电容构成谐振，产生方向交变的电压或电流。

　　与其他电气元件不同，开关电源的设计人员一般很难直接采购到符合自己要求的磁性器件。磁性器件的分析与设计比电路的分析与设计更加复杂，另外，由于磁性器件的设计涉及很多因素，因此设计结果通常不是唯一的，即使是工作条件完全相同的磁性器件，也会因其磁性材料的生产批次、体积、质量、工艺过程等差异而导致结果不完全相同，且重复性差。因此，磁性器件设计是开关电源研发过程中的一个非常重要的环节。

4.3　电力 MOSFET 的驱动电路

　　电力 MOSFET 虽属于电压型驱动器件，但其栅源极之间有数千 pF 的极间电容，器件开通和关断过程中，也需要一定的驱动电流完成对栅极输入电容的充放电。驱动电力 MOSFET 的栅极相当于驱动一个容性网络，器件电容、驱动源阻抗都直接影响开关速度。电力 MOSFET 驱动电路的设计就是围绕着如何充分发挥其优点并使电路简单、快速且具保护功能进行的。

1. 电力 MOSFET 对驱动电路的要求

　　（1）为提高电力 MOSFET 的开关速度，触发脉冲要有足够快的上升和下降速度，即脉冲前沿要求陡峭。

　　（2）为使电力 MOSFET 可靠触发及导通，触发脉冲电压应高于开启电压。一般选择 $U_{GS}=10\sim18\ V$。

　　（3）为防止误导通，在电力 MOSFET 截止时最好能提供负的栅源电压，一般选择

−5～−15 V。

（4）驱动电路的输出电阻应较低，开通时以低电阻对栅极电容充电，关断时为栅极电荷提供低电阻放电回路。

2. 栅极驱动电路

按驱动电路与栅极的连接方式的不同，栅极驱动电路可分为两类：直接驱动电路和隔离驱动电路。

1）直接驱动电路

带过电流保护功能的电力 MOSFET 驱动电路如图 4 - 35 所示。VT_{F1} 的阈值电压约为 1.8 V，比较小，因此增设二极管 VD_3 和 VD_4，通过电阻 R_1 对其加正向偏置电压。VT_{F2} 的驱动信号为周期几十毫秒、脉宽几十微秒的脉冲。过电流检测的相应电压 U_S 由 VT_{F2} 的漏极电流 I_D 和源极电阻 R_S 决定，即 $U_S = I_D R_S$。U_S 约为 1 V 时过电流保护电路开始动作，电流限制约为 5 A，但实际上电路的响应时间有些滞后。

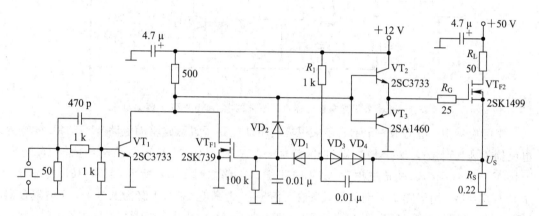

图 4 - 35　带过电流保护功能的电力 MOSFET 驱动电路

2）隔离驱动电路

根据隔离元器件的不同，隔离驱动电路可分为电磁隔离和光电隔离两种。采用脉冲变压器进行隔离的电力 MOSFET 驱动电路如图 4 - 36 所示。当输入信号 u_i 为正脉冲时，晶体管 VT_1 导通，脉冲变压器次级产生的正脉冲通过 VD_2 直接驱动 VT_2，可提高其开关速

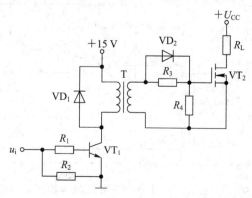

图 4 -36　采用脉冲变压器进行隔离的电力 MOSFET 驱动电路

度；当 u_i 为零或负脉冲时，VT_1 截止，脉冲变压器次级感应负脉冲，VT_2 栅极输入电容上的电荷通过电阻 R_3 和脉冲变压器的次级放电，VT_2 关断。电阻 R_3 影响 VT_2 的关断速度，阻值不宜大；电阻 R_4 的作用是防止栅极开路。

采用光电耦合器进行隔离的电力 MOSFET 驱动电路如图 4-37 所示。当输入信号 u_i 为高电平时，光电耦合器 VT_1 导通，比较器同相端为高电平，其输出为正向高电平，晶体管 VT_2 导通，VT_3 截止，为 VT_4 栅极输入电容提供充电电流，MOSFET 管 VT_4 导通；当 u_i 为低电平时，光电耦合器 VT_1 不导通，比较器同相端为低电平，比较器输出负向高电平，VT_3 导通，VT_2 截止，VT_4 栅极输入电容放电，MOSFET 管 VT_4 关断。

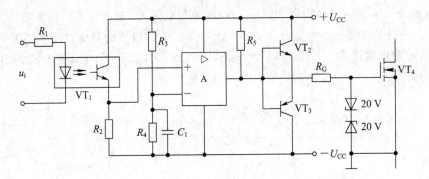

图 4-37　采用光电耦合器进行隔离的电力 MOSFET 驱动电路

实际应用中，电力 MOSFET 多采用集成驱动电路。如集成驱动电路 M57918L 的输入电流幅值为 16 mA，输出最大脉冲电流为 +2 A 和 -3 A，输出驱动电压为 +15 V 和 -10 V。由 M57918L 构成的电力 MOSFET 驱动电路如图 4-38 所示，M57918L 内部有一个光电耦合器，用于隔离驱动信号。当输入信号 u_i 为高电平时，1 脚为低电平，光电耦合器 VT_1 导通、VT_2 关断，VT_2 输出高电平，VT_3 导通、VT_4 截止，7 脚输出正向高电平，此正向电压加到 MOSFET 的栅极上，MOSFET 导通；当输入信号 u_i 为低电平时，1 脚为高电平，光电耦合器 VT_1 关断、VT_2 导通，VT_2 输出低电平，VT_4 导通、VT_3 截止，负向电压加到 MOSFET 的栅极上，加速 MOSFET 关断。

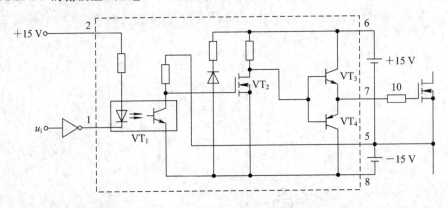

图 4-38　由 M57918L 构成的电力 MOSFET 驱动电路

┌┄┄┄┄┄┄┄┄┄┄┐
┆ **工程小经验** ┆
└┄┄┄┄┄┄┄┄┄┄┘

　　电力 MOSFET 驱动电路与其栅极之间应串联一个电阻，这一电阻的大小不仅影响到电力 MOSFET 开关速度，同时影响器件的使用可靠性。驱动电压、器件栅源电容和外接电阻（如图 4 - 38 所示中的 10 Ω 电阻）构成一个充电回路。电阻选得大，电容电压上升慢，下降也慢，器件的开通和关断时间长，这不仅降低了器件的开关速度，而且增大了器件的开关损耗。电阻选得小，电容电压上升快，下降也快，器件的开通和关断时间短，这不仅加速了器件的开关速度，而且减小了器件的开关损耗。因此，外接电阻的选取很关键。

┌┄┄┄┄┄┄┄┄┄┄┐
┆ **同步思考** ┆
└┄┄┄┄┄┄┄┄┄┄┘

　　结合 GTR 和电力 MOSFET 的驱动原理，说明电流控制型器件和电压控制型器件的特点。

思考题 17

4.4　电力 MOSFET 应用中的共性问题

4.4.1　保护电路

1. 过电压保护

1）栅源间的过电压保护

电力 MOSFET 栅源间的阻抗很高，漏源间电压的突变会通过极间电容耦合到栅极而产生相当高的 U_{GS} 电压过冲，这一电压会引起器件的损坏。为此要适当降低栅源间的阻抗，在栅源间并接阻尼电阻或并接约 20 V 的稳压管，如图 4 - 39 所示，特别要防止栅极开路。

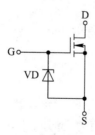

图 4 - 39　电力 MOSFET 的栅源保护电路

2）漏源间的过电压保护

电力 MOSFET 工作在感性负载电路中，器件关断时，漏极电流的突变会导致感性负载产生很高的漏极尖峰电压，从而击穿器件。为此应在感性负载两端并接续流二极管 VD_S，如图 4 - 40 所示。为防止因电路存在杂散电感 L_S 而产生的瞬时过电压，可利用电容两端电压不能突变的特点，在电力 MOSFET 的漏极和源极两端并接 RCD 缓冲电路（如图 4 - 40(a) 中虚线框所示），或并接 RC 缓冲电路（如图 4 - 40(b) 中虚线框所示），电阻 R_1 用于限制缓冲回路所允许的最大冲击电流。

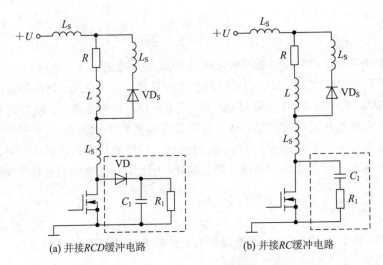

(a) 并接*RCD*缓冲电路　　　　　　(b) 并接*RC*缓冲电路

图 4 - 40　电力 MOSFET 的漏源保护电路

2. 过电流保护

电路中负载切换、负载启动冲击等因素产生的过电流会超过最大漏极电流 I_{DM}，从而导致电力 MOSFET 损坏。器件过电流和短路保护与 GTR 的基本类似，通过电流传感及时封锁驱动信号，使器件从电路中断开。

3. 过热保护

电力 MOSFET 应用中结温过高会使其损坏，因此必须安装散热器，使最大耗散功率和环境温度在最坏情况下，结温低于额定结温 T_j。

在漏极电流一定的情况下，器件的通态电阻 R_{on} 与管压降成正比，且随温度的升高而增大。因此，可通过检测器件的管压降来间接测量结温，当结温高于设定值时，关断电力 MOSFET。

┌─────────────┐
│ **应用案例** │
└─────────────┘

如图 4 - 21 所示的开关电源电路中，设计了以下保护电路。

(1) 开关管过电压保护。开关管 VT_1 由饱和转为截止状态的瞬间，变压器 T_{01} 的⑤-③绕组上会产生反向电动势而形成很高的尖峰脉冲电压加到 VT_1 的漏极上，从而造成电力 MOSFET 漏源极击穿。所以，T_{01} 的初级绕组上设置了由 VD_5、C_4、R_2 构成的尖峰电压吸收回路，以避免 T_{01} 在截止期间被过高的尖峰电压损坏。另外，开关管 VT_1 的栅极还接有稳压二极管 VD_{Z1}，其作用是：当集成块 UC3842 的 6 脚输出脉冲过高，超过 VD_{Z1} 的稳压值时，VD_{Z1} 被击穿，以保护开关管 VT_1 不被损坏。

(2) 输出端过电压保护。当稳压控制电路异常而引起输出端电压过高时，+5 V 端电压也过高，R_{17}、R_{16} 取样后的电压超过 2.5 V，使 U_3 击穿，进而使光电耦合器 U_2 内的发光二极管负端电压降为 0 V，光电耦合器饱和，则 U_1 的 2 脚接高电平，此时 U_1 关断，驱动脉冲输出，使 V_1 一直截止，达到过电压保护的目的。

(3) 欠电压保护。U_1 的 7 脚内电路具有欠电压保护功能。当输入的交流电压低于设定值时，U_1 的 7 脚启动电压低于 16 V，则 U_1 不能启动，6 脚无驱动电压输出，开关电源电路不能工作。若 U_1 已启动，但负载有过流使 T_{01} 反馈绕组②-①上的脉冲电压下降，则当 U_1 的 7 脚工作电压低于 10 V 时，内部欠电压保护电路将动作，使 U_1 停止工作，以避免 VT_1 因激励不足而被损坏。

(4) 过电流保护。由于某种原因(如负载短路)，通过开关管 VT_1 漏源极间的电流增大时，取样电阻 R_{12} 上的电压升高，通过 R_{11} 加到 U_1 的 3 脚。当 U_1 的 3 脚电压上升到 1 V 时，U_1 内部保护电路动作，迫使 U_1 内部振荡电路停振，达到了过电流保护的目的。

4.4.2　静电防护

由于静电感应，电力 MOSFET 的栅极绝缘体易被静电击穿，因此工程应用中应注意以下几点：

(1) 存放器件时，应用金属线将三个电极短路或用铝箔包裹，将器件存放在抗静电包装袋、导电材料袋或金属容器中，不能将器件存放在塑料盒或塑料袋中。

(2) 取用器件时，工作人员必须通过腕带良好接地，且应拿管壳而不是引线部分。

(3) 测试器件时，测量仪器和工作台都要良好接地；器件的三个电极未全部接入测试仪器或电路前，不得施加电压；改换测试范围时，电压和电流要先恢复到零。

(4) 焊接器件时，工作台和电烙铁都必须良好接地；焊接时，电烙铁的功率应不超过 25 W，最好使用 12～24 V 的低电压烙铁，且前端作为接地点，先焊栅极，后焊漏极与源极；焊接时，应断开焊接电烙铁的电源。

4.4.3　其他

由于电力 MOSFET 内部构成寄生晶体管和二极管，通常若短接该寄生晶体管的基极和发射极就会造成器件的二次击穿。另外，寄生二极管的恢复时间为 150 ns，当器件耐压超过 250 V、工作频率大于 10 kHz 时，应避免使用寄生二极管。在要求使用二极管的场合，应增设一只外部快恢复二极管，并使寄生二极管失去作用。增设快恢复二极管电路如图 4 - 41 所示。

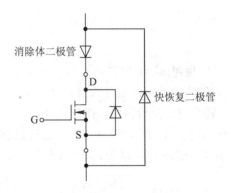

图 4-41　增设快恢复二极管电路

4.5　软 开 关 技 术

现代电力电子技术发展的趋势是装置小型化、轻型化，同时要兼顾工作效率和电磁兼容性问题。通常，在装置中滤波电感、电容和变压器的体积与重量占了很大比例，因此减小滤波器和变压器的体积及重量是实现装置小型化和轻型化的主要途径。

根据"电路"和"变压器"中的相关知识，提高开关频率可以减小滤波器的参数和变压器的绕组匝数，从而显著地降低装置的体积和重量。但随着开关频率的提高，开关损耗也随之增加，电路效率大幅下降，电磁干扰增大，所以简单地提高开关频率是不行的。针对这些问题出现了软开关技术，它在开关频率提高的情况下，有效地解决了电路中的开关损耗和开关噪声等问题。

4.5.1　硬开关与软开关

在对电路进行分析时，我们总是将电路理想化，尤其是将电路中的开关理想化，认为开关过程是在瞬间完成的，而忽略了开关过程对电路的影响。但是在实际的电路转换中，开关过程是客观存在的，一定条件下还可能对电路产生重要影响。开关过程中电压、电流不为零，出现了重叠现象，从而导致了开关损耗，而且电压和电流的变化很快，波形出现了明显的过冲，这导致了开关噪声的产生。具有这样开关过程的开关称为硬开关。硬开关的开关过程如图 4-42 所示。

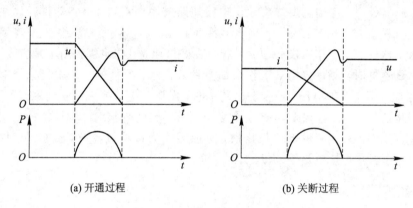

(a) 开通过程　　　　　　　　(b) 关断过程

图 4-42　硬开关的开关过程

20 世纪 80 年代初，美国弗吉尼亚电力电子中心（Virginia Power Electronic Center，VPEC）的李泽元教授等人提出了软开关的概念，即在原电路中增加电感、电容等谐振元件，构成辅助换流网络，在开关过程前后引入谐振过程，使开关开通前电压先降为零或关断前电流先降为零，即可消除开关过程中电流、电压的重叠，降低它们的变化率，从而大大减小甚至消除损耗和开关噪声。软开关的典型开关过程如图 4-43 所示。

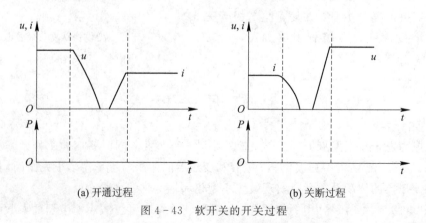

(a) 开通过程　　　　　　　　(b) 关断过程

图 4-43　软开关的开关过程

　　根据开关管与谐振电感、谐振电容的结合方式，谐振开关可分为零电流谐振开关和零电压谐振开关两类。零电流谐振开关是将谐振电感与 PWM 开关串联，当电感中谐振电流过零点时，使开关零电流关断；零电压谐振开关是将谐振电容与 PWM 开关并联，当电容两端谐振电压过零点时，使开关零电压开通。它们各有 L 型和 M 型两种电路方式。

1. 零电流谐振开关

　　零电流谐振开关（Zero Current Switching，ZCS）由开关器件 S、谐振元件 L_r 和 C_r 组成，电感 L_r 与开关 S 串联，如图 4 - 44 所示。

　　工作原理：在开关 S 开通之前，L_r 的电流为零；当 S 开通时，L_r 限制 S 中电流的上升率，实现 S 的零电流开通；而当 S 关断时，L_r 和 C_r 谐振工作，使 L_r 的电流回到零，实现 S 的零电流关断。因此，谐振元件 L_r 和 C_r 为 S 提供了零电流谐振开关的条件。

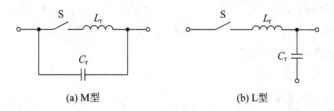

(a) M型　　　　　　　　　　(b) L型

图 4 - 44　零电流谐振开关

　　根据谐振电流的流动方向，零电流谐振开关可分为半波和全波两种工作模式，如图 4 - 45 所示。半波模式下，二极管 VD_1 与谐振电感 L_r 串联，电感 L_r 上的电流只能单方向流动，开关电流只在正半周谐振。全波模式下，二极管 VD_1 与 VT_1 反并联，电感 L_r 的电流可以双向流动。

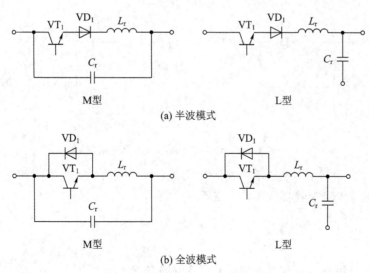

M型　　　　　　　　　　　　L型

(a) 半波模式

M型　　　　　　　　　　　　L型

(b) 全波模式

图 4 - 45　零电流谐振开关的工作模式

2. 零电压谐振开关

　　零电压谐振开关（Zero Voltage Switching，ZVS）由开关器件S、谐振元件 L_r 和 C_r 组

成，谐振电容 C_r 与开关 S 并联，如图 4-46 所示。

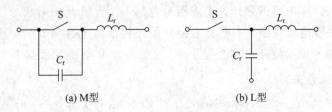

(a) M型　　　　　　　　　(b) L型

图 4-46　零电压谐振开关

工作原理：当 S 开通时，L_r 和 C_r 谐振工作，使 C_r 的电压回到零，实现 S 的零电压开通；当 S 关断时，C_r 限制 S 上的电压上升率，实现 S 的零电压关断。因此，谐振元件 L_r 和 C_r 为开关 S 提供了零电压谐振开关的条件。

根据谐振电压的极性，零电压谐振开关可分为半波和全波两种工作模式，如图 4-47 所示。半波模式下，二极管 VD_1 与 VT_1 反并联，电容 C_r 上的电压被二极管钳位到近似零，开关电压工作在半波内。全波模式下，二极管 VD_1 与 VT_1 串联，电容 C_r 上的电压可正可负，开关电压工作在全波内。

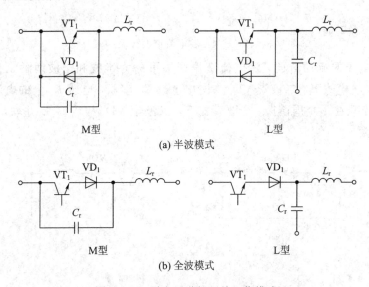

M型　　　　　　　　　　　　　　　L型

(a) 半波模式

M型　　　　　　　　　　　　　　　L型

(b) 全波模式

图 4-47　零电压谐振开关工作模式

软开关技术问世以后，经过不断发展和完善，新型的软开关电路不断涌现，如准谐振变换器、零开关 PWM 变换器和零转换 PWM 变换器。

零开关，即零电压开通和零电流关断的含义是什么？

思考题 18

4.5.2　准谐振变换器

准谐振变换器是开关技术的一次飞跃，其特点是谐振元件只参与能量变换的某一个阶段，而不是全程参与。由于正向和反向 LC 回路值不一样，即振荡频率不同，电流幅值不同，因此振荡不对称。一般正向正弦半波大过负向正弦半波，所以称为准谐振。利用准谐振现象，使电子开关器件上的电压或电流按正弦规律变化，创造了零电压开通或零电流关断的条件。以这种技术为主导的变换器称为准谐振变换器（Quasi Resonant Converter，QRC）。准谐振变换器分为零电流开关准谐振变换器（ZCS QRC）和零电压开关准谐振变换器（ZVS QRC）。

1. 零电流开关准谐振变换器

用零电流谐振开关代替直流变换电路中的硬开关，可得到零电流准谐振变换器。下面以降压型零电流开关准谐振变换器（Buck ZCS QRC）为例进行分析。Buck ZCS QRC 电路由电源 E、开关管 VT_S、二极管 VD_S、谐振元件 L_r 和 C_r、续流二极管 VD、滤波元件 L_f 和 C_f、负载电阻 R_L 等组成，如图 4-48 所示，谐振电容 C_r 与二极管 VD 并联。

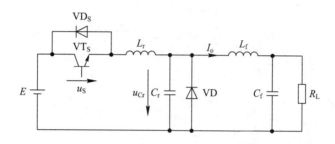

图 4-48　Buck ZCS QRC 电路

为分析方便，假设：

① 所有开关管、二极管、电感、电容和变压器均为理想器件；

② 滤波电感远大于谐振电感，即 $L_f \gg L_r$；

③ 滤波电感足够大，在一个开关周期中，其电流基本保持为输出电流 I_o 不变。

并定义以下物理量：

特征阻抗 $Z_r = \sqrt{L_r/C_r}$；

谐振角频率 $\omega_r = 1/\sqrt{L_r C_r}$；

谐振频率 $f_r = \omega_r/(2\pi) = 1/(2\pi\sqrt{L_r C_r})$；

谐振周期 $T_r = 1/f_r = 2\pi\sqrt{L_r C_r}$。

一个开关周期分为 4 个阶段，假定在开关 VT_S 导通以前，负载电流经二极管 VD 续流，电容 C_r 上的电压 u_{Cr} 被钳位到零。Buck ZCS QRC 的工作波形如图 4-49 所示。

（1）$t_0 \sim t_1$ 期间：t_0 之前，VT_S 不导通，输出电流 I_o 经 VD 续流；t_0 时刻，开关管 VT_S 导通，电感 L_r 充电，L_r 中的电流线性上升。电感 L_r 充电阶段电流路径如图 4-50 中粗实线所示。

（2）$t_1 \sim t_4$ 期间：t_1 时刻 i_{Lr} 达到 I_o。随后 i_{Lr} 分成两部分，一部分维持负载电流，一部分给谐振电容充电，二极管 VD 截止，L_r 和 C_r 开始谐振；t_2 时刻，$u_{Cr} = E$，i_{Lr} 达到峰值；随后，i_{Lr} 减小；t_3 时刻，i_{Lr} 减小到 I_o，u_{Cr} 达到峰值，接着 u_{Cr} 开始放电，直到 t_4 时刻，

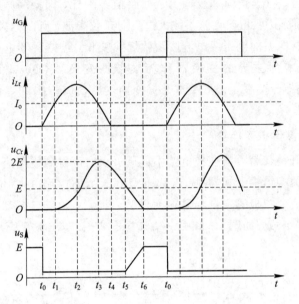

图 4-49　Buck ZCS QRC 的工作波形

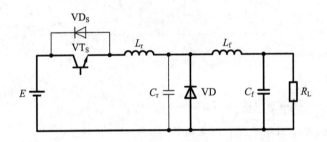

图 4-50　电感 L_r 充电阶段

i_{Lr} 下降到零。$L_r C_r$ 谐振阶段电流路径如图 4-51 中粗实线所示。

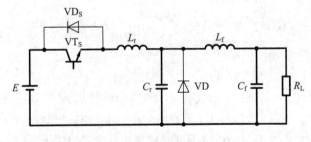

图 4-51　谐振阶段

（3）$t_4 \sim t_6$ 期间：$t_4 \sim t_5$ 时段，$u_{Cr} > E$，电容 C_r 向负载放电，开关 VT_S 中的电流被钳位到零。在这期间关断 VT_S，VT_S 将是零电流关断。t_5 时刻，$u_{Cr} = E$，由于负载电流恒定，u_{Cr} 继续放电，这时开关管两端电压 u_S 开始上升。电容 C_r 放电阶段电流路径如图 4-52 中粗实线所示。

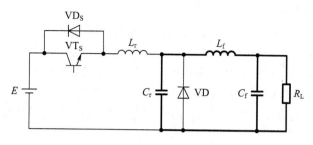

图 4 - 52　电容放电阶段

（4）$t_6 \sim t_0$ 时段：t_6 时刻，$u_{Cr}=0$，$u_s=E$。u_{Cr} 放电完毕，输出电流 I。经二极管 VD 续流。直到 t_0 时刻，VT_s 再次导通进入下一个工作周期。续流阶段电流路径如图 4 - 53 中粗实线所示。

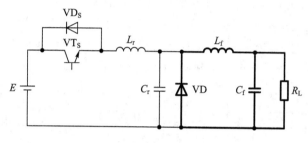

图 4 - 53　续流阶段

2. 零电压开关准谐振变换器

用零电压谐振开关代替直流变换电路中的硬开关，就可直接得到相应的零电压准谐振直流变换器（ZVS QRC）。下面以升压型零电压开关准谐振变换器（Boost ZVS QRC）为例来进行分析。Boost ZVS QRC 的主电路如图 4 - 54 所示。

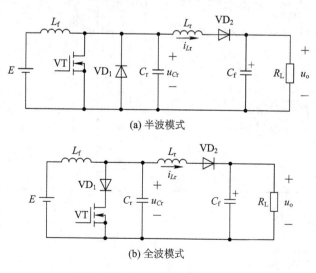

(a) 半波模式

(b) 全波模式

图 4 - 54　Boost ZVS QRC 电路

为分析方便，假设：

① 所有开关管、二极管、电感、电容和变压器均为理想器件；

② 滤波电感远大于谐振电感，即 $L_f \gg L_r$；

③ 电感 L_f 足够大，在一个开关周期中，其电流基本保持为输入电流 I_i 不变。

④ 电容 C_f 足够大，在一个开关周期中，其电压基本保持为输出电压 U_o 不变。

特征阻抗、谐振角频率、谐振频率、谐振周期等物理量的定义与 Buck ZCS QRC 中的相同。

Boost ZVS QRC 的工作波形如图 4-55 所示。在 t_0 时刻之前，VT 导通，谐振电感电流 i_{Lr} 和谐振电容电压 u_{Cr} 均为零。在 t_0 时刻，VT 关断，输入电流 I_i 从 VT 转移到 C_r 中，对 C_r 充电，u_{Cr} 线性上升。在 t_1 时刻，u_{Cr} 上升到输出电压 U_o。从 t_1 时刻开始，续流二极管 VD_2 导通，L_r 和 C_r 开始谐振工作。半波模式下，在 t_2 时刻，u_{Cr} 减小到 0，VT 的反并联二极管 VD_1 导通，VT 的电压被钳位在 0，此时开通 VT，则是零电压开通；全波模式下，u_{Cr} 减小到 0 后变为负电压再变为 0，此时开通 VT，也是零电压开通。在 $t_2 \sim t_3$ 期间，VT 导通，i_{Lr} 线性减小；在 t_3 时刻，i_{Lr} 减小到 0，续流二极管 VD_2 截止；负载电流由输出滤波电容提供。到 t_4 时刻，VT 零电压关断，开始下一个开关周期。

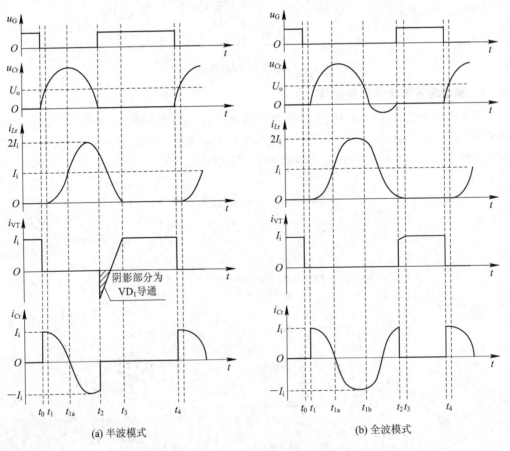

(a) 半波模式　　　　　　　　　　　　(b) 全波模式

图 4-55　Boost ZVS QRC 的工作波形

应用案例

　　50 W 开关电源电路如图 4-56 所示。该变换器输入直流电压的范围为 10～26 V，输出电压为 5 V，最大输出电流为 10 A，工作频率为 500 kHz。电感 L_r、电容 C_r、变压器 T_1、功率开关管 VT_1 和二极管 VD_1 组成谐振变换器主回路。控制回路主要由谐振控制器 UC1864 组成。电流互感器 T_2 检测变换器的初级电流，T_2 的次级电压正比于变换器输出电流。T_2 的次级电压经 VD_2 整流后，加到 UC1846 的故障脚（FAULT）。当变换器输出电流过大时，UC1846 的输出端立即变为低电平，变换器停止工作。电阻 R_2、R_3 和晶体管 VT_2 组成过零检测电路，用于调整 UC1864 输出脉冲的宽度。二极管 VD_3 和 VD_4 接在 UC1864 的输出端 OUT A 和 V_{CC} 脚之间，VD_5 和 VD_6 接在 UC1864 的输出端和功率电路接地端 PGND 之间，防止输出端的电压低于地电位。具体工作原理分析略。

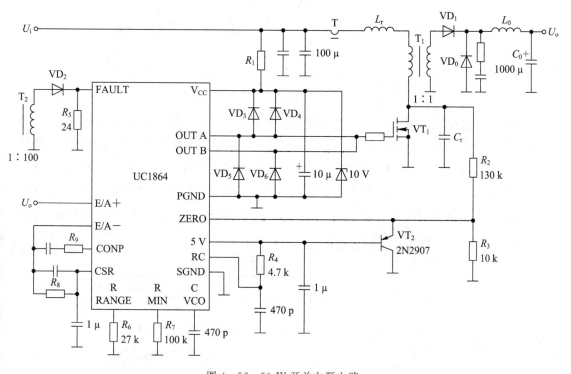

图 4-56　50 W 开关电源电路

4.5.3　零开关 PWM 变换器

　　准谐振变换器利用谐振电感和谐振电容实现了软开关，但要采用频率调制方案。变化的开关频率使得变换器的高频变压器、滤波电感的优化设计变得十分困难，为此出现了恒频控制的零开关 PWM 变换器（Zero Switching PWM Converter）。零开关 PWM 变换器可分为零电流开关 PWM 变换器（ZCS PWM）和零电压开关 PWM 变换器（ZVS PWM）。该类变换器与准谐振不同的是，谐振元件的谐振工作时间与开关周期相比很短，一般为开关周

期的 $1/10 \sim 1/5$。

1. 零电流开关 PWM 变换器

在零电流准谐振开关中增加辅助开关管构成 ZCS PWM 开关,用 ZCS PWM 开关代替直流变换电路中的硬开关,可以得到相应的 ZCS PWM 变换器。下面以降压型直流变换电路(Buck ZCS PWM)为例进行分析。如图 4-57 所示,Buck ZCS PWM 变换器主电路中 VT_1 为主开关,VT_2 为辅助开关,谐振电容上串接一个可控开关,VD_1 和 VD_2 分别为与主辅开关反并联的体内二极管,L_r 与 C_r 分别为谐振电感与谐振电容,L_f 与 C_f 分别为滤波电感与滤波电容,辅助开关 VT_2 与谐振电容 C_r 串联。

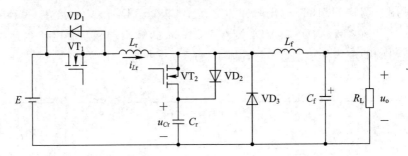

图 4-57　Buck ZCS PWM 变换器主电路

电路分析时的假设条件及定义的物理量与零电流开关准谐振变换器的相同。Buck ZCS PWM 的工作波形如图 4-58 所示。在 t_0 时刻之前,主辅开关管 VT_1、VT_2 均处于关断状态,输出滤波电感 L_f 的电流 I_o 经续流二极管 VD_3 续流;谐振电感电流 i_{Lr} 和谐振电容电压 u_{Cr} 均为零。在 t_0 时刻,主开关管 VT_1 开通,i_{Lr} 从 0 开始线性上升,因此 VT_1 是零电流开通,VD_3 中的电流线性下降。在 t_1 时刻,i_{Lr} 上升到 I_o,$i_{VD_3} = 0$,VD_3 自然关断。t_1 时

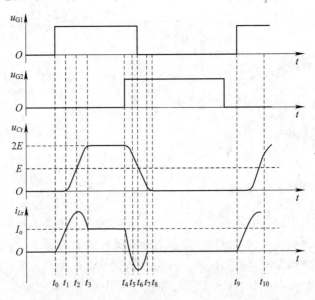

图 4-58　Buck ZCS PWM 的工作波形

刻之后，辅助二极管 VD_2 导通，L_r 和 C_r 开始谐振工作。t_2 时刻，$u_{Cr}=E$。在 t_3 时刻，i_{Lr} 减小到 I_o，u_{Cr} 达到最大值 $U_{Crmax}=2E$。在 $t_3\sim t_4$ 时段，辅助二极管 VD_2 关断，谐振电容电压保持在最大值 U_{Crmax}，谐振电感电流 $i_{Lr}=I_o$ 恒定不变。在 $t_4\sim t_8$ 时段，谐振电容 C_r 放电。$t_5\sim t_6$ 时段，流过 VT_1 中的电流为零，关断 VT_1，则 VT_1 是零电流关断。t_7 时刻，谐振电容电压 u_{Cr} 接近 0，续流二极管 VD_3 导通。在 $t_7\sim t_8$ 时段，输出电流 I_o 经 VD_3 续流，辅助开关管 VT_2 关断。t_9 时刻，开始下一个开关周期。

从以上分析可以看出，在 ZCS PWM 电路中，所有开关及二极管都是在零电压或零电流下完成通断的。同时电路可以恒定频率通过控制脉宽来调节输出电压。如果恒流阶段为零，则 ZCS PWM 电路就等同于 ZCS QRC 电路。

2. 零电压开关 PWM 变换器

在 ZVS QRC 的基础上，给谐振电感并联一只辅助开关管（包括它的串联二极管），就可得到零电压开关 PWM 变换器。以 Buck 电路为例，Buck ZVS PWM 变换器如图 4-59 所示。Buck ZVS PWM 变换器中 VT_1 为主开关，VT_2 为辅助开关，L_r 与 C_r 分别为谐振电感与谐振电容，L_f 与 C_f 分别为滤波电感与滤波电容。

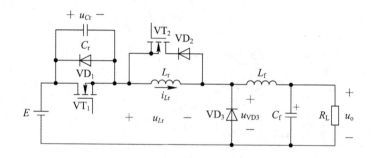

图 4-59　Buck ZVS PWM 变换器

电路的假设条件及定义的物理量与零电压开关准谐振变换器的相同。Buck ZVS PWM 的工作波形如图 4-60 所示。在 t_0 时刻之前，主辅开关管 VT_1、VT_2 均处于导通状态。谐振电感电流 i_{Lr} 等于负载电流 I_o，谐振电容电压 u_{Cr} 为零，续流二极管 VD_3 处于关断状态。在 t_0 时刻，VT_1 关断，谐振电容以恒流 I_o 充电，由于 u_{Cr} 从 0 开始线性上升，因此 VT_1 是零电压关断。在 t_1 时刻，u_{Cr} 上升到输入电压 E，续流二极管 VD_3 导通，输出电流 I_o 经 VD_3 续流，谐振电感电流 i_{Lr} 经 VD_2、VT_2 续流。在 t_2 时刻，辅助开关管 VT_2 关断，L_r 和 C_r 开始谐振工作。在 t_3 时刻，u_{Cr} 等于 0，VT_1 的反并联二极管 VD_1 导通，VT_1 两端电压被钳位为 0。此时，开通 VT_1，则 VT_1 是零电压开通。在 $t_3\sim t_4$ 时段，谐振电感上的电压等于输入电压 E，谐振电感电流 i_{Lr} 线性增加，续流二极管 VD_3 的电流线性减小，在 t_4 时刻，i_{Lr} 上升到 I_o，VD_3 中的电流减小到 0，VD_3 自然关断。在 $t_4\sim t_5$ 时段，电路进入 Buck ZVS PWM 变换器的开关导通工作状态，在此阶段的某一时刻，使辅助开关管 VT_2 开通，则 VT_2 是零电压导通。在 t_5 时刻，VT_1 零电压关断，电路进入下一个工作周期。

Buck ZVS PWM 变换器可以实现恒频控制，电流应力小，但电压应力较大，由于电感串联在主电路中，因此实现零电压开关的条件与电压及负载的变化有关。

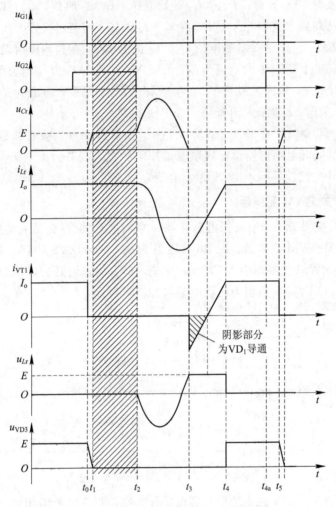

图 4 - 60　Buck ZVS PWM 的工作波形

拓展学习

有关器件应力的名词术语解释如下。

（1）电压应力：指施加在器件上的电压峰值。电压应力大意味着需要选用耐压高的器件，从而增加了成本。

（2）电流应力：指器件中流过的电流峰值。电流应力大反映了器件的通态损耗增大，电路效率降低，在散热条件不变时，器件的结温要升高，降低了电路工作的可靠性。

（3）功率应力：指器件上形成的瞬时功率峰值。功率应力大，易使器件内部出现热点，造成晶格损伤，影响器件的工作寿命。

同步思考

（1）零电流变换电路如图 4 - 61 所示，ZCS PWM 与 ZCS QRC 在电路结构上有什么区别？特性上，ZCS PWM 比 ZCS QRC 有哪些改进？

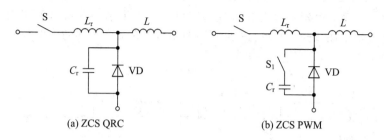

(a) ZCS QRC　　　　　　　　　(b) ZCS PWM

图 4-61　零电流变换电路

（2）零电压变换电路如图 4-62 所示，ZVS PWM 比 ZVS QRC 在电路结构上有什么区别？特性上，ZVS PWM 比 ZVS QRC 有哪些改进？

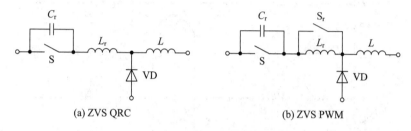

(a) ZVS QRC　　　　　　　　　(b) ZVS PWM

图 4-62　零电压变换电路

4.5.4　零转换 PWM 变换器

零转换 PWM 变换器(Zero Transition PWM Converter)包括零电流转换(ZCT)PWM 变换器和零电压转换(ZVT)PWM 变换器。

1. 零电流转换 PWM 变换器

零电流转换 PWM 变换器的基本思路是：在基本的 PWM 变换器中增加一个辅助电路，在主开关管关断前辅助电路开始工作，在主开关管关断时使电流减小到零。当主开关管零电流关断后，辅助电路停止工作。下面以 Boost ZCT PWM 变换器为例进行分析，电路如图 4-63 所示。

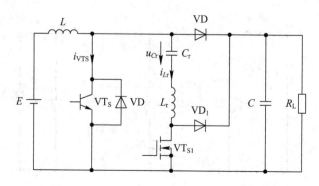

图 4-63　Boost ZCT PWM 变换器基本电路

假定电路中的所有器件均为理想器件，升压电感 L_f 足够大，在一个开关周期中，其电流基本保持为输入电流 I_i 不变；滤波电容 C_f 足够大，在一个开关周期中，其电压基本保持为输出电压 U_o 不变。电路定义的物理量与零电压开关准谐振变换器的相同。Boost ZCT PWM 的工作波形如图 4-64 所示。一个开关周期内存在 7 个不同的工作阶段，各阶段工作过程分析如下：

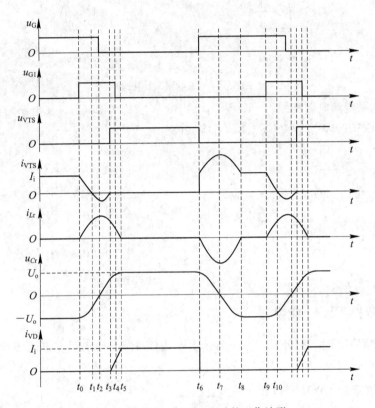

图 4-64 Boost ZCT PWM 的工作波形

（1）$t_0 \sim t_1$ 阶段：谐振第一阶段，电流路径示意图如图 4-65 所示。t_0 以前，主开关 VT_S 通态，辅助开关 VT_{S1} 断态，二极管 VD 断态，$u_{Cr} = -U_o$。t_0 时刻，VT_{S1} 导通，L_r、C_r 开始谐振，i_{Lr} 上升，u_{Cr} 反向减小，同时 i_{VTS} 减小；t_1 时刻，i_{VTS} 减小到零。

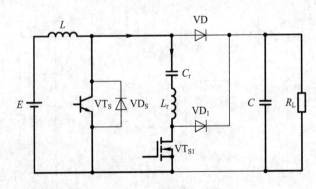

图 4-65 谐振第一阶段

（2）$t_1 \sim t_3$ 阶段：谐振第二阶段，电流路径示意图如图 4-66 所示。t_1 时刻，i_{VT_S} 减小到零，随后 VT$_S$ 的反并联二极管导通；t_2 时刻，i_{Lr} 达到最大值，u_{Cr} 反向下降到零，接着 i_{Lr} 减小，u_{Cr} 正向增大，流过 VT$_S$ 的反并联二极管中的电流减小；t_3 时刻，VD$_S$ 中的电流下降到零，i_{Lr} 下降到 I_i，随后 VD 开始导通。若 VT$_S$ 在 $t_1 \sim t_3$ 期间关断，则 VT$_S$ 为零电流关断。

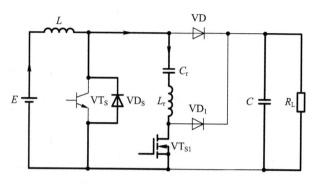

图 4-66 谐振第二阶段

（3）$t_3 \sim t_4$ 阶段：谐振第三阶段，电流路径示意图如图 4-67 所示。t_3 时刻，VD$_S$ 中的电流下降到零，VD 开始导通，i_{VD} 开始增大，直到 t_4 时刻，VT$_{S1}$ 关断。

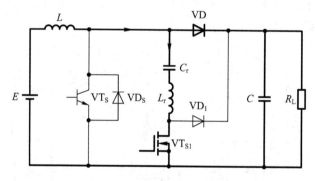

图 4-67 谐振第三阶段

（4）$t_4 \sim t_5$ 阶段：谐振第四阶段，电流路径示意图如图 4-68 所示。t_4 时刻，VT$_{S1}$ 关断，VD$_1$ 导通，L_r、C_r 通过 VD$_1$ 构成回路继续谐振，i_{Lr} 继续下降，u_{Cr} 继续增大；t_5 时刻，i_{Lr} 下降到零，i_{VD} 上升到 I_i，u_{Cr} 上升到最大值 U_o。

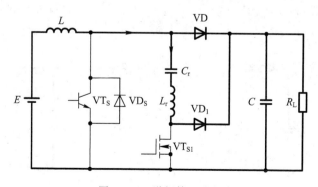

图 4-68 谐振第四阶段

(5) $t_5 \sim t_6$ 阶段：能量传输阶段，电流路径示意图如图 4-69 所示。t_5 时刻，i_{Lr} 下降到零，i_{VD} 上升到 I_i，由于 i_{Lr} 没有反向流动的通路，故 L_r、C_r 停止谐振。随后 C_r 两端电压保持不变，该状态维持到 t_6 时刻，VT_S 导通。

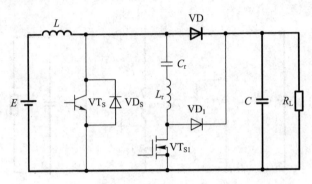

图 4-69　能量传输阶段

(6) $t_6 \sim t_8$ 阶段：谐振电容反向充电阶段，电流路径示意图如图 4-70 所示。t_6 时刻，VT_S 导通，L_r、C_r 通过 VT_S 构成谐振回路，i_{Lr} 反向增大，i_{VT_S} 正向增大；t_7 时刻，u_{Cr} 谐振到零，i_{Lr} 谐振到最大值，i_{VT_S} 也达到最大值；t_8 时刻，i_{Lr} 反向降到零，u_{Cr} 达到负的最大值 $-U_o$，i_{VT_S} 回到 I_i。

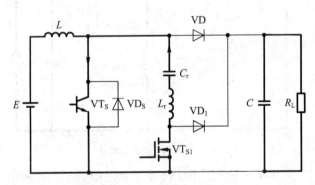

图 4-70　谐振电容反向充电阶段

(7) $t_8 \sim t_9$ 阶段：储能电感充电阶段，电流路径示意图如图 4-71 所示。t_8 时刻，i_{Lr} 反向降到零，u_{Cr} 达到负的最大值 $-U_o$，i_{VT_S} 回到 I_i，VT_S 的反并联二极管关断，VT_S 继续导通，为输入电流 I_i 提供续流回路。直到 t_9 时刻，VT_{S1} 导通，电路进入下一个工作周期。

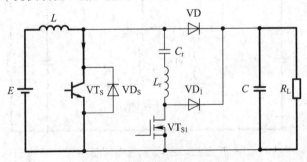

图 4-71　储能电感充电阶段

2. 零电压转换 PWM 变换器

零电压转换(PWM)变换器的基本思路是：给主开关管并联一个缓冲电容，在开关管关断时限制电压的上升率，实现零电压关断；而在主开关管开通时，将缓冲电容上的电压释放到零，实现主开关管的零电压开通。下面以 Boost ZVT PWM 变换器为例进行分析，电路如图 4 - 72 所示。

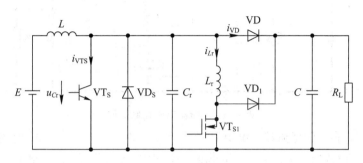

图 4 - 72　Boost ZVT PWM 变换器基本电路

为了简化分析，假设输入滤波电感足够大，输入电流看成是理想的直流电流源 I_i，同时，假定输出滤波电容足够大，输出电压看成是理想的直流电压 U_o。一个开关周期内存在 8 个不同的工作阶段，其工作波形如图 4 - 73 所示，各阶段工作过程分析如下：

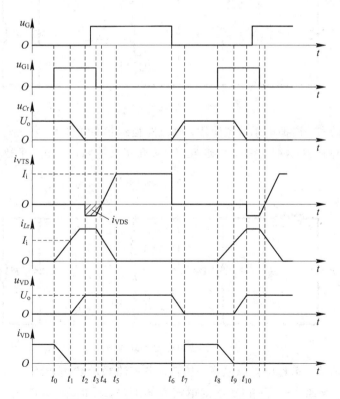

图 4 - 73　Boost ZVT PWM 的工作波形

（1）$t_0 \sim t_1$ 阶段：谐振电感充电阶段，电流路径示意图如图 4 - 74 所示。t_0 以前，主开

关 VT_S 和辅助开关 VT_{S1} 断态，二极管 VD 导通。t_0 时刻，VT_{S1} 导通，电感 L_r 中的电流 i_{Lr} 线性上升，VD 中的电流 i_{VD} 线性减小。t_1 时刻，i_{Lr} 达到 I_i，i_{VD} 下降到零，VD 在软开关下关断。

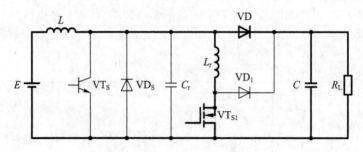

图 4-74　谐振电感充电阶段

（2）$t_1 \sim t_2$ 阶段：谐振阶段，电流路径示意图如图 4-75 所示。t_1 时刻，i_{Lr} 达到 I_i，i_{VD} 下降到零，VD 关断，L_r、C_r 开始谐振，C_r 中的能量开始向 L_r 转移，i_{Lr} 继续增大，u_{Cr} 开始下降；t_2 时刻，i_{Lr} 达到峰值，u_{Cr} 下降到零。

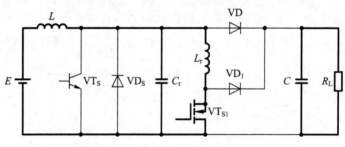

图 4-75　谐振阶段

（3）$t_2 \sim t_3$ 阶段：谐振电感续流阶段，电流路径示意图如图 4-76 所示。t_2 时刻，i_{Lr} 达到峰值，u_{Cr} 下降到零，随后 VD_S 导通给 i_{Lr} 续流并维持峰值，u_{Cr} 维持零，直到 t_3 时刻 VT_{S1} 关断。

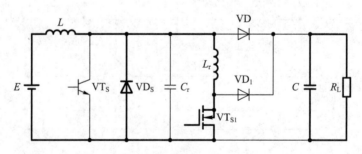

图 4-76　谐振电感续流阶段

（4）$t_3 \sim t_4$ 阶段：谐振电感放电第一阶段，电流路径示意图如图 4-77 所示。t_3 时刻，VT_{S1} 关断，VD_1 导通，i_{Lr} 和 VD_S 中的电流开始下降；t_4 时刻，VD_S 中的电流下降到零，此阶段结束。$t_2 \sim t_4$ 时间段内，VT_S 反并联二极管 VD_S 导通，这时开通 VT_S，则 VT_S 为零电压导通。

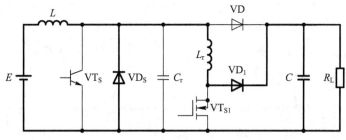

图 4 - 77 谐振电感放电第一阶段

（5）$t_4 \sim t_5$ 阶段：谐振电感放电第二阶段，电流路径示意图如图 4 - 78 所示。t_4 时刻，VD_S 中的电流下降到零，随后 VT_S 开始导通，i_{VTS} 增大，i_{Lr} 减小；t_5 时刻，i_{VTS} 等于 I_i，i_{Lr} 下降到零。

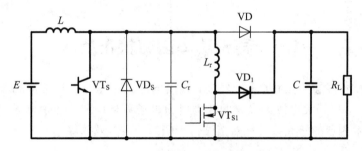

图 4 - 78 谐振电感放电第二阶段

（6）$t_5 \sim t_6$ 阶段：储能电感充电阶段，电流路径示意图如图 4 - 79 所示。t_5 时刻，i_{Lr} 下降到零，i_{VTS} 上升到 I_i，随后 VT_S 为输入电流提供续流回路。该状态维持到 t_6 时刻，VT_S 关断。

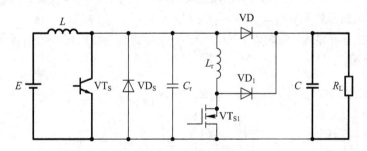

图 4 - 79 储能电感充电阶段

（7）$t_6 \sim t_7$ 阶段：谐振电容充电阶段，电流路径示意图如图 4 - 80 所示。t_6 时刻，VT_S

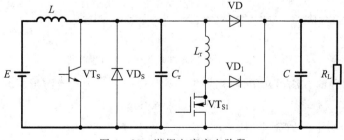

图 4 - 80 谐振电容充电阶段

在谐振电容的作用下软关断，随后谐振电容两端电压 u_{Cr} 即 VT_S 两端电压线性上升；t_7 时刻，u_{Cr} 上升至 U_o，随后 VD 导通。

（8）$t_7 \sim t_8$ 阶段：能量传输阶段，电流路径示意图如图 4-81 所示。t_7 时刻，VD 导通，u_{Cr} 电压被钳位在 U_o，直到 t_8 时刻，VT_{S1} 导通，进入下一个工作周期。

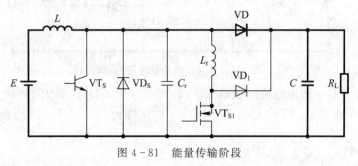

图 4-81　能量传输阶段

4.6　有源功率因数校正技术

目前，随着电力电子技术的不断发展，开关电源技术已经广泛地应用于工业和民用的各个领域。然而，以开关电源为代表的各类电力电子装备已成为主要的谐波污染，这就迫使电力电子技术领域的研究人员针对谐波污染问题给出有效的解决方法。

4.6.1　功率因数校正技术

开关电源的输入级采用二极管构成的不可控容性整流电路如图 4-82(a)所示。这种电路的优点是结构简单、成本低、可靠性高；缺点是输入电流不是正弦波。二极管整流电路不具有对输入电流的可控性，当电源电压高于电容电压时，二极管导通，当电源电压低于电容电压时，二极管不导通，输入电流为零，这样就形成了电源电压峰值附近的电流脉冲，如图 4-82(b)所示。

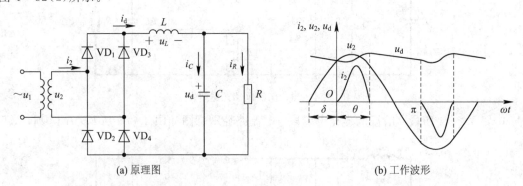

(a) 原理图　　　　　　　　　　　　(b) 工作波形

图 4-82　不可控容性整流电路及工作波形

解决这一问题的方法是对电流脉冲的幅度进行抑制，使电流波形尽量接近正弦波。这一技术称为功率因数校正(Power Factor Correction，PFC)技术。根据采用的具体方法，PFC 可分成无源功率因数校正(Passive Power Factor Correction，PPFC)和有源功率因数校正(Active Power Factor Correction，APFC)两种。

无源功率因数校正技术通过在二极管整流电路中增加电感、电容等无源元件，对电路中的电流脉冲进行抑制，以降低电流谐波含量，提高功率因数。这种方法的优点是结构简单、可靠性高，无须进行控制；缺点是增加的无源元件一般体积都很大，成本也较高，并且功率因数通常仅能校正至 0.8 左右，而谐波含量仅能降至 50% 左右，难以满足现行谐波标准的限制。

有源功率因数校正技术采用全控型开关器件构成的开关电路对输入电流的波形进行控制，使之成为与电源电压同相位的正弦波，总谐波量可以降低至 5% 以下，而功率因数能高达 0.995，彻底解决了整流电路的谐波污染和功率因数低的问题，满足现行最严格的谐波标准，因此其应用越来越广泛。这种方法应用了有源器件，故称为有源功率因数校正。

APFC 的电路结构有单级式和双级式两种。单级式 APFC 电路结构如图 4 - 83 所示，其集功率因数校正和输出隔离、电压稳定于一体，结构简单，效率高，但分析和控制复杂，适用于单一集中式电源系统。

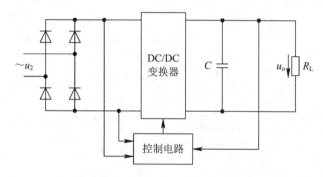

图 4 - 83　单级式 APFC 电路结构

双级式 APFC 电路结构如图 4 - 84 所示，其是由 Boost 变换器和 DC/DC 变换器级间串联而成的，中间的直流母线电压一般都稳定在 400 V；前级的 Boost 变换器实现功率因数校正，后级的 DC/DC 变换器实现隔离和降压。其优点是每级电路可单独分析、设计和控制，特别适合作为分布式电源系统的前置级。

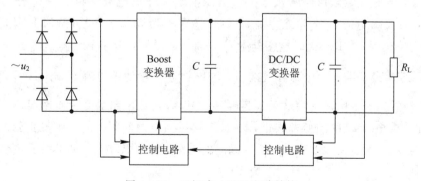

图 4 - 84　双级式 APFC 电路结构

4.6.2　单相 Boost 型 APFC 变换器

前面介绍的降压斩波电路、升压斩波电路、升降压斩波电路、Cuk 斩波电路，原则上都可以用于 APFC 变换器的主电路。但是由于 Boost 变换器的一些特殊优点，其在 APFC 变换器中获得了更为广泛的应用。下面以单相桥式整流电路的功率因数校正为例来分析 APFC 的工作原理和控制方法。

1. 电路组成与工作原理

单相 Boost 型 APFC 变换器如图 4-85 所示，在单相桥式整流电路与滤波电容 C 之间加入 Boost 型变换器。交流电源经射频滤波器 RFI 滤波后，由桥式整流实现 AC/DC 变换，输出双脉波电压 u_d，u_d 中的高次谐波由小电容 C_1 滤波，在整流器和输出滤波大电容 C 之间的 Boost 变换器实现升压式 DC/DC 变换。控制电路采用电压外环、电流内环的双闭环结构，在稳定输出电压 U_o 的情况下，力求使经过整流后的电流 i_L 波形与整流后的电压 u_d 波形相同。

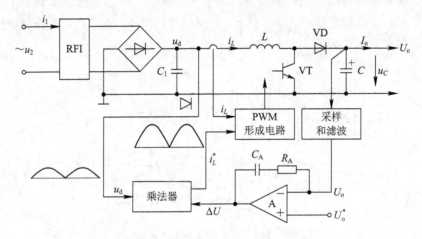

图 4-85　单相 Boost 型 APFC 变换器

具体工作原理是：给定负载电压 U_o^* 和升压变换器输出电压 U_o 的差值 ΔU 经 PI(比例－积分)调节器 A 输出，并和整流器输出的脉动电压 u_d 同时作为乘法器的两个输入，构成电压外环；而乘法器的输出作为电流内环的给定电流 i_L^*，i_L^* 的幅值与 ΔU 和 u_d 的幅值成正比，波形则与整流器输出电压 u_d 相同；升压电感 L 中的电流检测信号 i_L 作为电流内环的反馈电流；反馈电流 i_L 与给定电流 i_L^* 送入 PWM 形成电路产生 PWM 信号，作为开关管 VT 的驱动信号；VT 导通时电感电流 i_L 增加，当增加到等于 i_L^* 时，VT 截止，这时 u_d $+L\dfrac{di}{dt}$ 使二极管 VD 导通，电感释放能量，与电源同时给滤波电容 C 充电和向负载供电。

如果射频滤波器 RFI 和 C 的滤波效果足够好，PWM 形成电路的开关频率足够高，则电感电流 i_L 和输入电流 i_1 的畸变都很小，i_L 就越接近与电源同频率的双半波正弦曲线，电源端的输入电流 i_1 就越逼近与输入电压同频率、同相位的正弦波，从而实现了功率因数校正为 1 的目标。

2. CCM 工作方式

根据升压电感 L 的电流是否连续，单相 Boost 型 APFC 电路分为电感电流连续模式 (Continuous Conduction Mode，CCM) 和电感电流断续模式 (Discontinuous Conduction Mode，DCM) 两种工作方式。CCM 工作方式以乘法器方法来实现 APFC，比较常用；而

DCM 工作方式则用电压跟随器方法来实现 APFC，一般多用于小功率场合。本书仅介绍 CCM 工作方式，对于 DCM 工作方式，读者可以自行参阅相关资料。CCM 常用峰值电流控制法、滞环电流控制法、平均电流控制法、临界导电控制法四种方式来实现输入电流的正弦化。

1）峰值电流控制法

峰值电流控制法 Boost 型 APFC 校正电路如图 4-86（a）所示，它是从 DC/DC 变换器中峰值电流控制原理演变而来的，只是电流控制的参考信号（基准电流环信号）是正弦波。其中，开关管的开关周期恒为 T。输入电压检测信号和输出电压的误差反馈信号相乘，形成一个与输入电压同频同相的电流控制参考信号（基准电流环信号）。当开关管导通，电感 L 充电时，电感电流检测信号和基准电流环信号相比较，当电感电流上升到基准信号值时，触发逻辑控制部分使开关管关断，电感开始放电；当一个开关周期 T 结束时，开关管重新导通。峰值电流控制法 APFC 校正电路在半个工频周期内开关管的控制波形和电感电流波形如图 4-86（b）所示。

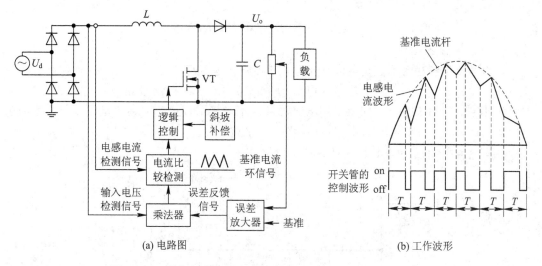

图 4-86　峰值电流控制法 Boost 型 APFC 校正电路及工作波形

以峰值电流控制法来实现 Boost 型 APFC 电路时的最主要问题是：被控制量是电感电流的峰值，因此并不能保证电感电流（即输入电流）平均值和输入电压完全成正比，并且在一定条件下会有相当大的误差，以至无法满足 THD 很小的要求。另外，峰值电流对噪声也很敏感。因此在 APFC 电路中，这种控制方法已经逐渐被淘汰。

2）滞环电流控制法

滞环电流控制法 Boost 型 APFC 校正电路如图 4-87（a）所示。和峰值电流控制法不同的是，被控制量是电感电流的变化范围。输入电压检测信号和输出电压的误差反馈信号相乘，形成两个大小不同但与输入电压同频同相的电流控制参考信号——上限基准电流环信号和下限基准电流环信号。在开关管导通、电感充电的情况下，电感电流检测信号和上限基准电流环信号相比较，当电感电流上升到上限基准信号值时，触发逻辑控制部分使开关管关断，电感开始放电；当电感电流下降到下限基准信号值时，触发逻辑控制部分使开关管导通，电感重新充电。滞环电流控制法 Boost 型 APFC 校正电路在半个工频周期内开关管的控制波形和电感电流波形如图 4 - 87(b)所示。

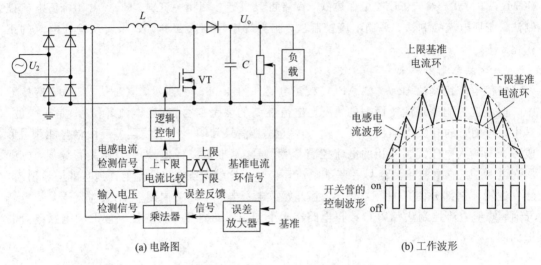

(a) 电路图　　　　　　　　　　　　(b) 工作波形

图 4 - 87　滞环电流控制法 Boost 型 APFC 校正电路及工作波形

3) 平均电流控制法

平均电流控制法又称三角载波控制法，其实质就是 SPWM 控制方法。这种控制方法中反馈量是输入电流，被控制量是输入电流的平均值。由于被控制量是输入电流的平均值，因此 THD 和 EMI 都很小，同时平均电流对噪声不敏感，并且开关频率是固定的，适用于大功率的场合，是目前 APFC 中应用最多的一种控制方法。

平均电流控制法 Boost 型 APFC 校正电路如图 4 - 88(a)所示。其中电容 C 是蓄能电

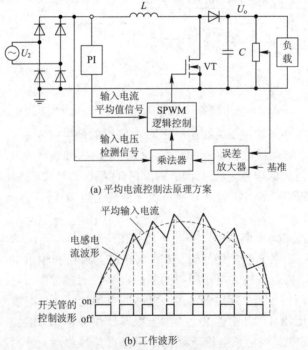

(a) 平均电流控制法原理方案

(b) 工作波形

图 4 - 88　平均电流控制法 Boost 型 APFC 校正电路及工作波形

容，它的电压即输出电压 U_o。供负载电路使用。误差放大器将输出电压的反馈信号和基准信号比较放大，产生的输出信号和输入电压检测信号共同输入模拟乘法器，使模拟乘法器产生一个和输入电压同频同相的半正弦波输出信号。高频的电感电流(输入电流)信号在采样后，通过一个 PI(比例-积分)器，被平均化处理，输出电流平均值信号。在 SPWM(正弦脉冲宽度调制)逻辑控制部分，控制电路将输入电流平均值信号和模拟乘法器输出的半正弦波信号相比较，以产生对开关管 VT 的控制信号，其控制方式为：① 当检测到的平均输入电流大于乘法器的输出时，减小开关管控制信号的占空比，使输入电流减小；② 当检测到的平均输入电流小于乘法器的输出时，增加开关管控制信号的占空比，使输入电流增大。这样，在 SPWM 逻辑控制部分通过调节控制信号的占空比，使电感 L 上的电流(即输入电流)平均值始终跟踪模拟乘法器输出的半正弦波信号，即跟踪了输入电压波形，从而使输入电流接近正弦波，而功率因数接近 1。平均电流控制法 Boost 型 APFC 校正电路在半个工频周期内开关管的控制波形和电感电流波形如图 4-88(b)所示。

4) 临界导电控制法

临界导电控制法 Boost 型 APFC 校正电路如图 4-89(a)所示。误差放大器将输出电压的反馈信号和基准信号比较放大，产生的输出信号和输入电压检测信号共同输入模拟乘法器，使模拟乘法器产生一个和输入电压同频同相的半正弦波输出信号。当开关管开启时，电阻 R 对电感电流进行检测；当电感电流达到模拟乘法器的输出时，电流比较检测器输出一个控制脉冲，触发 RS 逻辑控制部分使开关管关断，电感开始放电，这样就能保证电感电流的峰值包络线是与输入电压同频同相的半正弦波。当电感放电时，用电感 L 的副边输出对电感电流是否过零进行检测，在电感放电刚完毕时，RS 逻辑控制部分立刻使开关管重新导通。该控制法采用的是电压、电流的双环反馈控制。控制思路是保证开关管的开启时间 T_{on} 恒定，调整开关管的关断时间($T-T_{on}$)，使之始终和电感放电时间 T_{off} 一致，即 $T=T_{on}+T_{off}$，则可得输入电流平均值为 $\overline{I_i}=\dfrac{u_i T_{on}}{2L}$，其与输入电压成正比。电路开关周期随输

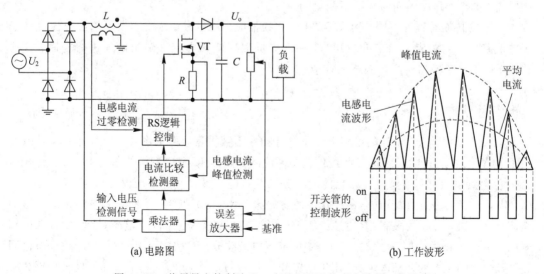

(a) 电路图　　　　　　　　　　　　　　　(b) 工作波形

图 4-89　临界导电控制法 Boost 型 APFC 校正电路及工作波形

入电压变化而变化，电感始终处于临界导电模式，因此这种控制法又称作恒导通时间控制法。临界导电控制法的实质是一种变频控制法。临界导电控制法 APFC 校正电路在半个工频周期内开关管的控制波形和电感电流波形如图 4 - 89(b)所示。

4.6.3　APFC 变换器与 DC/DC 变换器的对比

APFC 变换器与 DC/DC 变换器的对比如下：

(1) 输入电压不同：构成 DC/DC 变换器时，变换器的输入一般是比较稳定的直流电压；而构成 APFC 变换器时，变换器的输入通常是经过二极管整流后的脉动的直流电压（即半波正弦交流电压），变换器的输入电压变化范围要远大于前者。

(2) 输出电压与输入电压的变比不同：当构成 DC/DC 变换器时，变换器输出电压与输入电压的变比一般是不随时间变化的定值；而当构成 APFC 变换器时，由于要求保持变换器的输出电压近似不变，因此其输出电压与输入电压的变比可表示为

$$m(\omega t) = \frac{U_{\circ}}{U_{i}\sin\omega t} \qquad (4-19)$$

该式表明，构成 APFC 变换器时，输出电压与输入电压的变比 $m(\omega t)$ 在半个工频周期里是随时间变化的。当 $\omega t = \pi/2$ 时，变换器的输入电压达到峰值，此时变换器的电压变比最小，可表示为

$$m_{\min} = \frac{U_{\circ}}{U_{i}} \qquad (4-20)$$

$m_{\min}$ 为该 APFC 变换器的最小电压变比。而当 $\omega t = 0$ 或 $\omega t = \pi$ 时，APFC 变换器的电压变比趋于无穷大。

(3) 分析的复杂程度不同：由于存在上述差异，APFC 变换器分析相对 DC/DC 变换器要更加复杂。从工频周期来看，变换器处于稳态；而从开关周期（为几十 kHz 到几百 kHz，通常远高于工频频率）来看，变换器工作在不稳定的状态，即变换器中一些状态变量（如电感电流）在各个开关周期内是不断变化的。

(4) 控制难易程度不同：构成 DC/DC 变换器时，一般只要求变换器的输出电压或者输出电流稳定；而构成 APFC 变换器时，一般要同时对输入电流和输出电压进行控制，这比构成 DC/DC 变换器时的控制更加复杂。

【应用案例】

应用 ICE2PCS05 设计的单相 Boost 有源功率因数校正电路如图 4 - 90 所示，该主电路由 L_2、VT、C_2、VD_1、VD_2 等元器件构成，控制电路以 ICE2PCS05 为核心。

在电路输入侧，熔丝 FU_1 和元件 R_{V1} 分别起过电流保护和过电压保护作用，L_1 及 C_{X1}、C_{X2} 和 C_{Y1}、C_{Y2} 构成 EMI 防电磁干扰电源滤波器，用作射频抑制，为防止系统启动时的浪涌电流产生，加 R_{T1} 作为限制。R_1、R_2、R_3 相并联，构成电流检测部分。电容 C_1 和 EMI 防电磁干扰电源滤波器主要用于滤除电感 L_2 中的高频电流纹波。IC 引脚 2 上的电容 C_5 用于电流回路补偿，引脚 4 上的外部电阻 R_6 用于设置开关频率，R_7、C_3 和 C_4 构成电压回路补偿网络。

电路技术指标为：输入交流电压 85～265 V；输入频率 50 Hz；输出直流电压 390 V；

输出功率 300 W；开关频率 65 kHz；功率因数(Power Factor)为 0.9。

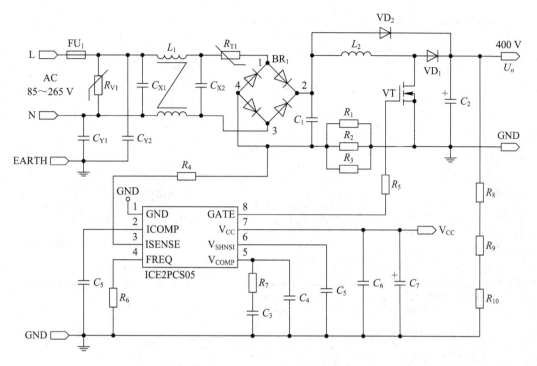

图 4-90　由 ICE2PCS05 构成的 APFC

4.7　电 路 仿 真

反激变换电路仿真

在反激变换电路中，已知电源电压 $E=100$ V，变压器的匝数比为 1∶1；$R_L=500$ Ω，电感 L 值和电容 C 值极大，$T=50$ μs，$t_{on}=30$ μs，计算占空比、输出电压平均值 U_o、输出电流平均值 I_o。

反激变换电路仿真模型如图 4-91 所示。

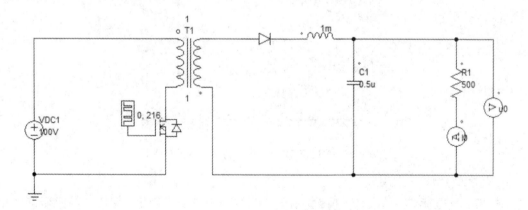

图 4-91　反激变换电路仿真模型

该电路仿真中使用的元件模型、数量及其提取路径如表 4 - 1 所示。

表 4 - 1　仿真使用的元件模型

元件名称	数量	具体参数	提取路径
直流电压源	1	100 V	电源/电压/正弦函数模块
单相变压器(反向)	1	初级与次级绕组匝数比为 1:1	功率电路/变压器/单相变压器(反向)
MOSFET	1		功率电路/开关/MOSFET
二极管	1		功率电路/开关/二极管
电感	1	电感量为 1 mH	功率电路/RLC 支路/电感
电阻	1	阻值为 500 Ω	功率电路/RLC 支路/电阻
电容	1	电容量为 0.5 μF	功率电路/RLC 支路/电容
电压表	1	—	其他/探头/电压探头(节点到节点)
电流表	1	—	其他/探头/电流探头

1. 设置模块参数

1) MOSFET 门控模块的参数设置

首先算出占空比，根据占空比计算出触发角。

占空比为

$$k = \frac{t_{\text{on}}}{T} = \frac{30}{50} = 0.6$$

触发角为

$$360 \times 0.6 = 216°$$

MOSFET 门控模块的参数设置对话框如图 4 - 92 所示。

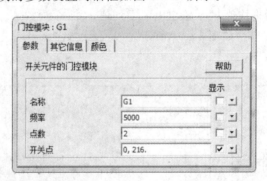

图 4 - 92　MOSFET 门控模块的参数设置对话框

2) 变压器的参数设置

单相变压器(反向)的次级反极性，有较大点的绕组是初级绕组。变压器的图形符号及参数设置对话框如图 4 - 93 所示，其中，Rp 为初级绕组电阻，Rs 为次级绕组电阻，Lp 为初级绕组漏电感，Ls 为次级绕组漏电感，Lm 为初级绕组磁化电感，Np 为初级绕组匝数，Ns 为次级绕组匝数。

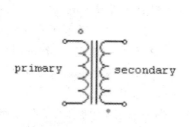

(a) 变压器的图形符号　　　　　　(b) 参数设置对话框

图 4-93　变压器的参数设置对话框

仿真波形如图 4-94 所示，"U0"代表负载两端的电压；"I0"代表流过负载的电流。

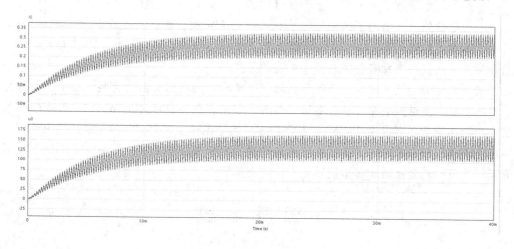

图 4-94　仿真波形

2. 仿真数据

在"Simview"界面中点击菜单栏"测量"选项下的"测量(M)"，在波形下会出现各个波形的数值，如图 4-95 所示。

测量	X1	X2	Δ	平均值	|X| 平均值	RMS 值	P	S	PF	THD
Time	3.06477e-02	3.91153e-02	8.46761e-03							freq=200
I0	2.79393e-01	2.13748e-01	-6.56454e-02	2.71715e-01	2.71715e-01	2.74217e-01	必须只有两条曲线	必须只有两条曲线	必须只有两条曲线	3.99573e+03
u0	1.39697e+02	1.06874e+02	-3.28227e+01	1.35857e+02	1.35857e+02	1.37109e+02	必须只有两条曲线	必须只有两条曲线	必须只有两条曲线	3.99573e+03

图 4-95　仿真数据

由图 4-95 可知，电压平均值为 135.86 V，电流平均值为 0.27 A，可见仿真结果与实际理论数据存在微小的误差。

本 章 小 结

电力 MOSFET 是一种全控型三端器件，有漏极、源极和栅极，其导电机理与信息电子电路中的场效应晶体管的基本相同，都是一种只有多数载流子导电的单极型器件，由于不存在少数载流子积蓄效应，故开关速度快，控制功率小。电力 MOSFET 没有类似 GTR 的二次击穿现象，安全工作区宽，热稳定性好。电力 MOSFET 的缺点是输入阻抗高，抗静电干扰能力低。电力 MOSFET 多用于电压 500 V 以下的低功率高频能量变换装置，如开关电源、UPS、便携式电子设备和通信设备，以及汽车电气设备等。

在基本的 Buck、Boost 以及 Cuk 等直流变换器中引入隔离变压器，可以使变换器的输入电源与负载之间实现电气隔离，并提高变换器运行的安全可靠性和电磁兼容性。同时，选择变压器的变比还可匹配电源电压 E 与负载所需的输出电压 U_o，即使 E 与 U_o 相差很大，也能使直流变换器的占空比 k 数值适中而不至于接近于 0 或 1。此外，引入变压器还可能设置多个二次绕组，从而输出几个大小不同的直流电压。

软开关技术是近年来电力电子学领域中的一个研究热点。软开关技术的广泛应用，使电力电子电路的设计出现了革命性的变化——电路体积、重量大大减小，可靠性增加，电磁污染减小。本章介绍了功率开关电路的开关过程，分析了开关过程的开关损耗，介绍了软开关技术的基本概念和各种软开关电路的分类。

谐振软开关电路主要有准谐振电路和 PWM 软开关电路。在准谐振电路中介绍和分析了零电压开关准谐振电路、零电流开关准谐振电路和谐振直流环电路。在 PWM 软开关电路中介绍和分析了零开关 PWM 变换器和零转换 PWM 变换器。其中，零开关 PWM 变换器包括零电压开关 PWM 变换器和零电流开关 PWM 变换器；零转换 PWM 变换器包括零电压转换 PWM 变换器和零电流转换 PWM 变换器。

课 后 习 题

1. 试比较几种带隔离的 DC/DC 变换电路的优缺点。
2. 软开关电路可以分为哪几类？各有什么特点？
3. 如何防止电力 MOSFET 因静电感应引起的损坏？
4. 高频化的意义是什么？为什么提高开关频率可以减小滤波器的体积和重量？为什么提高开关频率可以减小变压器的体积和重量？

第 5 章　绝缘栅双极型晶体管及其应用

课程思政

知识脉络图

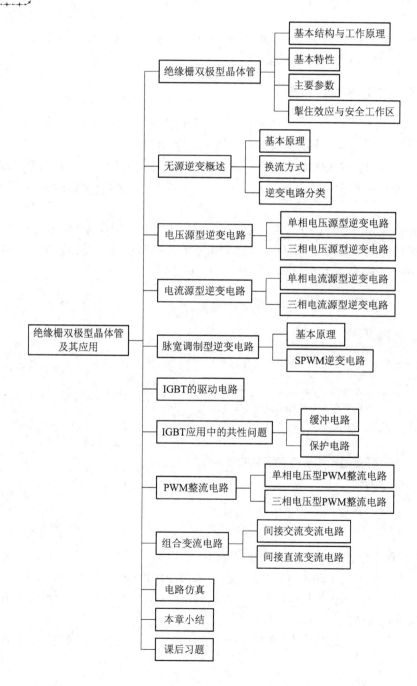

5.1　绝缘栅双极型晶体管

GTR 和 GTO 是双极型电流驱动器件，由于具有电导调制效应，因此其通流能力很强，但开关速度较慢，所需驱动功率大，驱动电路复杂。而电力 MOSFET 是单极型电压驱动器件，开关速度快，输入阻抗高，热稳定性好，所需驱动功率小且驱动电路简单，但通流能力低，并且通态压降大。将这两类器件取长补短、适当结合，就构成了一种新型复合器件，即绝缘栅双极型晶体管（Insulated Gate Bipolar Transistor，IGBT）。IGBT 综合了 GTR、GTO 和 MOSFET 的优点，因而具有良好的特性。目前，IGBT 在电力电子设备中已成为应用范围广且占有重要地位的半导体器件。

5.1.1　基本结构与工作原理

IGBT 的结构剖面图如图 5-1(a) 所示。IGBT 是在电力 MOSFET 的基础上发展起来的，二者结构十分类似，不同之处是 IGBT 多了一个 P^+ 层发射极，可形成 PN 结 J_1，使得 IGBT 导通时可由 P^+ 注入区向 N 基区发射载流子（空穴），对漂移区电导率进行调制。由增加的 P^+ 区引出的电极称为集电极 C，原 VMOS 的源区电极称为发射极 E，G 仍称为栅极（又称门极）。

IGBT 的等效电路如图 5-1(b) 所示，IGBT 可以看成是 N 沟道 MOSFET 作为输入级、PNP 晶体管作为输出级的复合器件。IGBT 属于电压控制型功率器件，其电气图形符号如图 5-1(c) 所示，外形如图 5-2 所示。

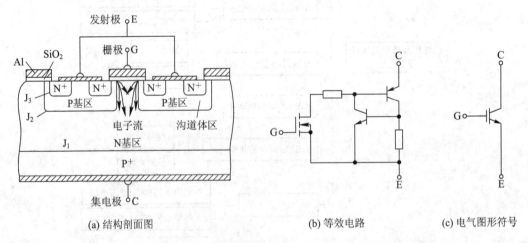

(a) 结构剖面图　　　　　　(b) 等效电路　　　　(c) 电气图形符号

图 5-1　IGBT 的基本结构、等效电路和电气图形符号

IGBT 的开通和关断由栅极 G 控制。当栅极施以正电压时，在栅极下的 P 体区内便形成 N 沟道，此沟道连通了源区 N^+ 和漂移区 N^-，为内部等效的 PNP 晶体管提供基极电流，从而使 IGBT 导通。当栅极上的电压为零或施以负电压时，MOSFET 的沟道消失，PNP 晶体管的基极电流被切断，IGBT 即关断。

值得注意的是，IGBT 的反向电压承受能力很低，只有几十伏，这限制了 IGBT 在需要

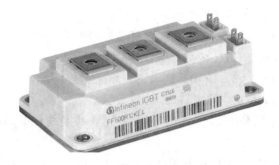

图 5-2　IGBT 的外形

阻断反向电压场合的应用。IGBT 模块总是将二极管同 IGBT 反并联地封装在一起。

5.1.2　基本特性

IGBT 的基本特性包括静态特性和动态特性。

1. 静态特性

IGBT 的静态特性主要指转移特性和输出特性。

1) 转移特性

转移特性是指 IGBT 的集电极电流 I_C 与栅射极电压 U_{GE} 之间的关系，如图 5-3(a)所示，它与电力 MOSFET 的转移特性相同，反映了器件的控制能力。当 U_{GE} 小于阈值(开启)电压 $U_{GE(th)}$ 时，IGBT 关断；当 U_{GE} 大于 $U_{GE(th)}$ 时，IGBT 开始导通；I_C 与 U_{GE} 基本成线性关系。

2) 输出特性

输出特性是指以 IGBT 的栅射极电压 U_{GE} 为参变量，集电极电流 I_C 与集射极电压 U_{CE} 之间的关系，如图 5-3(b)所示，其反映了器件的工作状态。I_C 受 U_{GE} 的控制。该特性与 GTR 的输出特性相似，不同的是 IGBT 的控制变量为栅射极电压 U_{GE}，GTR 的控制变量为基极电流 I_B。

IGBT 正向输出特性分为正向阻断区、有源区和饱和区，分别与 GTR 的截止区、放大

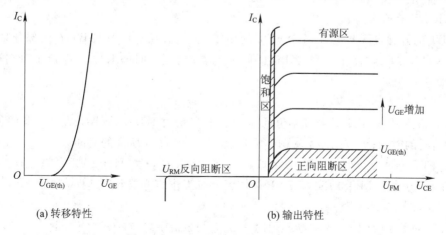

图 5-3　IGBT 的转移特性和输出特性

区和饱和区相对应。

当 $U_{CE}>0$，$U_{GE}<U_{GE(th)}$ 时，集电极只有很小的漏电流流过，$I_C \approx 0$，IGBT 正向阻断，该区称为正向阻断区，对应 GTR 的截止区。

当 $U_{CE}>0$，$U_{GE}>U_{GE(th)}$ 时，IGBT 进入正向导通状态，I_C 与 U_{GE} 基本成线性关系，而与 U_{CE} 无关，该区称为有源区，对应 GTR 的放大区。

输出特性比较明显弯曲的部分，此时 I_C 与 U_{GE} 不再是线性关系的区域，称为饱和区，对应 GTR 的饱和区。

电力电子电路中，IGBT 工作在开关状态，即在正向阻断区和饱和区之间来回转换，有源区在开关过程中被越过。

60A/1000V IGBT 的输出特性如图 5-4 所示。若 U_{GE} 不变，则导通压降 U_{CE} 随电流 I_C 增大而增高，因此通过检测电压 U_{CE} 来判断器件是否过流。若 U_{GE} 增加，则 U_{CE} 降低，器件导通损耗将减小。

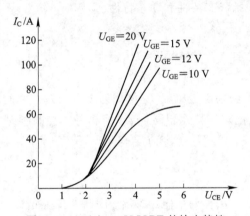

图 5-4　60A/1000V IGBT 的输出特性

2. 动态特性

动态特性(也称开关特性)是指 IGBT 在开关期间的特性，包括开通过程和关断过程两个方面，如图 5-5 所示。

1) IGBT 的开通过程

IGBT 的开通过程与电力 MOSFET 的相似，因为开通过程中 IGBT 在大部分时间内作为电力 MOSFET 运行。IGBT 的开通时间 t_{on} 为开通延迟时间 $t_{d(on)}$ 与电流上升时间 t_r 之和，即

$$t_{on} = t_{d(on)} + t_r \tag{5-1}$$

式中，$t_{d(on)}$ 表示从 U_{GE} 上升至其幅值(U_{GEM})的 10% 的时刻开始，到 I_C 上升至其幅值(I_{CM})的 10% 所需的时间；t_r 表示 I_C 从 $10\%I_{CM}$ 上升至 $90\%I_{CM}$ 所需的时间。

U_{CE} 的下降过程分为 t_{fv1} 和 t_{fv2} 两段：t_{fv1} 是 IGBT 中电力 MOSFET 单独工作的电压下降过程；t_{fv2} 是电力 MOSFET 和 PNP 晶体管同时工作的电压下降过程。

2) IGBT 的关断过程

IGBT 的关断时间 t_{off} 为关断延迟时间 $t_{d(off)}$ 与电流下降时间 t_f 之和，即

$$t_{off} = t_{d(off)} + t_f \tag{5-2}$$

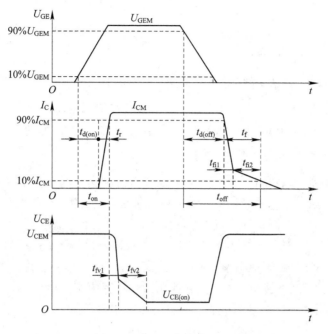

图 5 - 5　IGBT 的动态特性

式中，$t_{d(off)}$ 表示从 U_{GE} 后沿下降至 $90\%U_{GEM}$ 的时刻开始，到 I_C 下降至 $90\%I_{CM}$ 所需的时间；t_f 表示 I_C 从 $90\%I_{CM}$ 下降至 $10\%I_{CM}$ 所需的时间。

　　电流下降时间 t_f 又可分为 t_{fi1} 和 t_{fi2} 两段。t_{fi1} 是内部电力 MOSFET 的关断过程，I_C 下降较快；t_{fi2} 是内部 PNP 晶体管的关断过程，I_C 下降较慢，导致 IGBT 产生拖尾电流，如图 5 - 6 所示，拖尾电流使得 IGBT 的关断损耗高于电力 MOSFET。

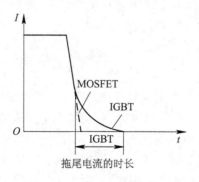

图 5 - 6　IGBT 的拖尾电流

5.1.3　主要参数

1. 最大集射极电压

　　IGBT 允许的最大集射极电压用 U_{CES} 表示，它由器件内部的 PNP 晶体管所能承受的击穿电压所确定，也称为 IGBT 的耐压。这是 IGBT 的额定电压参数。目前 IGBT 产品的 U_{CES} 往往集中于 600 V、1200 V、3300 V 等几个电压等级。

2. 正向导通饱和压降

IGBT 处于饱和导通状态的 U_{CE} 用 $U_{CE(Sat)}$ 表示，也称通态压降。IGBT 的 $U_{CE(Sat)}$ 与 GTR 类似，一般在 2～4 V 之间。

3. 正向开启电压(阈值电压)

IGBT 导通的最低栅射极电压用 $U_{GE(th)}$ 表示，又称阈值电压。$U_{GE(th)}$ 随温度升高而略有下降，温度每升高 1℃，其值下降 5 mV 左右。在 +25℃ 时，$U_{GE(th)}$ 的值一般为 2～6 V。

4. 最大集电极电流和最大脉冲电流

最大集电极电流 I_{CM} 是 IGBT 的电流额定参数，即最大允许直流电流值。而最大脉冲电流 I_{CP} 是指器件通态可以承受的最大脉冲电流峰值(脉宽为 1 ms)。需要说明的是，I_C 的标定既与结温有关，又与测试环境有关。目前 IGBT 的生产厂商提供的产品中，I_C 定额的测试条件往往是不一样的，美国和欧洲的厂商(如 IR 公司、Simense、Semikon)给出的 I_C 值多数是在 85℃ 环境温度下测得的，而日本厂商如富士、三菱、东芝、日立等给出的 I_C 值往往是在 25℃ 环境温度下测得的。在实际应用中，两者的实用电流耐量是不一样的，相同的 I_C 值产品，采用高环境温度测试的器件更耐用一些。

5. 最大功耗

在额定的测试温度(壳温为 +25℃)条件下，IGBT 允许的最大耗散功率称为 IGBT 的最大功耗，用 P_{CM} 表示，它是由管子的额定结温和热阻决定的。在实际应用中，要保证实际功耗不能大于 P_{CM}。

5.1.4　擎住效应与安全工作区

IGBT 综合了单极型电力 MOSFET 与双极型 GTR 两种半导体器件的优点，同时又存在擎住效应(也称为自锁现象)的问题。它关系着 IGBT 的安全工作区的大小，在实际应用中是需要引以重视的问题。

1. 擎住效应

IGBT 内部寄生着一个晶闸管，等效电路如图 5-7(a)所示。在 NPN 管的基极与发射极之间存在体区短路电阻 R_s，相当于 NPN 管之间的一个偏置电阻。在额定集电极电流范围内，R_s 上的偏压很小，对 NPN 管无影响。如果集电极电流大到一定程度，则 R_s 上的压降上升，相当于加一正偏电压，使 NPN 管导通，进而使 NPN、PNP 两晶体管同时处于饱和状态，造成寄生晶闸管开通，IGBT 栅极失去控制作用，这就是所谓的擎住效应。IGBT 一旦发生擎住效应，器件将失控，集电极电流将增大，造成过高的功耗，从而导致器件损坏。为此，IGBT 集电极电流有一个临界值 I_{CM}，大于此值后 IGBT 就会产生擎住效应。当 IGBT 集电极电流的连续值超过临界值 I_{CM} 时产生的擎住效应称为静态擎住效应。

IGBT 在关断的过程中也会产生擎住效应，此擎住效应称为动态擎住效应。IGBT 产生动态擎住效应的主要原因是器件在高速关断时，电流下降太快，集射极电压 U_{CE} 突然上升，du_{CE}/dt 很大，在 PNP 管的 J_1 结(如图 5-7(a)所示)引起较大的位移电流，使 NPN 管承受正向偏压，从而造成寄生晶闸管自锁。可在实用电路中适当加大栅极串联电阻，以延长 IG-

BT 的关断时间,使电流下降速度放慢,$\mathrm{d}u_{\mathrm{CE}}/\mathrm{d}t$ 减小。

此外,在温度升高的情况下 IGBT 也会产生擎住效应。IGBT 的集电极电流 I_{C} 在常温 (25℃)下一般是额定电流的 6 倍以上;随温度的升高,I_{C} 呈下降趋势,如图 5 - 7(b)所示。当温度由常温 25℃升高为 150℃时,擎住电流下降了近一半,这主要是由于 IGBT 的体内 NPN 和 PNP 晶体管放大系数随温度的上升而增大,体内电阻 R_{s} 随温度的上升也增大所造成的。

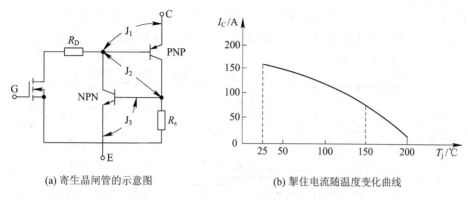

(a) 寄生晶闸管的示意图　　　　　　　　　　(b) 擎住电流随温度变化曲线

图 5 - 7　擎住效应示意图

2. 安全工作区

IGBT 具有较宽的安全工作区。IGBT 开通时对应正向偏置安全工作区(Forward Biased Safe Operating Area,FBSOA),它由最大集电极电流 I_{CM}、最大允许集射极电压 U_{CES} 以及最大允许功耗 P_{CM} 所确定。IGBT 关断时对应反向偏置安全工作区(Reverse Biased Safe Operating Area,RBSOA),它由最大允许电压上升率$\mathrm{d}U_{\mathrm{CE}}/\mathrm{d}t$、最大集电极电流 I_{CM} 以及最大允许集射极电压 U_{CES} 所确定。$\mathrm{d}U_{\mathrm{CE}}/\mathrm{d}t$ 越大,越易产生动态擎住效应,安全工作区越小。一般可以通过选择适当的栅极电压 U_{GE} 和栅极驱动电阻来控制$\mathrm{d}U_{\mathrm{CE}}/\mathrm{d}t$,避免擎住效应扩大安全工作区。

FBSOA 如图 5 - 8(a)所示,它随 IGBT 导通时间和发热情况而改变,直流情况下面积最小,而脉宽为 15 μs 时面积最大。

RBSOA 如图 5 - 8(b)所示,它随 IGBT 关断时的 $\mathrm{d}U_{\mathrm{CE}}/\mathrm{d}t$ 而改变,$\mathrm{d}U_{\mathrm{CE}}/\mathrm{d}t$ 越高,安

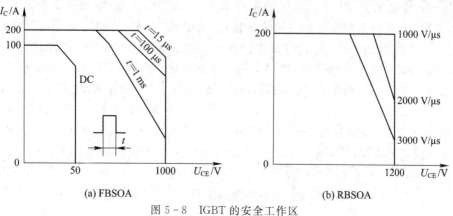

(a) FBSOA　　　　　　　　　　　　　(b) RBSOA

图 5 - 8　IGBT 的安全工作区

全工作区越窄。

应用案例

电磁炉电路框图如图 5-9 所示，其工作原理是将工频交流电整流为直流电，再利用电子电路将直流电逆变为 20~50 kHz 的高频电流供给感应加热线圈，产生高频交变磁场，其磁力线经过锅底形成回路，产生的涡流作用于锅底材料电阻而产生焦耳热。电磁炉工作在高频大电流状态下对开关管要求很高，常采用 IGBT 管作为功率输出管。

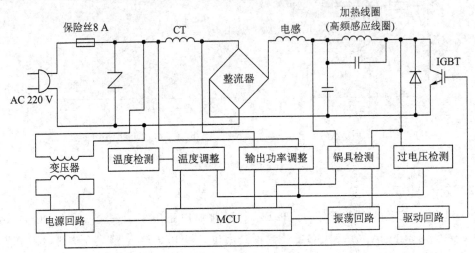

图 5-9　电磁炉电路框图

同步思考

何谓 IGBT 的静态擎住效应和动态擎住效应？如何避免发生擎住效应？

思考题 19

拓展学习

拓展学习一：MOS 栅控晶闸管

MOS 栅控晶闸管（MOS Controlled Thyristor，MCT）是将 MOSFET 的高输入阻抗、低驱动功率、快速开关特性与晶闸管的高电压、大电流、高载流密度、低导通压降的特点结合起来的一种非常理想的电压控制型全控器件。MCT 的三个电极分别为门极 G、阳极 A 和阴极 K。在每个单胞结构的 MCT 中，有一个宽基区 NPN 晶体管和一个窄基区 PNP 晶体管，二者组成一个晶闸管；MOSFET（on-FET）控制 MCT 导通；MOSFET（off-FET）控制 MCT 关断。根据 on-FET 的沟道类型，MCT 分为 P-MCT 和 N-MCT。目前 MCT 产品多为 P-MCT。MCT 的控制信号以阳极为基准。当门极相对于阳极加负脉冲电压时，on-FET 导通，于是 MCT 导通；当门极施加相对于阳极为正脉冲电压时，off-FET 导通，于是 MCT 关断。MCT 的等效电路及电气图形符号如图 5-10 所示。

MCT 主要用于大电流、低通态损耗的领域，典型的应用是逆变器、电机驱动和脉冲电路等。

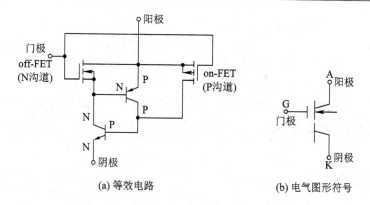

(a) 等效电路　　　　　　(b) 电气图形符号

图 5-10　MCT 的等效电路及电气图形符号

拓展学习二：电力电子器件性能对比

各种电力电子器件输出功率与工作频率的关系如图 5-11 所示。

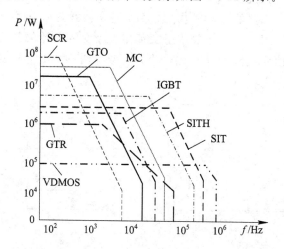

图 5-11　电力电子器件输出功率与工作频率的关系

各种电力电子器件耐压与通流能力对比关系如图 5-12 所示。

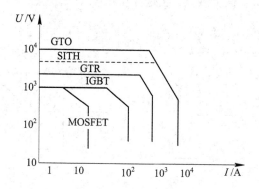

图 5-12　电力电子器件耐压与通流能力对比关系

5.2　无源逆变概述

与整流相对应，将直流电变成交流电称为逆变。前面介绍了有源逆变，即交流侧接在电网上，本节介绍无源逆变，即交流侧与负载直接相连。在不加特别说明时，一般逆变电路多指无源逆变电路。逆变电路的应用十分广泛，如变频器、不间断电源、新能源、感应加热电源等应用。

5.2.1　基本原理

典型逆变电路由直流电源 E、开关 $S_1 \sim S_4$ 和负载电阻 R_L 组成，如图 $5-13$(a)所示，S_1 和 S_4 组成一对桥臂，S_2 和 S_3 组成另一对桥臂。

当 S_1 和 S_4 闭合，S_2 和 S_3 断开时，直流电压 E 施加在负载 R_L 上，输出电压 $u_o = E$，方向左正右负，设 u_o 为正值；反之，当 S_1 和 S_4 断开，S_2 和 S_3 闭合时，输出电压 $u_o = -E$，方向左负右正，u_o 为负值。若以 $T/2$ 周期交替切换 S_1、S_4 和 S_2、S_3，则 u_o 的波形如图 $5-13$(b)所示。这样就把直流电转变成了交流电。改变两组开关的切换频率，就可以改变输出交流电的频率；改变直流电压 E 的大小，就可以调节输出电压的幅值。这就是逆变电路最基本的工作原理。

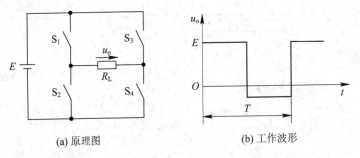

(a) 原理图　　　　　　　　　　(b) 工作波形

图 $5-13$　逆变电路(阻性负载)及工作波形

逆变电路输出电流的波形和相位取决于负载的性质：对于阻性负载，i_o 与 u_o 的波形相同，相位也相同；对于阻感性负载，i_o 相位滞后于 u_o，波形也不同。阻感性负载时逆变电路原理图及工作波形如图 $5-14$ 所示。

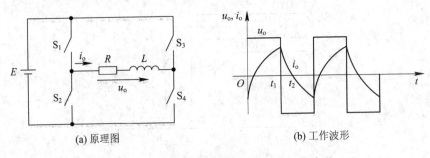

(a) 原理图　　　　　　　　　　(b) 工作波形

图 $5-14$　逆变电路(阻感性负载)及工作波形

5.2.2　换流方式

逆变电路工作时，电流从一个支路向另一个支路转移的过程称为换流（又称换相）。在换流过程中，有的支路要从通态转为断态，有的支路要从断态转为通态。从断态到通态时，无论是全控型器件还是半控型器件，只要门极给以适当的驱动控制信号，就可以使其开通。但从通态到断态情况就大不相同，全控型器件通过对门极的控制可使其关断，而对于半控型器件的晶闸管来说，就不能通过对门极的控制使其关断，必须利用外部条件或采取相应措施才能使其关断。在逆变电路中，换流方式可分为以下几种。

1. 器件换流

利用全控型器件自身的关断能力进行换流，称为器件换流。在采用 GTO、GTR、电力 MOSFET 和 IGBT 等全控型器件的电路中，其换流方式均为器件换流。

2. 电网换流

电网换流也称自然换流，是指由电网提供换流电压。在可控整流电路中，无论晶闸管工作在整流状态，还是工作在有源逆变状态，都是利用电网电压来实现换流的，均属电网换流。在换流过程中，只要把负的电网电压加在晶闸管上，就可使其关断。这种换流方式不要求器件具有门极关断能力，也不需要为换流附加任何器件。但是，这种换流方式不适用于无源逆变电路。

3. 负载换流

负载换流是指由负载提供换流电压。如对于电容性负载，当负载电流的相位超前于负载电压时即可实现负载换流。

4. 强迫换流

通过附加的换流装置，给晶闸管强迫施加反向电压或反向电流的换流方式，称为强迫换流。强迫换流通常由电感、电容以及小容量晶闸管等组成。

上述四种换流方式中，器件换流只适用于全控型器件，其余三种换流方式主要是针对晶闸管而言的。

5.2.3　逆变电路分类

逆变电路的分类方法有多种，根据不同的分类方法，可将逆变电路分为以下几类。

（1）根据输入直流电源性质的不同，逆变电路可分为电压源型逆变电路（Voltage Source Type Inverter，VSTI）和电流源型逆变电路（Current Source Type Inverter，CSTI）。为了保证直流电源为恒压源或恒流源，在直流电源的输出端必须设置储能元件。大电容作为储能元件能够保证电源电压的稳定，如图 5 - 15(a)所示；大电感作为储能元件能够保证电源电流的稳定，如图 5 - 15(b)所示。

（2）根据逆变电路结构的不同，逆变电路可分为半桥式逆变电路、全桥式逆变电路和推挽式逆变电路。

（3）根据所用电力电子器件换流方式的不同，逆变电路可分为器件换流逆变电路（如 GTO、GTR、电力 MOSFET、IGBT 等）、强迫换流逆变电路以及负载谐振换流逆变电路等。

（4）由于负载的控制要求，逆变电路的输出电压（电流）和频率往往是需要变化的，根据电压和频率控制方法的不同，逆变电路可分为脉冲宽度调制（Pulse Width Modulation，PWM）逆变电路、脉冲幅值调制（PAM）逆变电路和方波或阶梯波逆变电路（即用阶梯波调幅或用数台逆变器通过变压器实现串、并联的移相调压）。

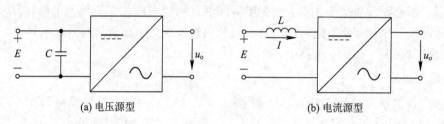

(a) 电压源型　　　　　　　　　(b) 电流源型

图 5-15　逆变电路

有源逆变与无源逆变的区别是什么？

思考题 20

5.3　电压源型逆变电路

5.3.1　单相电压源型逆变电路

1. 半桥逆变电路

半桥逆变电路主要由两个导电桥臂构成，每个导电桥臂由一个全控型器件（这里选用IGBT）和反向并联的二极管构成，如图 5-16（a）所示。为提供恒压源，电路在直流侧接有两个相串联的足够大的电容 C_1、C_2，且 $C_1 = C_2$，两个电容的连接点（N'）便成为直流电源的中点。负载连接在直流电源中点和两个桥臂连接点之间。电路输出电压 u_o，输出电流 i_o。

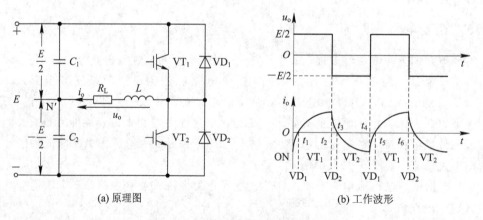

(a) 原理图　　　　　　　　　(b) 工作波形

图 5-16　半桥逆变电路及工作波形

设开关器件 VT_1 和 VT_2 的栅极信号在一个周期内各有半周正偏，半周反偏，且二者互补。当负载为感性负载时，其工作波形如图 5-16(b) 所示。输出电压 u_o 为矩形波，幅值 U_m 为 $E/2$；输出电流 i_o 的波形因负载情况而异。

$t_1 \sim t_2$ 期间：VT_1 为通态，VT_2 为断态，负载电流 $i_o > 0$，如图 5-17(a) 所示。

$t_2 \sim t_3$ 期间：t_2 时刻，VT_1 栅极加关断信号，VT_2 栅极加导通信号。虽 VT_1 关断，但感性负载中的电流 i_o 不能立即改变方向，因此 VT_2 尚不能立即导通，于是 VD_2 先导通续流，如图 5-17(b) 所示。

$t_3 \sim t_4$ 期间：t_3 时刻，i_o 降为零时，VD_2 截止，VT_2 开始导通，$i_o < 0$，如图 5-17(c) 所示。

$t_4 \sim t_5$ 期间：t_4 时刻，VT_2 栅极加关断信号，VT_1 栅极加开通信号。虽 VT_2 关断，但感性负载中的电流 i_o 不能立即改变方向，因此 VT_1 尚不能立即导通，于是 VD_1 先导通续流，如图 5-17(d) 所示。t_5 时刻，$i_o = 0$ 时，VT_1 才开始导通，一个新的周期开始。

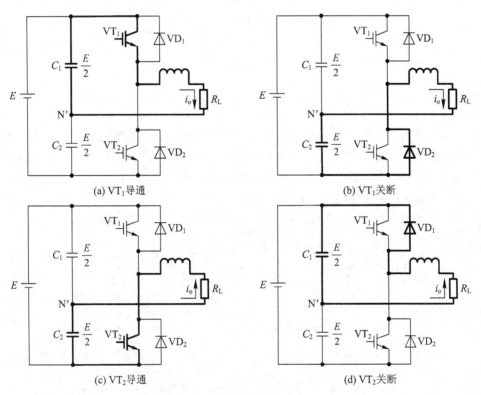

图 5-17　半桥逆变电路工作过程

当 VT_1 或 VT_2 为通态时，负载电流和电压同方向，直流侧向负载提供能量；而当 VD_1 或 VD_2 为通态时，负载电流和电压反向，负载电感中储存的能量向直流侧反馈，即负载电感将其吸收的无功能量反馈回直流侧。反馈回来的能量暂时储存在直流侧电容器中，直流侧电容器起缓冲无功能量的作用。因为二极管 VD_1、VD_2 是负载向直流侧反馈能量的通道，故称为反馈二极管；又因为 VD_1、VD_2 起使负载电流连续的作用，因此又称为续流二极管。

桥臂上的两开关管 VT_1、VT_2 不能同时导通，否则将引起直流环节电压源短路。为了防止两个开关管同时导通，在 VT_1、VT_2 之间设置死区时间，在死区时间内两开关管均无驱动信号。逆变器运行最理想的状态是，死区时间等于反馈（续流）二极管 VD_1、VD_2 的导通时间。

通过上述分析可知，半桥逆变电路无论是阻性负载还是阻感性负载，根据图 5 - 16(b)所示，输出电压的波形均为 $180°$ 方波，幅值为 $E/2$。输出电压的有效值为

$$U = \sqrt{\frac{2}{T}\int_0^{\frac{T}{2}}\left(\frac{E}{2}\right)^2 \mathrm{d}t} = \frac{E}{2} \tag{5-3}$$

式中，T 为逆变周期。

用傅里叶级数分析，输出电压 u_o 的基波分量有效值为

$$U_{o1} = \frac{2E}{\sqrt{2}\pi} = 0.45E \tag{5-4}$$

阻感性负载时，输出电流 i_o 的基波分量为

$$i_{o1}(t) = \frac{\sqrt{2}U_{o1}}{\sqrt{R_L^2 + (\omega L)^2}}\sin(\omega t - \varphi) \tag{5-5}$$

式中，φ 为 i_{o1} 滞后输出电压 u_o 的相位角，$\varphi = \arctan(\omega L/R_L)$。

┌─────────────┐
│ **应用案例** │
└─────────────┘

逆变弧焊整流器是弧焊电源的最新发展，它采用单相或三相 $50\,Hz(f_1)$ 的交流电压经输入整流器 Z_1 整流和电抗器滤波，并借助大功率电子开关的作用，将产生的直流电变换成几千至几万 Hz 的中高频 (f_2) 交流电，再分别经中频变压器 T、整流器 Z_2 和电抗器 L_{dc} 的降压、整流和滤波，从而得到所需要的焊接电压和电流，即 AC - DC - AC - DC。逆变弧焊整流器的基本原理如图 5 - 18 所示（其中 M、K、G 为检测反馈控制环节）。

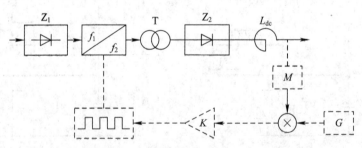

图 5 - 18　逆变弧焊整流器的基本原理

ZX7 - 315 型弧焊电源主电路采用半桥式逆变电路，如图 5 - 19 所示。380 V 工频交流电经三相整流桥及电容整流滤波后，得到约 510 V 的直流电压。半桥式逆变电路将直流电压逆变为 20 kHz 方波信号，由功率变压器 TR 隔离传输，并经输出整流滤波电路后输出。半桥式逆变电路具有抗不平衡能力，且每个主控开关管承受的电压不超过母线电压。主控开关管 VT_1、VT_2 采用 IGBT，由频率为 20 kHz、相位差为 $180°$ 的两路脉冲控制，使 VT_1、VT_2 两个 IGBT 交替导通。R_1、C_3 为主控开关吸收网络。由于工作频率为 20 kHz，功率变压器的体积和重量较相同功率的工频变压器大为减小。输出整流二极管 VD_1、VD_2 采用快

速恢复二极管，恢复时间约为 75 ns。R_2、C_5 与 R_3、C_4 组成 VD_1、VD_2 的吸收网络。L_1 为输出电抗器，其作用是使输出电流平滑，其值由最小焊接电流及对过渡过程的要求确定。

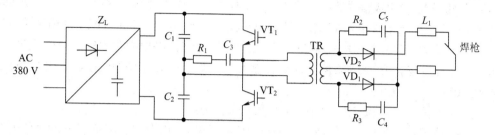

图 5-19　ZX7-315 型弧焊电源主电路

2. 全桥逆变电路

全桥逆变电路采用 4 个 IGBT 作开关器件，直流电压 E 接有大电容 C，使电源电压稳定，如图 5-20(a)所示。电路中 VT_1、VT_4 和 VT_2、VT_3 各组成一对桥臂，两对桥臂交替导通 180°，输出电压波形如图 5-20(b)所示，与半桥电路电压波形相同，也是矩形波，但其幅值高出一倍，即 $U_m = E$。阻感性负载时，输出电流 i_o 的波形如图 5-20(b)所示。

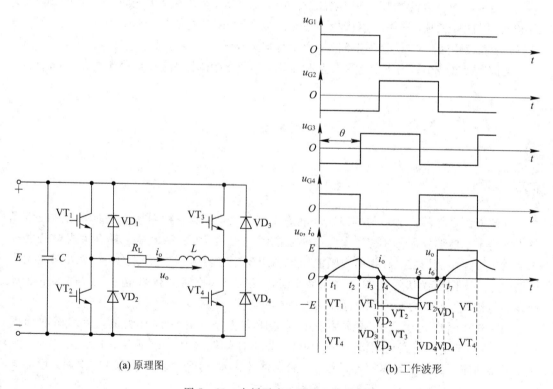

(a) 原理图　　　　　(b) 工作波形

图 5-20　全桥逆变电路及工作波形

前面分析的都是 u_o 的正、负电压各为 180°矩形脉冲时的情况。在这种情况下，要改变输出交流电压的有效值，只能通过改变直流电压 E 来实现。

阻感性负载时，还可以采用移相的方式来调节逆变电路的输出电压，这种方式称为移相调压。移相调压实际上就是调节输出电压脉冲的宽度。在图 5 - 20(a)所示的单相全桥逆变电路中，IGBT 的栅极信号仍为 180°正偏、180°反偏，并且 VT_1 和 VT_2 的栅极信号互补，VT_3 和 VT_4 的栅极信号互补，但 VT_3 的栅极信号不是比 VT_1 落后 180°，而是只落后 $\theta(0° < \theta < 180°)$。也就是说，$VT_3$、$VT_4$ 的栅极信号不是分别和 VT_2、VT_1 的栅极信号同相位，而是前移了 $180° - \theta$。这样，输出电压 u_o 就不再是正、负脉冲宽度各为 180°的脉冲，而是正、负脉冲宽度各为 θ 的脉冲，IGBT 的栅极信号 $u_{G1} \sim u_{G4}$ 及输出电压 u_o、输出电流 i_o 的波形如图 5 - 20(b)所示。

$t_1 \sim t_2$ 期间：VT_1 和 VT_4 导通，输出电压 $u_o = E$。

$t_2 \sim t_3$ 期间：t_2 时刻，VT_3 和 VT_4 栅极信号反向，VT_4 截止，因负载电感中的电流 i_o 不能突变，VD_3 导通续流，$u_o = 0$。

$t_3 \sim t_4$ 期间：t_3 时刻，VT_1 和 VT_2 栅极信号反向，VT_1 截止，VD_2 导通续流和 VD_3 构成电流通道，$u_o = -E$。

$t_4 \sim t_5$ 期间：t_4 时刻，负载电流 i_o 过零，VD_2 和 VD_3 截止，VT_2 和 VT_3 开始导通，$u_o = -E$。

$t_5 \sim t_6$ 期间：t_5 时刻，VT_3 和 VT_4 栅极信号反向，VT_4 不能立刻导通，VD_4 导通续流，$u_o = 0$。

以后的过程和前面类似，输出电压 u_o 的正、负脉冲宽度各为 θ。改变 θ，就可以调节输出电压。阻性负载时，采用上述移相方法也可以得到相同的结果，只是 VD_1、VD_2 不再导通，不起续流作用。在 u_o 为零期间，4 个桥臂均不导通，负载上没有电流。

全桥逆变电路在单相逆变电路中应用最多，负载上的电压幅值 U_{om} 和有效值 U_o 分别为

$$U_{om} = \frac{4E}{\pi} = 1.27\ E$$

$$U_o = \frac{2\sqrt{2}E}{\pi} = 0.9E$$

应用案例

随着能源危机的进一步加剧以及环境的日益恶化，新能源特别是绿色能源已经被世界各国列为未来能源发展的重点。太阳能是当前世界上最清洁、最现实、最有大规模开发利用前景的可再生能源之一。其中太阳能光伏利用受到世界各国的普遍关注，而太阳能光伏并网发电是太阳能光伏利用的主要发展趋势。近年来人们对光伏发电系统的需求不断提高，逆变电源已经成为光伏发电系统的必备部件。

便携式离网型光伏逆变电源系统由主电路和控制回路两部分组成，系统框图如图 5 - 21 所示。其中主电路包含输入滤波电路、蓄电池储能电路、DC/DC 变换电路、DC/AC 逆变电路和输出滤波电路等五部分组成；控制回路由双 DSP 控制器、TL494 电路、检测电路、驱动电路、保护电路、LED 显示报警电路等六部分组成。

便携式离网型光伏逆变电源设计了 DC/DC 升压变换、DC/AC 全桥逆变两级变换拓扑结构，如图 5 - 22 所示。首先将由太阳能电池板输出的直流电通过输入滤波电路进行滤波处理，然后输送到蓄电池中，蓄电池放出的电能通过推挽升压变换，将直流电压从 12 V 升至 330 V 左右，再采用单相全桥逆变进行逆变处理，滤波后输出给负载。

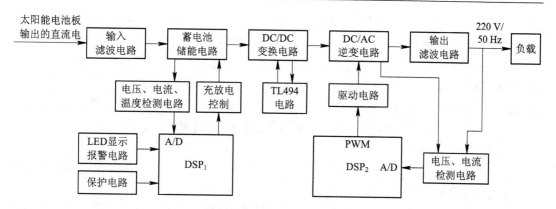

图 5-21　便携式离网型光伏逆变电源系统框图

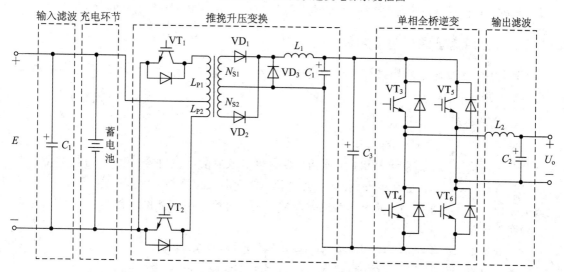

图 5-22　便携式离网型光伏逆变电源主电路

3. 推挽式逆变电路

推挽式逆变电路如图 5-23 所示，输入的直流电通过两个电子开关器件 VT_1、VT_2 的轮流导通和具有中心抽头变压器的耦合，变成了交流电。对于感性负载，反并联二极管 VD_1、VD_2 起到给无功能量提供反馈通道的作用。

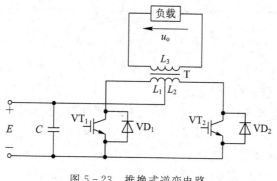

图 5-23　推挽式逆变电路

阻感性负载时电路工作原理分析如下：VT_1 导通、VT_2 关断，电流流过 L_1，L_1 产生左负右正的电动势，该电动势感应到 L_3 上，L_3 得到左负右正的电压供给负载。当 VT_1 关断，VT_2 的控制信号到来时，VT_2 暂时不能导通。因为 VT_1 关断后，L_1 产生左正右负的感应电动势，该电动势送给 L_3，L_3 再感应到 L_2 上，L_2 产生的感应电动势的极性为左正右负。该电动势通过 VD_2 对电容 C 充电，将能量反馈给直流侧。当 L_2 上的感应电动势降到与输入电压 E 相等时，无法继续对 C 充电，VD_2 截止，VT_2 开始导通，有电流流过线圈 L_2。后面的分析过程同上，这里不再赘述。

通过上述分析可知，变压器绕组的匝数比为 $1:1:1$ 时，u_o、i_o 的波形及幅值和全桥逆变电路的完全相同。

该电路所需的器件数量是全桥逆变电路的一半，但多了一个变压器，并且需要中心抽头。另外，器件承受的电压高（$2E$）。此电路适用于小功率、开关频率较高的负载。

5.3.2　三相电压源型逆变电路

通常中、大功率的应用采用三相逆变电路，在三相逆变电路中，应用最广的是三相桥式逆变电路。

1. 电路组成

采用 IGBT 作为开关器件的电压型三相桥式逆变电路如图 5-24 所示，它可以看成由三个电压型单相半桥逆变电路组成。直流电源并联有大容量滤波电容 C（为了分析方便，将 C 等效为 C_1、C_2 两个电容串联，得到中点 N'），具有电压源特性，内阻很小，这使逆变器的交流输出电压被钳位为矩形波，与负载性质无关。交流输出电流的波形与相位则由负载功率因数决定。

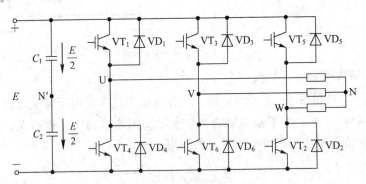

图 5-24　三相逆变电路

三相逆变电路由开关管 $VT_1 \sim VT_6$ 和反并联二极管 $VD_1 \sim VD_6$ 组成 6 个桥臂，C_1、C_2 为滤波电容。6 只开关管每隔 $60°$ 电角度触发导通 1 次，相邻两相的功率开关触发导通时间互差 $120°$，一个周期共换相 6 次，对应 6 个不同的工作状态（又称六拍）。根据开关的导通持续时间不同，工作方式可分为 $180°$ 导电型和 $120°$ 导电型两种。

2. 180°导电型工作方式

三相电压源型桥式逆变电路的每个桥臂的导电角度均为 $180°$，同一相（即同一半桥）的上、下两个桥臂交替导电，各相开始导电的角度依次相差120°，从而输出相位互差120°的交流电压。在任一瞬间，有且只有三个桥臂同时导通，或两个上桥臂和一个下桥臂同时导通，或一个上桥臂和两个下桥臂同时导通。因为每次换流都是在同一相的上、下两个桥臂之间进行的，所以也称之为纵向换流。为了防止同一相的上、下两个桥臂的开关器件同时导通而引起直流侧电源短路，应采用"先断后通"的方法。

180°导电型工作方式下三相桥式逆变电路的工作波形如图5-25所示。逆变器直流侧电压为E，当上桥臂或下桥臂器件导电时，U、V、W三相相对于直流电源中点来说，其输出分别为$+E/2$或$-E/2$。当负载为星形对称负载时，逆变器输出的相电压波形为交流六阶梯波，每间隔60°发生一次电平突变，且电平取值分别为$\pm E/3$、$\pm 2E/3$；逆变器输出的线电压波形为120°交流方波，幅值为E。

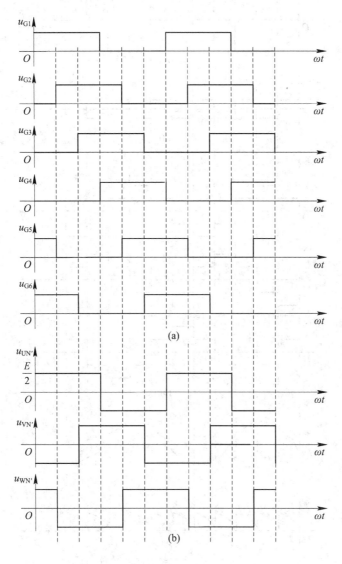

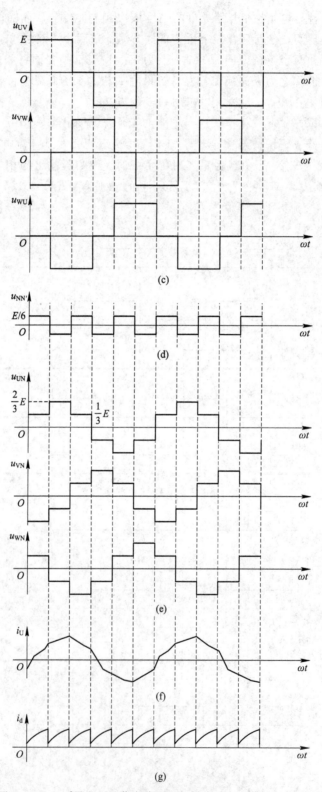

图 5 - 25　180°导电型工作方式下三相桥式逆变电路的工作波形

通过分析可以看出，三相逆变电路每一相的上、下两个桥臂间的换流过程和半桥电路的相似。桥臂 1、3、5 的电流相加可得直流侧电流 i_d 的波形，i_d 每 60° 脉动一次，直流电压基本无脉动，因此逆变器的功率是脉动的，这是电压源型逆变电路的一个特点。

三相桥式逆变电路的每个开关器件旁边都反向并联一个二极管，下面在电动机等阻感性负载情况下，以一个桥臂为例说明反向二极管的作用，如图 5 - 26 所示。

$t_0 \sim t_1$ 期间：电流 i 和电压 u 的方向相反，绕组储存的能量做功，电流 i 通过二极管 VD_1 流回直流侧，滤波电容器充电。如果没有反向并联的二极管，电流的波形将发生畸变。

$t_1 \sim t_2$ 期间：电流 i 和电压 u 的方向相同，电源做功，电流 i 流向负载。

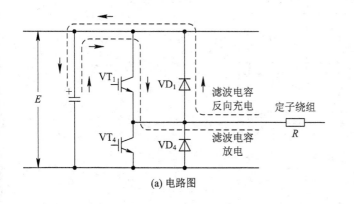
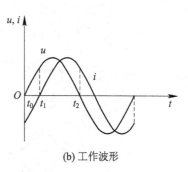

(a) 电路图　　　　　　　　　　　(b) 工作波形

图 5 - 26　反向并联二极管的作用

电路输出线电压的有效值为

$$U_{UV} = U_{VW} = U_{WU} = \sqrt{\frac{1}{2\pi} \int_0^{2\pi} u_{UV}^2 \mathrm{d}(\omega t)} = \sqrt{\frac{2}{3}} E = 0.816E \qquad (5-6)$$

其中，基波幅值 U_{UV1m} 和基波有效值 U_{UV1} 分别为

$$U_{UV1m} = 1.1E, \quad U_{UV1} = 0.78E$$

电路输出相电压的有效值为

$$U_{UN} = U_{VN} = U_{WN} = \sqrt{\frac{1}{2\pi} \int_0^{2\pi} u_{UN}^2 \mathrm{d}(\omega t)} = \frac{\sqrt{2}}{3} E = 0.471E \qquad (5-7)$$

其中，基波幅值 U_{UN1m} 和基波有效值 U_{UN1} 分别为

$$U_{UN1m} = 0.637E, \quad U_{UN1} = 0.45E$$

3. 120°导电型工作方式

120°导电型逆变电路中 6 只开关管的导通顺序仍是 VT_1、VT_2、VT_3、VT_4、VT_5、VT_6，时间间隔仍为 60°，但每只开关管的导通时间为 120°，任意瞬间只有两只开关管同时导通，它们的换流在相邻桥臂中进行。120°导电型逆变电路的优点是换流安全，因为在同一桥臂上两只开关管的导通间隔为固定的 60°；缺点是输出电压较低，相电压为矩形波、幅值为 $E/2$，线电压为梯形波、幅值为 E。其工作波形如图 5 - 27 所示。

线电压有效值、基波幅值及基波有效值分别为 $U_{UV} = 0.707E$，$U_{UV1m} = 0.955E$，$U_{UV1} = 0.675E$；相电压各值分别为 $U_{UN} = 0.408E$，$U_{UN1m} = 0.55E$，$U_{UN1} = 0.39E$。

与 180°导电型逆变电路对比可见，在同样的 E 条件下，采用 180°导电型逆变电路，其

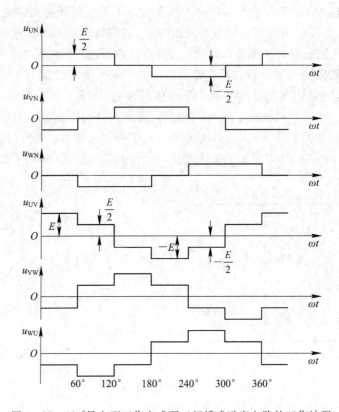

图 5-27　120°导电型工作方式下三相桥式逆变电路的工作波形

元器件利用率高，输出电压也较高；而 120°导电型逆变电路可避免同相上下臂的直通现象，较为可靠。无论是 180°还是 120°导电型工作方式，谐波成分都比较大，会使电动机发热加剧且转矩脉动大，特别是低速时，会影响电动机转速的平稳性；电动机是感性负载，当电源频率降低时，电动机的感抗减小，在电源电压不变的情况下电流会增加，从而造成过电流故障，因此变频的同时还需改变电压的大小。

　　逆变器基本电路所需要解决的主要问题是：如何减少或消除高次谐波；如何在变频的同时改变输出电压的大小。改善波形的方法有两种：一种是由几台方波逆变器以一定相位差进行多重化连接；另一种是采用脉宽调制（PWM）控制方式。目前通用变频器均采用后一种方式。脉宽调制控制方式还可改变输出电压的大小。

┌─────────┐
│ 应用案例 │
└─────────┘

　　交流伺服系统主电路由整流电路、吸收再生能量的再生电路和三相电压源型桥式逆变电路组成，如图 5-28 所示。系统的控制电路由速度控制电路、电流控制电路和位置检测电路组成。由检测到的位置信号形成与电动机转速成比例的速度信号进行速度控制。IGBT门极驱动采用光电隔离驱动电路。

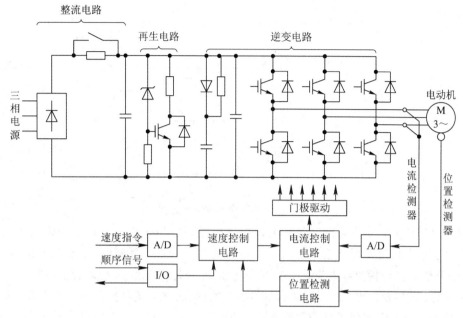

图 5-28　交流伺服系统主电路

5.4　电流源型逆变电路

　　电流源型逆变电路中，为给直流侧提供恒流源，可在直流侧串联大电感。由于大电感中电流脉动很小，因此可以近似看成恒流源。

　　本节将电流源型逆变电路分为单相电流源型逆变电路和三相电流源型逆变电路来介绍。与电压源型逆变电路相比，电流源型逆变电路的开关器件两端不用反并联二极管（因为输入直流侧为恒流源，电流方向不能反向，所以可省去二极管）；电压源型逆变电路多采用全控型器件，换流方式为器件换流；电流源型逆变电路多采用半控型器件，换流方式一般为负载换流或强迫换流。

5.4.1　单相电流源型逆变电路

1. 电路组成与工作原理

　　单相电流源型桥式逆变电路由 4 个桥臂构成，每个桥臂的快速晶闸管各串联一个限流电抗器，用于限制晶闸管的电流上升率 $\mathrm{d}i/\mathrm{d}t$，如图 5-29 所示。电抗器 L_d 不仅可以使整流输出的直流电流 I_d 连续、平滑，而且还可以限制中频电流进入工频电网，起交流隔离作用；逆变失败时，还能限制浪涌电流。限流电抗器 $L_1 \sim L_4$ 互感为零、自感量相等且很小。各桥臂之间不存在互感。使桥臂 1、4 和桥臂 2、3 以 1000～2500 Hz 的中频轮流导通，即可在负载上得到中频交流电。

　　负载为感应线圈（用电阻 R 和电感 L 串联等效），其功率因数很低，一般为 0.03～0.5。并联补偿电容 C 提供容性无功功率；电容 C 和电感 L、电阻 R 构成并联谐振电路，故本电

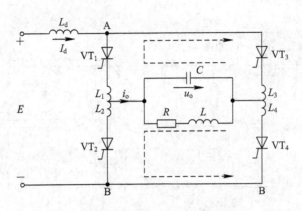

图 5-29 单相电流源型桥式逆变电路

路也称为并联谐振式逆变电路。当晶闸管交替导通的频率比负载回路的谐振频率略高时，负载回路工作在接近谐振状态，从而得到较高的功率因数，负载电压 u_o 的波形接近正弦波。由于补偿电容 C 使负载电流 i_o 超前负载电压 u_o 一定的角度 φ，因此给换流要关断的晶闸管施加一定时间的反向电压，即可达到可靠换流关断的目的，这种换流方式属于负载换流。

一个周期的工作过程可分为导通与换流两个阶段，其工作波形如图 5-30 所示。

$t_1 \sim t_2$ 期间：晶闸管 VT_1、VT_4 导通，负载电流 $i_o = I_d$，近似为方波，流过晶闸管的电流 $i_{VT1} = i_{VT4} = I_d$。负载电压 u_o 的极性为左正右负，接近正弦波。

$t_2 \sim t_4$ 期间：t_2 时刻，触发晶闸管 VT_2、VT_3，因在 t_2 之前 VT_2 和 VT_3 阳极电压等于负载电压，且为正值，故 VT_2、VT_3 导通，电路进入换流阶段。由于每个晶闸管均串有电抗器，故 VT_1、VT_4 在 t_2 时刻不能立刻关断，其电流要经历一个逐渐减小的过程。同样，VT_2 和 VT_3 的电流也要经历一个逐渐增大的过程。t_2 时刻后 4 只晶闸管同时导通，负载电容电压经两个并联放电回路同时放电，其中一个回路是经 L_1、VT_1、VT_3、L_3 回到电容 C；另一个回路是经 L_2、VT_2、VT_4、L_4 回到电容 C，如图 5-29 中虚线所示。在这个过程中，VT_1、VT_4 电流逐渐减小，VT_2、VT_3 电流逐渐增大。t_4 时刻，VT_1 与 VT_4 电流减至零而关断。直流侧电流 I_d 全部从 VT_1、VT_4 转移到 VT_2、VT_3，换流阶段结束。$t_4 - t_2 = t_\gamma$ 称为换流时间。因为负载电流 $i_o = i_{VT1} - i_{VT2}$，故 t_3 时刻，$i_{VT1} = i_{VT2}$，i_o 过零。t_3 时刻大体位于 t_2 和 t_4 的中点。

晶闸管在电流减小到零后，尚需一段时间才能恢复正常阻断能力。因此，在 t_4 时刻换流结束后，还要使 VT_1、VT_4 承受一段反压时间 t_β 才能保证其可靠关断。$t_\beta = t_5 - t_4$ 应大于晶闸管的关断时间。如果 VT_1、VT_4 尚未恢复阻断能力就被加上正向电压，则会重新导通，导致换流失败。

为了保证可靠换流，应在负载电压 u_o 过零前 $t_\delta = t_5 - t_2$ 的时刻去触发 VT_2、VT_3。t_δ 称为触发引前时间。由图 5-30 得 $t_\delta = t_\gamma + t_\beta$；由图 5-30 还可知，$i_o$ 超前于 u_o 的时间 t_ϕ 为

$$t_\phi = \frac{t_\gamma}{2} + t_\beta$$

换流阶段虽然 4 只晶闸管同时导通，但由于时间短和直流侧大电感的恒流作用，电源不会短路。晶闸管电流减小到零，还需要一段时间才能恢复晶闸管的正向阻断能力。为了

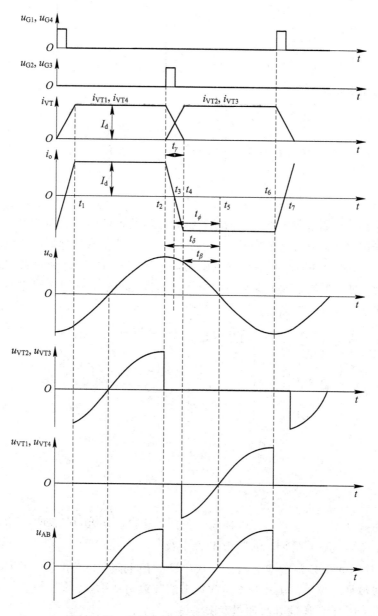

图 5 - 30 单相电流源型逆变电路的工作波形

保证换流的顺利完成,通常负载功率因数角 φ 取 $40°$为宜。

2. 数量关系

输出电流基波有效值为

$$I_{o1} = \frac{2\sqrt{2}}{\pi} I_d = 0.9 I_d \qquad (5-8)$$

由于不同频率的电压和电流不构成有功功率,当略去滤波电抗器的损耗和晶闸管压降时,逆变器的输入直流功率等于中频基波功率,即

$$EI_d = U_o I_{o1} \cos\varphi = U_o \times 0.9 I_d \cos\varphi \qquad (5-9)$$

所以输出电压有效值为

$$U_o = \frac{1.11E}{\cos\varphi} \qquad (5-10)$$

逆变器的输出功率为

$$P_o = \frac{U_o^2}{R} = 1.23 \frac{E^2}{\cos\varphi^2} \frac{1}{R} \qquad (5-11)$$

由式(5-11)可知,改变 E 就可以调节输出功率。

应用案例

中频感应加热炉组成如图 5-31 所示,中频电源装置的负载为电磁感应线圈,用来加热置于线圈内的金属。中频电源装置以 1000~2500 Hz 的中频工作时,负载感应线圈通入中频电流,在感应线圈中产生中频的交变磁场,处于此磁场中的金属材料(相当于导体)产生感应电动势,进而形成很大的涡流引起金属材料发热。这就是中频感应加热炉的基本工作原理。中频电源装置的主电路如图 5-29 所示。

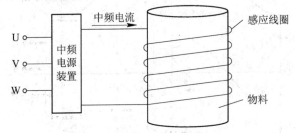

图 5-31　中频感应加热炉组成

拓展学习

串联谐振式逆变电路如图 5-32 所示,直流电源 E 由三相不可控整流电路整流后经大电容 C_d 滤波获得。为了续流,电路中设置了反馈二极管 $VD_1 \sim VD_4$。当负载满足 $R \ll 2\sqrt{L/C}$ 时,补偿电容 C 与负载电感 L 构成串联谐振电路。负载电流波形接近正弦波。该电路可以通过改变逆变器的工作频率等参数来调节输出功率,故整流电路一般采用不可控整流电路,不采用调节 E 的方法来调节输出功率。

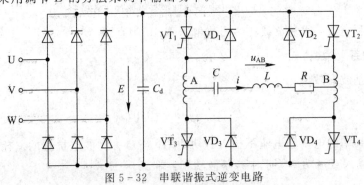

图 5-32　串联谐振式逆变电路

一个周期的工作过程分析如下:

晶闸管 VT_1、VT_4 被触发导通时,电路通过负载对电容 C 充电,形成充电振荡,负载流过从 A 到 B 的正弦正半波电流 i。当电容电压被充到最大值时,正半波电流 i 结束,VT_1、VT_4 自然关断。接着电容通过负载、反馈二极管 VD_1 与 VD_4 向电源放电,形成放电振荡,负载流过从 B 到 A 的正弦负半波电流 i。当电容电压放电到零时,负半波电流 i 结束。此期间,负载电压 $u_{AB}=E$,极性为左正右负。紧接着,晶闸管 VT_2、VT_3 又被触发导通。同理,分析知,负载电压 $u_{AB}=-E$,极性为右正左负。逆变电路的工作波形如图 5-33 所示。

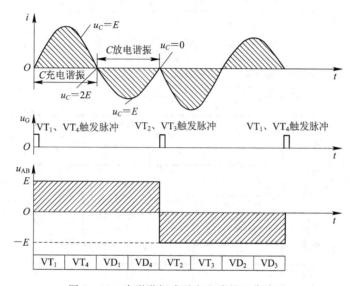

图 5-33 串联谐振式逆变电路的工作波形

串联谐振式逆变器启动和关断容易,但对负载的适应性较差,当负载参数变化较大且配合不恰当时,会影响功率输出,因此仅适用于需频繁启动、负载性质基本不变(如淬火、热加工等)的场合。

单相并联谐振逆变电路的并联电容有哪些作用? 电容补偿为什么要过补偿一些?

思考题 21

5.4.2 三相电流源型逆变电路

三相电流源型逆变电路如图 5-34 所示,和三相电压源型逆变电路类似,都可看成由 3 个半桥构成的。这里选用全控型开关器件 GTO,换流方式为器件换流。交流侧电容是为吸收换流时负载电感中储存的能量而设置的。

电路的基本工作方式为 120°导电型工作方式,即一个周期中同一相(同一半桥)的上、下桥臂各自导通 120°,其余 120°上、下桥臂都截止(即每个 GTO 在一个周期内导通 120°)。$VT_1 \sim VT_6$ 每隔 60°按顺序导通,换流是在上桥臂或下桥臂组内依次换流,属于横向换流。电路的工作波形如图 5-35 所示。具体分析略。

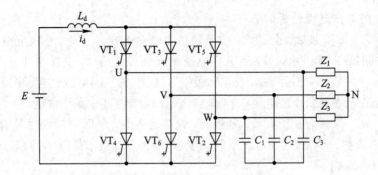

图 5 - 34　三相电流源型逆变电路

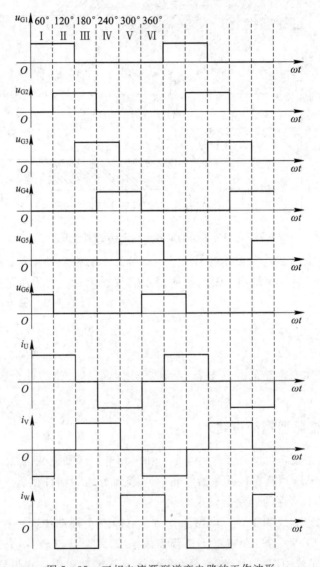

图 5 - 35　三相电流源型逆变电路的工作波形

输出交流电流的波形为 120°方波，其基波有效值为

$$I_{U1} = \frac{\sqrt{6}\,I_d}{\pi} = 0.78 I_d \qquad\qquad (5-12)$$

可见，三相电流源型逆变电路输出电流波形含有很多谐波成分。如果负载为阻性负载，则负载上电压波形与电流波形一致。实际应用中，大部分为阻感性负载，负载上的电压近似正弦波。

⌜应用案例⌐

交流同步电动机的原理与有电刷直流电动机的相似，仅是电枢与励磁换了位置，并且定子以三相电源供电。因为同步电动机电枢三相绕组在定子上，可以用逆变器代替直流电动机电刷和整流片组成的机械换向器，所以又称之为无换向器电动机。

无换向器电动机控制电路原理如图 5-36 所示。整流电路提供可控直流电源，它采用电流源型逆变电路但不需要电容和二极管组成的强迫换流电路。控制电路采用负载换流 120°导电控制方式。当电动机转子(磁场)旋转时，定子绕组感应三相电动势 e_a、e_b、e_c。如果晶闸管在三相电动势的交点 K 前换流，则可以利用定子感应电动势换流，故称之为负载换流或感应电动势换流。

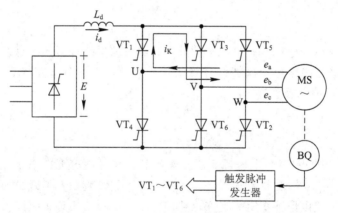

图 5-36　无换向器电动机控制电路原理

无换向器电动机控制电路的工作波形如图 5-37 所示。在 ωt_1 时刻，VT_1 与 VT_3 换流，触发 VT_3，$e_a > e_b$，产生换流 i_K，i_K 抵消了 VT_1 的正向电流，使 VT_1 关断，VT_3 导通。领先交点 K 换流的电角度 δ 称为提前换流角。

控制电路输出电流频率 f 必须与转子旋转速度同步，即 $n = 60 f/P$。通过检测器 BQ 检测转子位置，在一周中依次产生 6 个晶闸管的触发脉冲(电动机为两极时 $P = 1$)。如果改变整流器控制角，则直流回路电流 I_d 发生改变，电动机转矩随之改变，电动机转速也改变，触发脉冲发生器输出脉冲频率同时改变。这种自控方式下，电动机在启动时尚在静止状态，会因为不能产生触发脉冲而无法工作，所以无换向器电动机需要其他动力帮助其启动，即首先将电动机带到一定转速，再转入自控工作方式。并且在低速时，定子感应电动势较小，可能不足以保证逆变器安全换流。无换向器电动机逆变器一般采用晶闸管，适用于

高电压、大电流、大容量同步电动机调速系统。

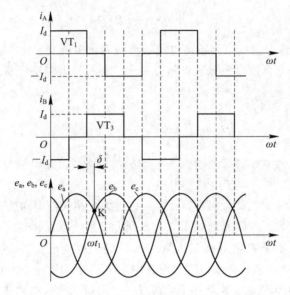

图 5-37 无换向器电动机控制电路的工作波形

同步思考

（1）无源逆变电路中电压源型逆变器与电流源型逆变器各有何特点？

（2）电压源型逆变电路中反馈二极管的作用是什么？为什么电流源型逆变电路中没有反馈二极管？

思考题 22

拓展学习

逆变电路输出的矩形波（电压源型逆变电路输出电压为矩形波；电流源型逆变电路输出电流为矩形波）中含有较多谐波，会对负载产生不利影响。为了减少矩形波中所含的谐波，常采用多重逆变电路或多电平逆变电路使输出的矩形波接近正弦波。

拓展学习一：多重逆变电路

与多重整流电路类似，把若干个逆变电路的输出按一定的相位差组合起来，使它们所含的某些主要谐波分量相互抵消，就可以得到较为接近正弦波的波形。从电路输出的合成方式来看，多重逆变电路有串联多重化和并联多重化两种方式。串联多重化是把几个逆变电路的输出串联起来，从而提高输出电压，电压源型逆变电路多用串联多重化方式；并联多重化是把几个逆变电路的输出并联起来，以扩大输出电流，电流源型逆变电路更适合于并联多重化方式。这里以单相电压源型桥式逆变电路为例说明逆变电路串联多重化的基本原理。

二重单相电压源型逆变电路原理如图 5-38 所示，它由两个单相全桥逆变电路组成，二者输出通过变压器 T_1 和 T_2 串联起来。图 5-39 是电路的输出波形。两个单相逆变电路的输出电压 u_1 和 u_2 都是正负对称 180° 宽的矩形波，其中包含所有的奇次谐波。下面考察其中的 3 次谐波。

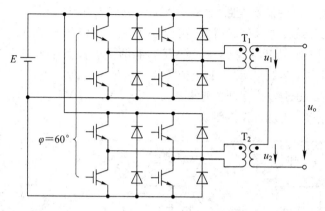

图 5 - 38　二重单相电压源型逆变电路

如图 5 - 39 所示，把两个单相逆变电路导通的相位错开 $\varphi = 60°$，则对 u_1 和 u_2 中的 3 次谐波来说，它们错开了 $3 \times 60° = 180°$。通过变压器串联合成后，两者中所含的 3 次谐波互相抵消，从而总输出电压中不含 3 次谐波。从图 5 - 39 可以看出，u_o 的波形是正负对称 120°宽的矩形波，和三相桥式逆变电路 180°导通方式下的线电压输出波形相同，其中只含 $6k \pm 1 (k = 1, 2, 3, \cdots)$ 次谐波，$3k (k = 1, 2, 3, \cdots)$ 次谐波都被抵消了。

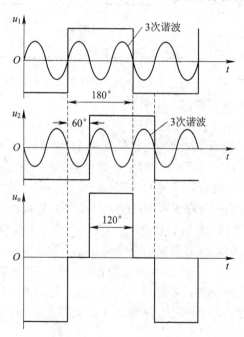

图 5 - 39　二重单相电压源型逆变电路的工作波形

拓展学习二：多电平逆变电路

先回顾一下三相电压源型桥式逆变电路的波形，对于其中任何一相，电路输出的相电压有 $E/2$ 和 $-E/2$ 两种电平，这种电路称为二电平逆变电路，其在需要承受高压的场合不太适用，而且输出波形不太理想。多电平电路可以解决这些问题，其中出现最早、使用较多的是中性点钳位型逆变电路。下面重点介绍中性点钳位型三电平逆变电路。

二极管钳位型三电平逆变电路(也称中性点钳位变流电路)如图 5-40 所示。从图中可以看出，该电路在传统二电平三相桥式逆变器六个主开关($VT_{11} \sim VT_{61}$)的基础上，分别在每个桥臂上增加两个辅助开关管($VT_{12} \sim VT_{62}$)和两个中性点钳位二极管($VD_{01} \sim VD_{06}$)。直流侧用两个串联的电容(C_1、C_2)将直流母线电压分为 $+E/2$、0、$-E/2$ 三个电平，钳位二极管 $VD_{01} \sim VD_{06}$ 分别与内侧开关管 VT_{12}、VT_{21}、VT_{32}、VT_{41}、VT_{52}、VT_{61} 并联，其中心抽头和零电平连接，实现中性点钳位。

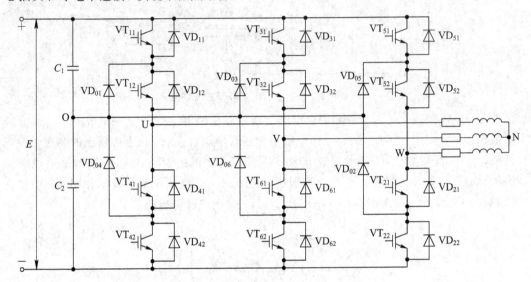

图 5-40　二极管钳位型三电平逆变电路

下面以 U 相为例说明该电路的工作原理。

当逆变电路中 VT_{11} 和 VT_{12} 导通而 VT_{41} 和 VT_{42} 关断时，U 相的输出相电压(相对于中间直流环节的中性点 O)$U_{UO} = E/2$，此时电流的流通路径为 $E(+) \rightarrow VT_{11} \rightarrow VT_{12} \rightarrow U$，$i_U > 0$，设该状态为"1"。当逆变电路中 VT_{41} 和 VT_{42} 导通而 VT_{11} 和 VT_{12} 关断时，U 相的输出电压为 $U_{UO} = -E/2$，电流 i_U 流通路径为 $U \rightarrow VT_{41} \rightarrow VT_{42} \rightarrow E(-)$，$i_U < 0$，该状态为"-1"。这两种状态与传统的二电平逆变器无太大大区别，只是每半桥臂由两个开关器件相串联。该电路的第三种状态为"0"状态，在这种状态下，VT_{11}、VT_{42} 关断而 VT_{12} 和 VT_{41} 导通。因负载电流方向不同，电流在 U 相桥臂内的流通路径也不同。当 $i_U > 0$ 时，流通路径为 $O \rightarrow VD_{01} \rightarrow VT_{12} \rightarrow U$，$U_{UO} = 0$；当 $i_U < 0$ 时，流通路径为 $U \rightarrow VT_{41} \rightarrow VD_{04} \rightarrow O$，$U_{UO} = 0$。可见，不论 i_U 的方向如何，逆变电路输出相电压总为零，从而得到第三种电平。

参照图 5-41 所示的三电平逆变电路输出电压波形示意图，以 $i_U > 0$ 时的情况为例，此三相负载导电回路有两条。

第一条导电回路：C_2 上端(O 端)$\rightarrow VD_{01} \rightarrow VT_{12} \rightarrow$ U 相负载 $\rightarrow$ W 相负载 $\rightarrow VT_{21} \rightarrow VT_{22} \rightarrow$ C_2 下端，此时 $U_{UO} = U_{WO} = -E/2$。

第二条导电回路：$E(+) \rightarrow VT_{31} \rightarrow VT_{32} \rightarrow$ V 相负载 $\rightarrow$ W 相负载 $\rightarrow VT_{21} \rightarrow VT_{22} \rightarrow E(-)$，此时 $U_{VO} = E/2$。

可以看出，通过辅助开关管和钳位二极管的共同作用，可以使逆变器输出 $E/2$、

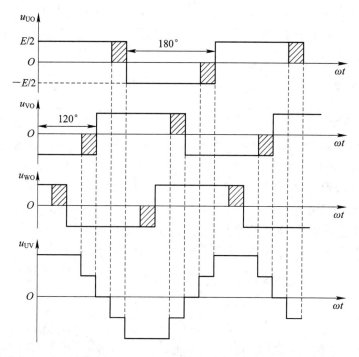

图 5-41　三电平逆变电路输出电压波形

-$E/2$、0 三种电平的相电压，线电压则为五电平。与二电平电路输出的线电压波形比较后发现，三电平电路输出线电压谐波含量更小，波形更接近正弦波。每当同一桥臂的一个主开关管由导通变为关断后，总是在辅助开关管导通一定时间后才使同一桥臂的另一主开关管导通，这样可以使开关管在开关过程中的 du/dt 和 di/dt 减小，从而改善逆变器的电磁兼容性。三电平逆变电路的另一个突出优点是每个主开关器件关断时所承受的电压仅为直流侧电压的一半，故可以将低耐压的器件应用在高压大功率场合。

逆变电路多重化的目的是什么？如何实现？

思考题 23

5.5　脉宽调制型逆变电路

前面介绍了逆变电路的拓扑结构，本节将介绍逆变电路的驱动技术，也就是脉宽调制技术。

脉宽调制(Pulse Width Modulation，PWM)技术是指通过对一系列脉冲的宽度进行调制，在形状和幅值方面，根据面积等效原理，获得所需要波形的控制技术。前面介绍过的直流斩波电路，当输入和输出电压都是直流电压时，可以把直流电压分解成一系列脉冲，通过改变脉冲的占空比来获得所需的输出电压。在这种情况下，调制后的脉冲序列是等幅的，也是等宽的，仅仅是对脉冲的占空比进行控制，这是 PWM 控制中最为简单的一种情况。

全控型电力电子器件的出现，使得性能优越的脉宽调制型逆变电路应用日益广泛。目前应用的逆变电路绝大部分是 PWM 型逆变电路。PWM 控制技术正是有赖于在逆变电路中的应用，才确定了它在电力电子技术中的重要地位。本节主要以逆变电路为控制对象来介绍 PWM 控制技术。

5.5.1　基本原理

1. 面积等效原理

以一个具体的 RL 惯性电路环节为例，如图 5-42(a) 所示，$e(t)$ 为输入的电压窄脉冲，面积相等、形状不同的各种窄脉冲如图 5-43 所示。电流 $i(t)$ 作为电路的输出，不同窄脉冲时 $i(t)$ 的响应波形如图 5-42(b) 所示。从波形图中可以看出，在 $i(t)$ 的上升段，脉冲形状不同时 $i(t)$ 的形状略有不同，但其下降段几乎完全相同。通过实验可以验证，脉冲越窄，各 $i(t)$ 波形的差异就越小。当周期性地施加电压脉冲时，电流响应也是周期性的。通过傅里叶级数分解，电流响应在低频段的特性非常接近，在高频段略有不同，与采样控制理论中的结论是相符的。这一结论称为面积等效原理，它是 PWM 控制技术的重要理论基础。

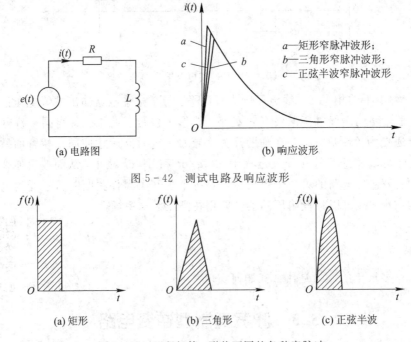

图 5-42　测试电路及响应波形

(a) 矩形　　(b) 三角形　　(c) 正弦半波

图 5-43　面积相等、形状不同的各种窄脉冲

2. 正弦脉宽调制原理

正弦波在正半周期内的波形如图 5-44(a) 所示，将其 N 等分，就可以把正弦半波看成是由 N 个彼此相连的脉冲序列所组成的波形。这些脉冲宽度相等，都等于 π/N，但幅值不等，且脉冲顶部不是水平直线而是曲线，各脉冲的幅值按正弦规律变化。如果把上述脉冲序列利用相同数量的等幅不等宽的矩形脉冲来代替，使矩形脉冲的中点和相应正弦波部分的中点重合，且使矩形脉冲和相应的正弦波部分面积（冲量）相等，就得到如图 5-44(b) 所示的脉冲序列，这就是 PWM 波形。可以看出，脉冲序列中各脉冲的幅值相等，而宽度是按

正弦规律变化的。根据面积等效原理，PWM 波形和正弦半波是等效的，而且同一时间段（如半波内）的脉冲数越多、脉冲宽度越窄，不连续地按正弦规律改变宽度的多脉冲电压 u_2 就越等效于正弦电压 u_1。对于正弦波的负半周，也可以用同样的方法得到 PWM 波形。像这种脉冲宽度按正弦规律变化而和正弦波等效的 PWM 波形，称为正弦脉宽调制（Sine Pulse Width Modulation，SPWM）。要改变等效输出正弦波的幅值，只需按照同一比例系数改变上述各脉冲宽度即可。

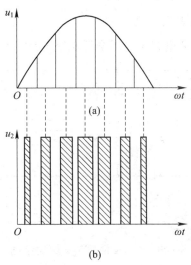

图 5-44　正弦波 PWM 调制原理

　　对于正弦波的负半周也采用同样的方法，一个完整周期的等效 PWM 波形如图 5-45(a) 所示，其特点是在半个周期内 PWM 波形的方向不变，这种控制方式称为单极性 PWM 控制。根据面积等效原理，正弦波还可等效为如图 5-45(b) 所示的 PWM 波形，其特点是半个周期内 PWM 波形的极性交替变换，这种控制方式称为双极性 PWM 控制，其在实际中应用

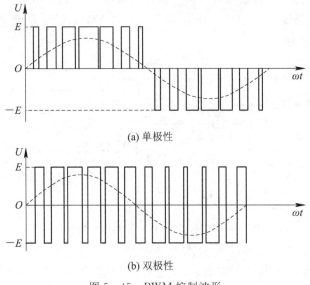

图 5-45　PWM 控制波形

更为广泛。

5.5.2　SPWM 逆变电路

逆变电路是 PWM 控制技术最为重要的应用场合。PWM 逆变电路可分为电压型 PWM 逆变电路和电流型 PWM 逆变电路两种。目前实际应用的 PWM 逆变电路几乎都是电压型 PWM 逆变电路，因此，本小节主要介绍电压型 PWM 逆变电路，即 SPWM 逆变电路。

1. 单相桥式 SPWM 控制逆变电路

单相桥式 SPWM 控制逆变电路结构同全桥逆变电路，如图 5－46 所示。

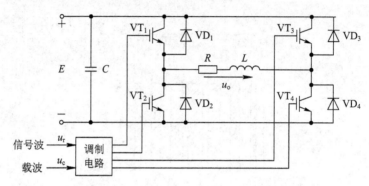

图 5－46　单相桥式 SPWM 控制逆变电路

1）单极性 SPWM 控制方式

单极性 SPWM 驱动信号生成电路由比较器、数字逻辑电路等组成，如图 5－47 所示，其输入信号有两个：一个为频率和幅值可调的调制波（正弦波）$u_r = U_m \sin \omega_r t$，其频率 $f_r = \dfrac{\omega_r}{2\pi} = f_1$（逆变器输出电压基波频率），$f_r$ 的可调范围一般为 $0 \sim 400\ \text{Hz}$；另一个为载波（三角波）u_c，它是频率为 f_c、幅值为 U_{cm} 的单极性三角波，f_c 通常较高（它取决于开关器件的开关频率）。调制电路输出信号 $U_{G1} \sim U_{G4}$ 接开关器件 $\text{VT}_1 \sim \text{VT}_4$ 的栅极。SPWM 驱动信号生成电路又称调制电路。

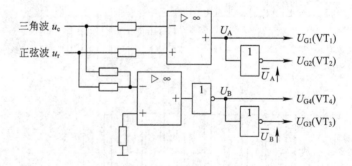

图 5－47　单极性 SPWM 驱动信号生成电路

电路工作原理分析：$u_c > u_r$ 期间，U_A 为负值、U_B 为正值，VT_1、VT_3 截止，$u_o = 0$；$u_r > u_c$ 期间，U_A 为正值，U_B 为正值，VT_1、VT_4 导通，VT_2、VT_3 截止，$u_o = E$。单极性 SPWM 驱动信号生成电路的工作波形如图 5－48 所示。输出电压 u_o 是一个多脉冲波组成

的交流电压,脉冲波的宽度近似地按正弦规律变化。在正半周只有正脉冲电压,在负半周只有负脉冲电压,因此这种 SPWM 控制方式称为单极性 SPWM 控制方式。输出电压 u_o 的基波频率 f_1 等于调制波频率 f_r,输出电压 u_o 的大小由电压调制比 $M=U_{rm}/U_{cm}$ 决定。固定 U_{cm} 不变,改变 U_{rm}(改变调制比 M)即可调控输出电压的大小,例如,增大 U_{rm},M 变大,每个脉冲波的宽度都增加,u_o 中的基波增大。图 5 - 48 所示的 u_{o1} 即为输出电压 u_o 的基波。此外,载波比 $N=f_c/f_r$ 越大,每半个正弦波内的脉冲数目越多,输出电压越接近正弦波。

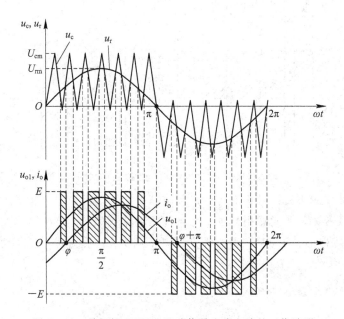

图 5 - 48　单极性 SPWM 驱动信号生成电路的工作波形

2) 双极性 SPWM 控制方式

双极性 SPWM 驱动信号生成电路如图 5 - 49 所示,调制波仍是幅值为 U_{rm}、频率为 f_r 的正弦波 u_r;载波变为幅值为 U_{cm}、频率为 f_c 的双极性三角波 u_c。无论在 u_r 的正半周还是负半周,$u_r > u_c$ 期间,输出电压 $u_o = +E$;$u_r < u_c$ 期间,$u_o = -E$。双极性 SPWM 驱动信号生成电路的工作波形如图 5 - 50 所示,输出电压 u_o 在正、负半周中都有正、负脉冲电压,这种 SPWM 控制方式称为双极性 SPWM 控制方式。

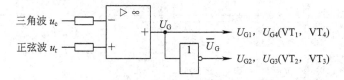

图 5 - 49　双极性 SPWM 驱动信号生成电路

综上所述,改变调制波的频率,即可改变逆变器输出基波的频率(频率可调范围一般为 0~400 Hz);改变调制波的幅值,即可改变输出电压基波的幅值。逆变器输出的虽然是调制方波脉冲,但由于载波信号的频率比较高(可达 15 kHz 以上),在负载电感(如电动机绕

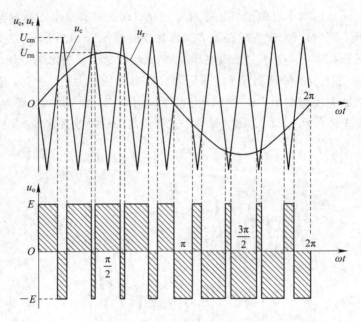

图 5 - 50　双极性 SPWM 驱动信号生成电路的工作波形

组的电感)的滤波作用下,可以获得与正弦基波基本相同的正弦电流。

采用 SPWM 控制,逆变器相当于一个可控的功率放大器,既能实现调压,又能实现调频。由于它具有体积小、重量轻、可靠性高、调节速度快、系统动态响应性能好等优点,因而在变频器中得到了广泛应用。

应用案例

不间断电源(Uninterruptable Power Supply,UPS)主电路采用单相桥式 SPWM 逆变电路(如图 5 - 51 所示),开关器件一般采用电力 MOSFET,对于中大功率 UPS,则采用 IGBT。为了滤去高次谐波,输出采用 LC 滤波电路;输出隔离变压器 T 实现逆变器与负载之间的电气隔离,从而减少干扰。

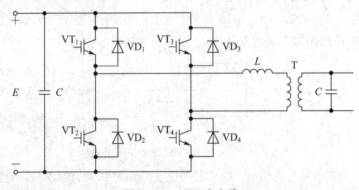

图 5 - 51　UPS 主电路

UPS 控制系统框图如图 5 - 52 所示,市电 u_s 经同步锁相电路得到与市电同步的 50 Hz

方波，将其输入标准正弦波发生器，便产生与市电同步的标准正弦波信号。该标准正弦波信号与有效值调节器的输出相乘后得到输出电压瞬时值给定信号 u^* ， u^* 再与输出电压瞬时值反馈信号 u_f 相减，误差信号经 P 调节器调节后，与三角波信号相比较，得到 PWM 信号。PWM 信号经驱动电路后，去控制逆变主电路中的开关器件的通断，从而达到控制输出电压的目的。

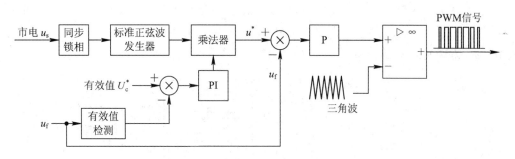

图 5 - 52　UPS 控制系统框图

同步思考

思考题 24

（1）电压型单相桥式 SPWM 逆变器，采用单极性 SPWM 控制方式与双极性 SPWM 控制方式时，输出电压波形有何不同？

（2）在典型的 PWM 变频器电路中，加入逆变器的直流电压是恒定的，试问它怎样实现变频变压输出？

（3）在单极性 SPWM 脉宽调制方式下，载波比 N 的选取应遵循什么原则？为什么？

（4）在双极性 SPWM 脉宽调制方式下，载波比 N 的选取应遵循什么原则？

2. 三相桥式 SPWM 控制逆变电路

三相桥式 SPWM 控制逆变电路如图 5 - 53 所示，这种电路采用双极性 SPWM 控制方式。

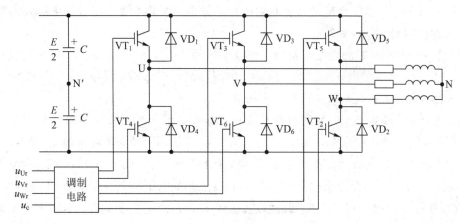

图 5 - 53　三相桥式 SPWM 控制逆变电路

三相桥式 SPWM 驱动信号生成电路(调制电路)如图 5-54 所示,电路引入了闭环反馈调节控制系统,U_o^* 为输出电压的指令值,U_o 为输出电压的实测反馈值,电压偏差 $\Delta U_o = U_o^* - U_o$。电压调节器 VR 输出调制波幅值 U_{rm},U、V 和 W 三相的调制波 u_{Ur}、u_{Vr}、u_{Wr} 分别为

$$u_{Ur}(t) = U_{rm}\sin\omega_r t \qquad (5-13)$$
$$u_{Vr}(t) = U_{rm}\sin(\omega_r t - 120°) \qquad (5-14)$$
$$u_{Wr}(t) = U_{rm}\sin(\omega_r t - 240°) \qquad (5-15)$$

式中,ω_r 为调制波 u_r 角频率。

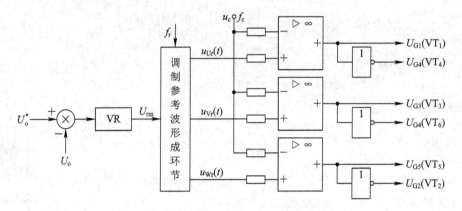

图 5-54　三相桥式 SPWM 驱动信号生成电路

u_{Ur}、u_{Vr}、u_{Wr} 与公用载波 u_c 相比较产生驱动信号 $U_{G1} \sim U_{G6}$,控制 $VT_1 \sim VT_6$ 六个全控型开关器件的通、断,从而控制逆变器输出的三相交流电压 $u_{UN}(t)$、$u_{VN}(t)$、$u_{WN}(t)$ 的瞬时值。U、V 和 W 各相开关器件的控制规律相同,现以 U 相为例来说明。

当 $u_{Ur} > u_c$ 时,U_{G1} 为正值,驱动 VT_1 导通,U_{G4} 为负值,使 VT_4 截止,$u_{UN'} = +E/2$;当 $u_{Ur} < u_c$ 时,VT_1 截止,VT_4 导通,$u_{UN'} = -E/2$。VT_1 和 VT_4 的驱动信号始终是互补的。当给 VT_1(或 VT_4)加导通信号时,可能是 VT_1(或 VT_4)导通,也可能是二极管 VD_1(或 VD_4)续流导通,这要由阻感性负载中电流的方向来决定,和单相桥式 PWM 型逆变电路在双极性控制时的情况相同。

三相桥式 SPWM 控制逆变电路的工作波形如图 5-55 所示,V 相及 W 相的控制方式和 U 相的相同,可以看出 $u_{UN'}$、$u_{VN'}$ 和 $u_{WN'}$ 的波形都只有 $\pm E/2$ 两种电平,线电压 u_{UV} 可由 $u_{UN'} - u_{VN'}$ 得出,由 $\pm E$ 和 0 三种电平构成。

输出电压 u_o 的基波大小与调制系数 $M = U_{rm}/U_{cm}$ 成正比。当实际输出电压基波小于给定值($U_o < U_o^*$)时,电压偏差 $\Delta U_o = U_o^* - U_o > 0$,电压调节器 VR 输出的 U_{rm} 增大,M 增大,使输出电压各脉宽加宽,输出电压 U_o 增大到给定值 U_o^*;反之,当 $U_o > U_o^*$ 时,$\Delta U_o < 0$,U_{rm} 减小,M 减小,使输出电压 U_o 减小到 U_o^*。如果电压调节器 VR 为 PI 调节器(无静差),则可在稳态时保持 $U_o = U_o^*$,即当电源电压 E 改变或负载改变而引起输出电压偏离给定值时,电压闭环控制可使输出电压 U_o 跟踪并保持为给定值 U_o^*。这种控制技术也称为 PWM 跟踪控制技术。

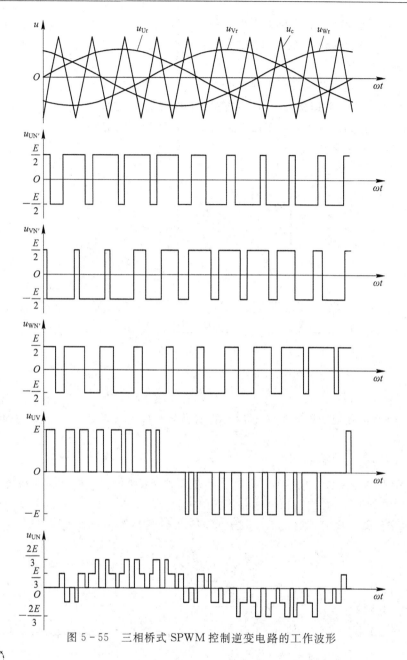

图 5 - 55　三相桥式 SPWM 控制逆变电路的工作波形

拓展学习

　　载波频率 f_c 与调制频率 f_r 之比称为调制比 N，即 $N = f_c / f_r$。调制过程中可采用不同的调制比。调制可分为同步调制、异步调制和分段同步调制三种。

　　同步调制中，N 为常数，一般取 N 为 3 的整数倍的奇数。这种方式可保持输出波形的三相之间对称。同步调制中，最高频率与最低频率输出脉冲数是相同的。低频时会显得 N 值过小，从而导致谐波含量变大，转矩波动加大。

　　异步调制中，改变正弦波信号 f_r 的同时，三角波信号 f_c 的值不变。在低频时，N 值会加大,克服了同步调制中的频率不良现象。异步调制中,N 是变化的,会造成输出三相波形的不对称,使谐波分量加大。但随功率器件性能的不断提高,如能采用较高的频率工作,以上缺点就不突出了。

分段同步调制是将调制过程分成几个同步段进行调制,这样既克服了同步调制中的低频 N 值太低的缺点,又具有同步调制的三相平衡的优点。这种方式有在 N 值的切换点处出现电压突变或振荡的缺点,可在临界点采用滞后区的方法克服。

分段同步调制举例如图 5-56 所示。

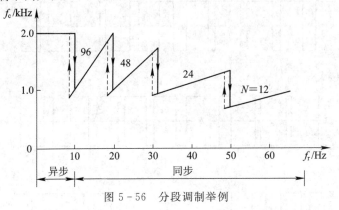

图 5-56　分段调制举例

同步思考

调制比和载波比对 PWM 逆变器运行有何影响?如何选择?

思考题 25

应用案例

采用 SPWM 控制技术的 UPS 电源原理如图 5-57 所示。三相电网电源通过晶闸管整流变成直流电,与 LC 滤波器和电池相连。由三相 IGBT 组成的逆变器将直流电变换成交流电,通过变压器和电容器将交流电送到负载。交流侧的滤波器由变压器漏感和交流电容

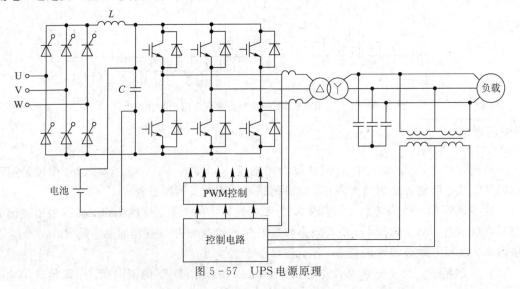

图 5-57　UPS 电源原理

器组成。利用测量参数控制滤波器的输出电压和逆变器的输出电流。该电路对线性负载和非线性负载都能保证较低的电压畸变。

5.6　IGBT 的驱动电路

IGBT 的栅极驱动电路设计与 IGBT 的静态和动态特性密切相关，且对通态电压、开关时间、开关损耗、承受短路能力及 du/dt 等参数均有不同程度的影响。IGBT 是 MOSFET 与 GTR 的复合结构，所以原则上用于电力 MOSFET 的门极驱动电路也适用于 IGBT。IGBT 与同容量的电力 MOSFET 相比，栅极输入电容量仅是它的 1/3～1/2，栅极驱动功率更低，故可将栅极驱动电路小型化。

1. IGBT 对驱动电路的要求

IGBT 是场控型器件，输入阻抗很高。大功率 IGBT 有相当大的输入电容，数值上等于 $C_{GC}+C_{GE}$。在 IGBT 导通瞬间，门极脉冲电流的峰值可达到数安培，因此驱动电路应有足够大的正向电流输出能力。

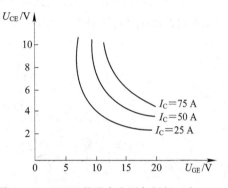

图 5-58　IGBT 的通态电压与门极正向电压的关系

器件容量一定时，IGBT 的门极正向电压 U_{GE}（正偏压）与通态电压 U_{CE} 的关系如图 5-58 所示。当 U_{GE} 增加时，U_{CE} 下降，只有当 U_{GE} 大到一定值时，U_{CE} 才能达到较低的饱和值。

为了使 IGBT 能稳定可靠地工作，防止在过大的 du_{CE}/dt 下发生误触发，驱动电路中一般引入 $-U_{GE}$。负偏压通常取 $-5\,V$ 或者稍大一些。

驱动电路中门极电阻 R_G（如图 5-59 所示）对 IGBT 的工作性能影响很大。取较大的 R_G，对抑制 IGBT 的电流上升率 di_c/dt 及降低器件上的电压上升率 du/dt 都有好处。若 R_G 过大，则会延长 IGBT 的开关时间，加大开关损耗，这对高频场合下的应用非常不利。而过小的 R_G 可使 di_c/dt 太大而引起 IGBT 不正常工作或损坏。R_G 的具体数值还与驱动电路的具体结构形式及 IGBT 的电压、电流大小有关。R_G 一般在数欧姆到数十欧姆之间，具体数值可参考器件厂的推荐值。

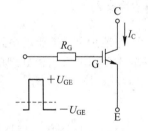

图 5-59　IGBT 的门极电阻

驱动电路与 IGBT 的连线要尽量短，保证有一条低阻抗值的放电回路。为了使门极驱动电路与信号电路隔离，应采用抗噪声能力强、信号传输时间短的隔离器件。

2. 由分离元器件构成的驱动电路

电磁隔离的 IGBT 驱动电路如图 5-60(a)所示，采用变压器耦合方式实现信号隔离，采用正负偏压双电源的方式保证 IGBT 稳定工作，电阻 R_6 为栅极电荷提供了放电回路。电路的输出级采用互补电路的形式以降低驱动源的内阻，同时加速 IGBT 的关断过程。如果将双极型 NPN 与 PNP 三极管换成 N 沟道与 P 沟道大功率场效应管就可形成高频大电流驱动器，如图 5-60(b)所示，其适用于大功率 IGBT 的驱动。

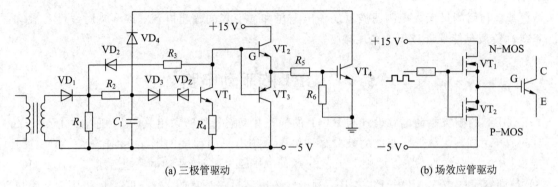

(a) 三极管驱动 (b) 场效应管驱动

图 5 - 60 电磁隔离的 IGBT 驱动电路

光电隔离的 IGBT 驱动电路如图 5 - 61 所示,+15 V 和 −10 V 电源需靠近驱动电路,驱动电路输出端及电源地端至 IGBT 栅极和发射极的引线应采用双绞线,长度最好不超过 0.5 m。

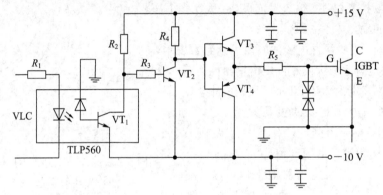

图 5 - 61 光电隔离的 IGBT 驱动电路

【应用案例】

电磁炉 IGBT 驱动电路主要由驱动管 $VT_1 \sim VT_3$ 组成,电路如图 5 - 62 所示。驱动电路的作用是将来自微处理电路 EXP 端的脉冲宽度调制信号整形放大后,推动 IGBT 管作相

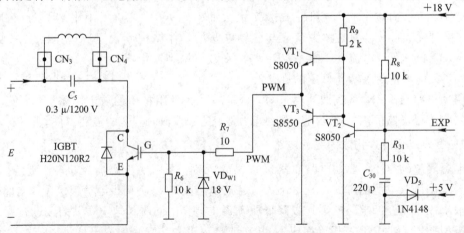

图 5 - 62 电磁炉 IGBT 驱动电路

应的动作，从而控制电磁炉的正常工作。

3. 集成驱动电路

IGBT 驱动多采用专用的混合集成驱动器。

M57962AL/M57962L 是一款混合型集成电路芯片，它主要是为驱动 N 沟道 IGBT 复合功率模块而设计的。该混合型集成电路芯片可作为一种隔离型放大器而应用于 N 沟道 IGBT 复合功率模块，并且在输入与输出之间使用光电耦合器进行电隔离。该芯片内部通过嵌入一个待饱和检测器来实现短路保护功能。当发生短路故障时，短路保护电路被激活，该芯片将提供一个故障信号输出。输出驱动电流可达 ± 5 A，非常适合驱动大功率 N 沟道 IGBT。

M57962AL/M57962L 的原理框图如图 5-63 所示。由 M57962L 构成的 IGBT 驱动电路如图 5-64 所示。具体分析请读者查阅相关资料。

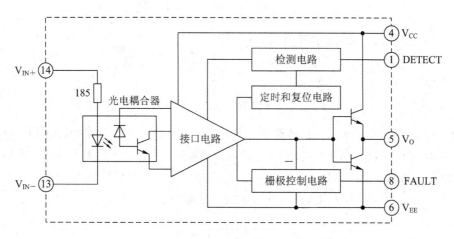

图 5-63　M57962AL/M57962L 的原理框图

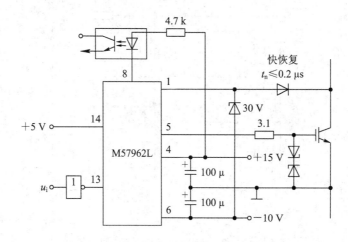

图 5-64　由 M57962L 构成的 IGBT 驱动电路

EXB840/841 为高速系列的 IGBT 集成驱动电路，工作频率可达 40 kHz；内部装有隔离高电压的光电耦合器，隔离电压可达 2500 V；具有过流保护和低速过流切断电路的功能，保护信号可输出供控制电路用；单电源供电，内部电路可将＋20 V 的单电压转换为＋15 V 的正偏压和−5 V 的负偏压。由 EXB840 构成的 IGBT 驱动电路如图 5-65 所示。

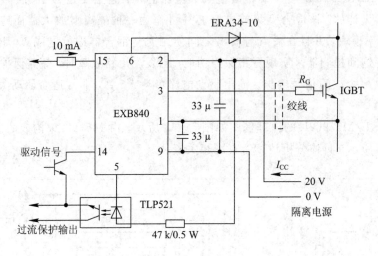

图 5-65　由 EXB840 构成的 IGBT 驱动电路

IR2110 驱动器可驱动同一相桥臂上、下两个开关器件，输出用图腾柱结构，两个高压推挽管采用 COMS 技术制作，其最大输入/输出电流可达 2 A，下桥臂导通时，上桥臂通道承受 500 V 的电压。输入与输出信号之间的传输延时小，开通传输延时为 120 ns，关断传输延时为 94 ns。由 IR2110 构成的 IGBT 驱动电路如图 5-66 所示。

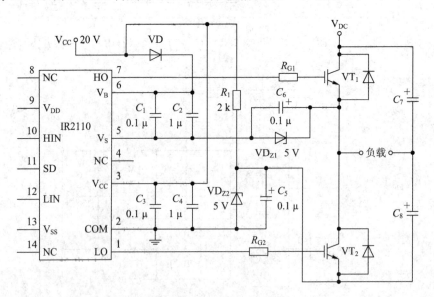

图 5-66　由 IR2110 构成的 IGBT 驱动电路

由 IR2130 构成的 IGBT 驱动电路如图 5-67 所示。

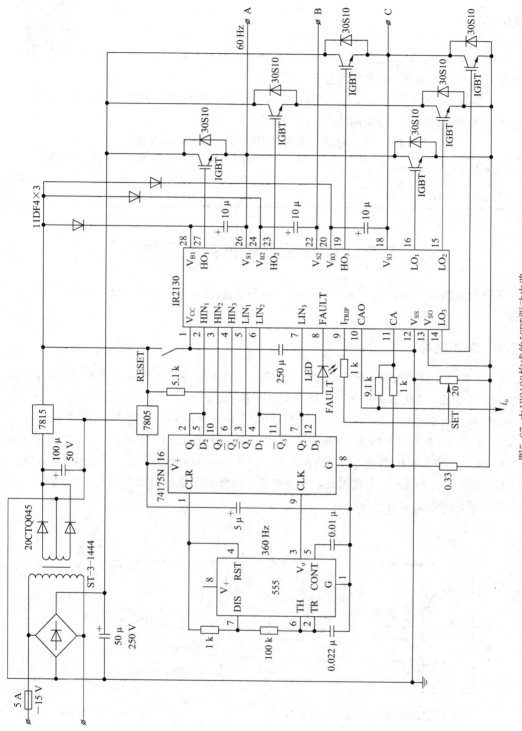

图5-67　由IR2130构成的IGBT驱动电路

思考题 26

同步思考

（1）设计 IGBT 驱动电路时，为什么要给栅射极间加一负电压信号？如果不加此信号，对 IGBT 的关断特性有何影响？

（2）表 5-1 给出了 1200 V 电压等级，不同电流容量的 IGBT 栅电阻推荐值。说明为什么随着电流容量的增大，栅电阻值 R_G 相应减小。

表 5-1　电流容量不同的 IGBT 栅电阻推荐值

电流容量/A	25	50	75	100	150	200	300
栅电阻值 R_G/Ω	50	25	15	12	8.2	5	3.3

5.7　IGBT 应用中的共性问题

在进行电路设计时，应针对影响 IGBT 可靠性的因素，有的放矢地采取相应的保护措施。

5.7.1　缓冲电路

IGBT 的开关速度较快，由于受到分布电容、电感的影响，器件在开通和关断时会产生过电压或过电流，对此需采用缓冲电路对其进行抑制。

并联在 IGBT 的 C、E 两端的充放电型 RC-VD 缓冲电路由电阻 R_S、电容 C_S 和二极管 VD_S 组成，如图 5-68 所示。当开关器件关断时，负载电流流经 VD_S、C_S，由于负载电流对 C_S 充电，使其电压逐渐上升，因此抑制了器件两端的电压上升率，负载线由 A 经过 D 到达 C，如图 5-69 所示。由此可见，缓冲电路不仅降低了器件的关断损耗，而且抑制了可能出现在器件两端的尖峰电压。

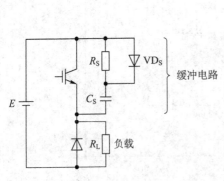

图 5-68　充放电型 RC-VD 缓冲电路

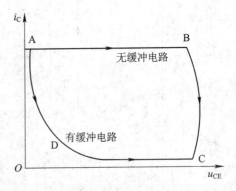

图 5-69　IGBT 关断时的负载线

逆变电路中常用的 IGBT 缓冲电路如图 5-70 所示。图 5-70(a) 是一种最简单的结构，在模块的引线端之间接入一个高频无感电容对直流电压进行钳位，可抑制由直流母线分布电感引起的器件两端的尖峰电压。由于电容直接连接于模块端子，电容引线电感很小，在中、小容量的情况下，均可获得良好的效果。图 5 - 70(b)所示的电路能吸收较多的储能。二极管 VD$_S$ 将阻止可能出现的振荡，电容器上的过剩电荷通过吸收电阻逐渐放电。这种电路的缺点是，存在吸收二极管，增加了整个缓冲电路的杂散电感。这种钳位电路适用于 100～200 A 级的开关器件。图 5 - 70(c)所示的电路为 RC - VD 钳位电路，也称为交叉钳位电路，与前面两种情况不同，不是逆变器的输入端配置一套公共的钳位电路，而是每相的半桥都要配置。这种电路适合于大电流的应用场合，可以有效地限制器件模块两端出现的过冲电压。

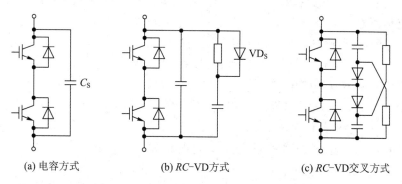

(a) 电容方式　　　　　　　　(b) RC-VD方式　　　　　　(c) RC-VD交叉方式

图 5 - 70　逆变电路中常用的 IGBT 缓冲电路

┌─────────────┐
│ 工程小经验 │
└─────────────┘

　　选择缓冲电路元器件时应该注意，缓冲电容尽量用无感电容，缓冲二极管必须是正向过渡电压低、反向恢复时间短、反向恢复特性软的二极管。恢复时间长，二极管的功耗大，恢复特性硬，容易引起 IGBT 的 C、E 间电压振荡。接线时应尽量短，以减小分布电感。

5.7.2　保护电路

1. 过电压保护

IGBT 驱动电压 U_{GE} 的保证值为 ±20 V。如果驱动电压超出保证值，则可能会损坏 IGBT。因此，在 IGBT 的驱动电路中应设置栅压限幅电路，即在栅射极间并联两只反向串联的稳压二极管。另外，为防止 IGBT 的栅射极间开路造成的过电压情况发生，应在 IGBT 的栅射极间并接一只几十千欧的电阻，此电阻应尽量靠近栅极与发射极。栅极过电压保护电路如图 5 - 71 所示。

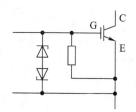

图 5 - 71　栅极过电压保护电路

2. 过电流保护

IGBT 的过电流保护电路可分为两类：一类是低倍数(1.2～1.5 倍) 的过载保护；另一类是高倍数(可达 8～10 倍)的短路保护。对于过载保护，不必快速响应，可采用集中式保护，即检测输入端或直流环节的总电流，当此电流超过设定值后比较器翻转，封锁所有 IG-BT 驱动器的输入脉冲，使输出电流降为零。IGBT 能承受短路电流的时间很短，必须采取有效的保护措施。下面重点介绍短路保护。

为了实现 IGBT 的短路保护，必须进行过流检测。适用于 IGBT 的过流检测方法是：采用霍尔电流传感器直接检测 IGBT 的电流 I_C，然后与设定的阈值进行比较，用比较器的输出去控制驱动信号的关断；或者采用间接电压法，检测过流时 IGBT 的电压降 U_{CE}(因为管压降中含有短路电流信息，过流时 U_{CE} 增大且基本上为线性关系)，然后与设定的阈值进行比较，比较器的输出控制驱动电路的关断。

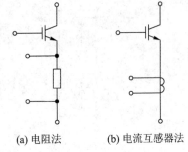

(a) 电阻法　　　(b) 电流互感器法

图 5-72　常用过电流检测电路

用电阻或电流互感器构成的过电流检测电路如图 5-72 所示，可以用电阻或电流互感器初级与 IGBT 串联，检测 IGBT 集电极的电流。当有过流情况发生时，控制单元断开 IGBT 的输入，达到保护 IGBT 的目的。

当栅极驱动电压不变时，IGBT 的饱和压降 $U_{CE(sat)}$ 将随着集电极电流 I_C 的增大而增大。通过检测 $U_{CE(sat)}$，即可判断 IGBT 是否过流。根据 IGBT 过流时 U_{CE} 增大的原理设计的保护电路如图 5-73 所示，该电路采用 IGBT 专用驱动器 EXB841。如果发生短路，含有 IGBT 过电流信息的 U_{CE} 不直接送至 EXB841 的 IGBT 集电极电压监视引脚 6 上，而是快速关断快速恢复二极管 VD_1，使比较器 IC_1(LM339) 的 U_+ 电压大于 U_- 电压，比较器输出高电平，由 VD_2 送至 EXB841 的 6 脚，启动 EXB841 内部电路中的降栅压及软关断电路，低速切断电路，慢速关断 IGBT。这样既避免了集电极电流尖峰损坏 IGBT，又完成了 IG-BT 短路保护。该电路的特点是消除了由 VD_1 正向压降随电流不同而引起的关断速度不同

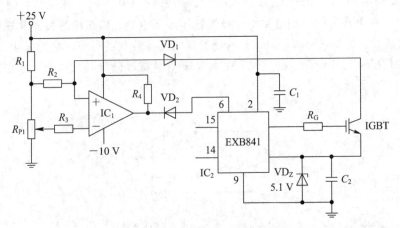

图 5-73　检测 U_{CE} 的 IGBT 过电流保护电路

的差异，提高了电流检测的准确性，同时由于直接利用 EXB841 内部电路中的降栅压及软关断功能，整体电路简单可靠。

3. 过热保护

一般情况下，流过 IGBT 的电流较大，开关频率较高，导致 IGBT 器件的损耗比较大，如果热量不能及时散掉，则当 IGBT 模块的结温 T_j 超过额定结温时可能损坏 IGBT。引起 IGBT 过热的原因可能是驱动波形不好、电流过大或开关频率太高，也可能是散热状况不良。

为安全起见，一般将 IGBT 模块工作时的结温控制在 125℃以下，必要时可安装温度保护装置。在安装或更换模块时，应在模块与散热器间均匀涂抹适量导热硅脂，并紧固适当，以尽量减少接触热阻。当因冷却装置故障而引起散热片散热不良时，将导致模块发热过高而出现故障。因此，应定期对冷却装置进行检查，必要时可在模块上靠近散热片的地方安装温度传感器，用以检测 IGBT 的散热器温度，当超过允许温度时主电路停止工作。

┌┈┈┈┈┈┈┈┐
┆**应用案例**┆
└┈┈┈┈┈┈┈┘

弧焊电源电路中设置了三种过电流保护措施，即：输入端快速熔断器保护、IGBT 电压检测过电流保护和输出端电流检测过电流保护。如图 5-74 所示，I_C 为电流检测的门限值，一旦超过，则关闭 PWM 输出；阻容缓冲电路 R_1、C_1 和 R_2、C_2 用于吸收电压尖峰；开关电路用于实现能量回馈，将电弧熄灭或电源关断时储存于输出电感的能量回馈至电源，这既抑制了电压尖峰，又提高了效率。

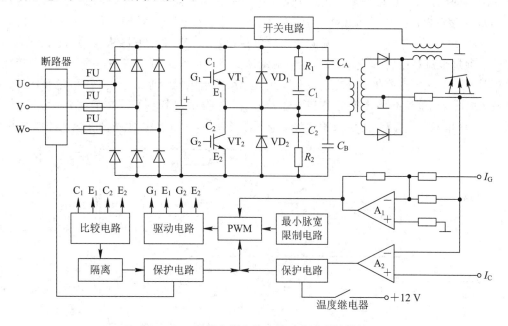

图 5-74　弧焊电源电路中的过电流保护措施

5.8　PWM 整流电路

前面介绍的相控整流电路存在几个很大的缺陷：功率因数低，对电网产生很大的无功功率冲击，从而引起电网电压波动；输出电压的脉动频率低，输出特性较差；交流侧电流的谐波含量高，造成电网电压波形畸变。采用 PWM 整流电路可以较好地解决这些问题。

随着以 IGBT 为代表的全控型器件的不断进步，脉冲宽度调制(PWM)控制技术的应用与发展为整流器性能的改进提供了变革性的思路，把逆变电路中的 SPWM 控制技术用于整流电路，就形成了 PWM 整流电路。通过对 PWM 整流电路的适当控制，可以使输入电流非常接近正弦波，且和输入电压同相位，因而 PWM 整流电路具有电网侧电流为正弦波、功率因数可以控制、电能双向传输和动态响应快等优良特性。

PWM 整流电路也称具有功率因数校正(Power Factor Correction)的整流电路，简称 PFC。PWM 整流电路根据输出滤波器的不同可分为电压型 PWM 整流电路和电流型 PWM 整流电路。电压型 PWM 整流电路采用电容进行滤波，输出直流电压稳定。电流型 PWM 整流电路采用电感作为滤波元件，输出直流电流稳定。这两种类型的 PWM 整流电路对交流侧的滤波(或缓冲)电流的要求不同。目前研究和应用较多的是电压型 PWM 整流电路。

5.8.1　单相电压型 PWM 整流电路

单相电压型 PWM 整流电路的结构与单相全桥逆变电路的相同，如图 5-75 所示，交流侧附加的电抗器 L_s 起平衡电压、支撑无功功率和储存能量的作用；u_s 是正弦波电网电压；U_d 是整流器的直流侧输出电压；u_{ab} 是交流侧输入电压，为 PWM 控制方式下的脉冲波，其基波与电网电压同频率，幅值和相位可控；i_s 是 PWM 整流器从电网吸收的电流。电网可以通过整流二极管 $VD_1 \sim VD_4$ 完成能量从交流侧向直流侧的传递，也可以经全控型器件 $VT_1 \sim VT_4$ 从直流侧将直流电逆变为交流电，反馈给电网。所以 PWM 整流电路的能量变换是双向的，而能量的传递趋势是整流还是逆变，主要由 $VT_1 \sim VT_4$ 的脉宽调制方式决定。图 5-75 中串联的 L_s、C_s 的谐振频率为基波频率的 2 倍，从而可以短路掉交流侧的偶次谐波。

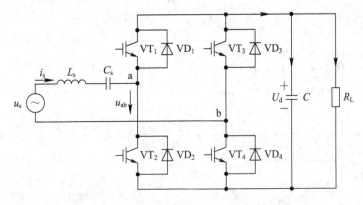

图 5-75　单相电压型 PWM 整流电路

按照正弦波和三角波相比较的方法对图 5-75 中的开关管进行 SPWM 控制，就可以在桥的交流输入端 ab 产生一个 SPWM 波 u_{ab}。在 u_{ab} 中含有和正弦波同频率且幅值成比例的基波分量以及和三角波载波有关的高次谐波，但不含低次谐波。u_{ab} 与电网的正弦电压 u_s 共同作用于 L_s 上，产生正弦输入电流 i_s。当 u_s 一定时，i_s 的幅值和相位仅由 u_{ab} 中基波幅值及其与 u_s 的相位差决定。通过控制整流器交流侧的电压 u_{ab} 的幅值和相位，就可获得所需大小和相位的输入电流 i_s。

　　L_s 在电路中承担了平衡电压的作用，其两端电压为

$$u_L = \frac{L\,\mathrm{d}i_s}{\mathrm{d}t} \qquad\qquad (5-16)$$

可得

$$U_L = \mathrm{j}\omega L I_s = u_s - u_{ab} \qquad\qquad (5-17)$$

　　PWM 整流电路不同运行方式下的电压电流相量图如图 5-76 所示。图 5-76 中，$\delta = \arctan\dfrac{\omega L I_s}{U_s}$，$U_s$ 和 I_s 分别是电网电压和电流的有效值。

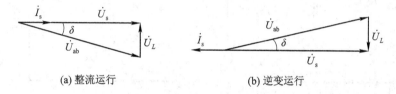

(a) 整流运行　　　　　　　　　　(b) 逆变运行

图 5-76　PWM 整流电路不同运行方式下的电压电流相量图

　　图 5-76(a) 中 i_s 与 u_s 同相，电路为整流运行，功率因数为 1；图 5-76(b) 中 i_s 与 u_s 反相，电路为逆变运行。这说明 PWM 整流电路可以实现能量正反两个方向的流动。

　　不考虑换相过程，在任一时刻，单相电压型 PWM 整流电路的四个桥臂应有两个桥臂导通。为避免输出短路，1、2 号桥臂不允许同时导通，同样 3、4 号桥臂也不允许同时导通。PWM 整流电路有四种工作方式，根据交流侧电流 i_s 的方向，每种工作方式有两种工作状态。当交流输入电源电压 u_s 位于正半周时，单相电压型 PWM 整流电路的运行方式如图 5-77 所示。各方式工作情况如下：

　　方式 1：如图 5-77(a) 所示，1、4 号桥臂导通，$L_s\dfrac{\mathrm{d}i_s}{\mathrm{d}t} = u_s - u_{ab}$，电流为正时，$VD_1$ 和 VD_4 导通，交流电源输出能量，直流侧吸收能量，电路处于整流状态；电流为负时，VT_1 和 VT_4 导通，交流电源吸收能量，直流侧释放能量，电路处于能量反馈状态。

　　方式 2：如图 5-77(b) 所示，2、3 号桥臂导通，$L_s\dfrac{\mathrm{d}i_s}{\mathrm{d}t} = u_s - u_{ab}$，电流为正时，$VT_2$ 和 VT_3 导通，交流电源和直流侧都输出能量，L_s 储能；电流为负时，VD_2 和 VD_3 导通，交流电源和直流侧都吸收能量，L_s 释放能量。

　　方式 3：如图 5-77(c) 所示，1、3 号桥臂导通，$L_s\dfrac{\mathrm{d}i_s}{\mathrm{d}t} = u_s$，直流侧与交流侧无能量交换，交流电源被 L_s 短接，电流为正时，VD_1 和 VT_3 导通，L_s 储能；电流为负时，VT_1 和 VD_3 导通，L_s 释放能量。

方式 4：如图 5 - 77(d)所示，2、4 号桥臂导通，$L_s\dfrac{\mathrm{d}i_s}{\mathrm{d}t}=u_s$，直流侧与交流侧无能量交换，交流电源被 L_s 短接，电流为正时，VT_2 和 VD_4 导通，L_s 储能；电流为负时，VD_2 和 VT_4 导通，L_s 释放能量。

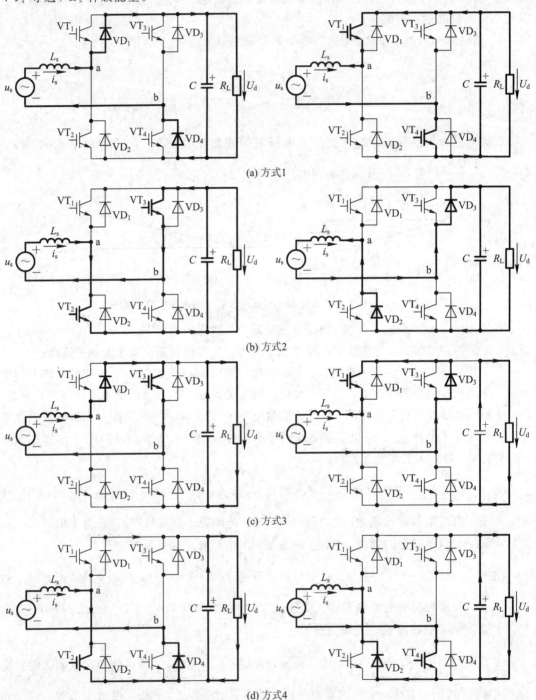

(a) 方式1

(b) 方式2

(c) 方式3

(d) 方式4

图 5 - 77　单相电压型 PWM 整流电路的运行方式

　　在方式 3 和方式 4 中,交流电源被 L_s 短路,依靠交流侧电感限制电流。在方式 1 和方式 2 中,由于电流方向能够改变,交流侧与直流侧可进行双向能量交换。

　　单相电压型 PWM 整流电路功率因数为 1 时的工作波形如图 5-78 所示,按同样方法可分析 u_s 位于负半周时各方式的工作情况,采用脉宽调制方式,通过选择适当的工作方式和工作时间间隔,交流侧的电流可以按规定的目标增大、减小和改变方向,从而控制交流侧电流 i_s 的幅值和相位,并使波形接近于正弦波。

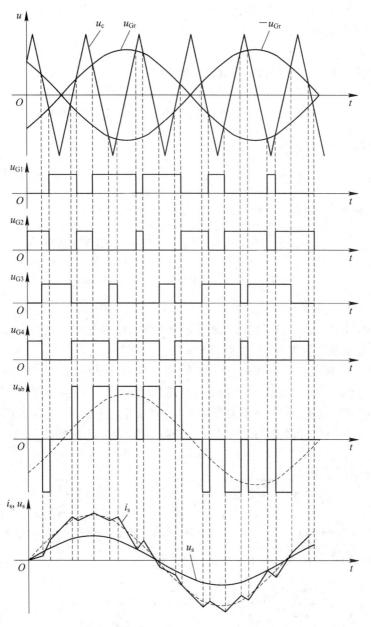

图 5-78　单相电压型 PWM 整流电路功率因数为 1 时的工作波形

　　目前,比较先进的 UPS 采用 PWM 整流电路,其注入的电网电流非常接近正弦波,功率因数近似为 1，大大降低了 UPS 对电网的谐波污染。电源侧电流 i_s 为 PWM 波形，可等效为畸变较小的正弦波形，与相控式整流电路电源侧电流波形相比，虽然高次谐波增加了，但用滤波器易于将其滤除，而要滤除掉相控式整流电路中的低次谐波是很困难的。

5.8.2　三相电压型 PWM 整流电路

应用最为广泛的三相桥式电压型 PWM 整流电路如图 5-79 所示，图中 L_s、R_s 的含义与图 5-75 中单相电压型 PWM 整流电路的完全相同。三相桥式电压型 PWM 整流电路的工作原理与前述单相全桥电路的相似，只是从单相扩展到三相。对电路进行 SPWM 控制，在桥的交流输入端 a、b 和 c 可得到 SPWM 电压，对各相电压按图 5-76(a) 所示的相量图进行控制，即可使各相电流 i_a、i_b、i_c 为正弦波且和电压相位相同，功率因数近似为 1（具体分析略）。

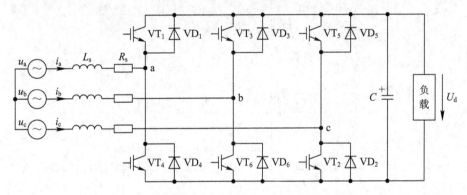

图 5-79　三相桥式电压型 PWM 整流电路

由两个三相桥式 PWM 变流器级联构成的电压型双 PWM 变流电路如图 5-80 所示，它作为可逆 AC/DC/AC 功率变换器，成为 PWM 整流器的重要应用之一。其典型的控制方式是，当电机处于电动状态时，电源侧 PWM 变流器作为整流器运行，电机侧 PWM 变流器作为逆变器运行，中间直流电压可在一定范围内调节，交流侧电压电流的相位角 φ 在 0°~90°范围内设置，当 φ 为 0°时，系统功率因数为 1。当电机进入再生制动时，电机侧 PWM 整流器把再生能量回馈到中间直流环节，使直流侧电压升高，电源侧 PWM 整流器自动进入有源逆变状态，将电机的机械能转换为电能回馈给电网，此时相位角 φ 可在 90°~180°范围内设置。

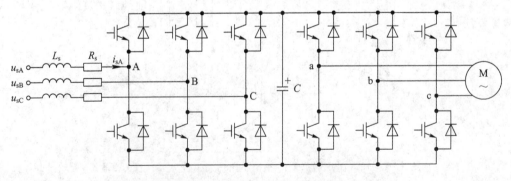

图 5-80　电压型双 PWM 变流电路

同步思考

什么是 PWM 整流电路？它和相控整流电路的工作原理及性能有何不同？

思考题 27

5.9　组合变流电路

　　前面介绍了 AC/DC、DC/DC、AC/AC 和 DC/AC 四大类基本变流电路，将其中几种基本变流电路组合起来即构成组合变流电路，可实现一定的新功能。其中间接交流变流电路是先将交流电整流为直流电，再将直流电逆变为交流电，是先整流后逆变的组合。而间接直流变流电路是先将直流电逆变为交流电，再将交流电整流为直流电，是先逆变后整流的组合。

　　间接交流变流电路主要分为两类：一类是输出电压和频率均可变的交直交变频电路（Variable Voltage Variable Frequency，VVVF），主要用作变频器；另一类是输出交流电压大小和频率均不变的恒压恒频（Constant Voltage Constant Frequency，CVCF）变流电路，主要用作不间断电源（UPS）。间接直流变流电路主要用于各种开关电源（Switching Mode Power Supply，SMPS）。

5.9.1　间接交流变流电路

　　间接交流变流电路由整流电路、中间直流电路和逆变电路构成，可分为电压型间接交流变流电路和电流型间接交流变流电路。间接交流变流电路的逆变部分多采用 PWM 控制。

1. 风力发电系统

　　最典型的直驱型风力发电系统的主电路拓扑如图 5-81 所示，风力机与永磁同步发电机直接连接，将风能转换为频率变化、幅值变化的交流电，经过整流之后变为直流电，经过 Boost 电路升压后，再经过三相逆变器变换为三相恒幅交流电连接到电网。通过中间电力电子变化环节，对系统有功功率和无功功率进行控制，从而实现最大功率跟踪、最大效率利用风能。该主电路拓扑目前在小功率和兆瓦级直驱型风力发电系统中均有应用。

　　图 5-81 中的 DC/DC 变换器为 Boost 电路。Boost 主电路一般由不可控整流电路、电感、开关管和滤波电容组成。其输入侧有储能电感，可以减小输入电流纹波，防止电网对主

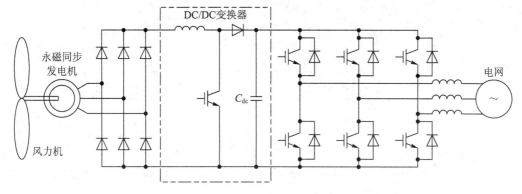

图 5-81　直驱型风力发电系统的主电路拓扑

电路的高频瞬态冲击,对整流器呈现电流源负载特性;其输出侧有滤波电容,可以减小输出电压纹波,对负载呈现电压源特性。利用 Boost 电路在斩波的同时,还实现功率因数校正的目标,主要包括如下两个方面:①控制电感电流,使输入电流正弦化,保证其功率因数接近于 1,并使输入电流基波跟随输入电压相位;②当风速变化时,不可控整流得到的电压也变化,而通过 DC/DC 变换器的调节可以保持直流侧电压的稳定,使输出电压保持恒定。

2. 电磁炉

电磁炉采用基于电磁感应加热的原理,即先将电网的工频交流电变成直流电,随后由控制电路将直流电变成高频交流电,即 AC/DC/AC 变换技术。电磁炉变换的高频交流电频率通常为 25~30 kHz,再把这高频交流电送入一个扁平的线盘,使之产生高频交变磁场,在这个高频交变磁场中放置一个铁基材质锅具,锅具就会在交变磁场的作用下感生出涡流,并利用小电阻大电流的短路热效应产生热量,直接使锅具底部迅速发热。具体电路单元结构组成如图 5-82 所示。

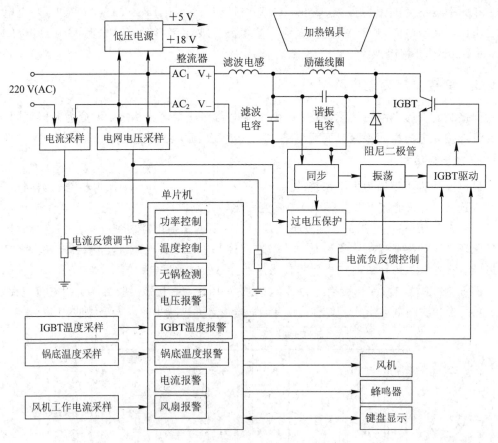

图 5-82　电磁炉电路单元结构框图

1) 主电源输入单元

主电源输入单元如图 5-83 所示,即前面所述的 AC/DC 转换部分,包括输入熔断器 FUSE、EMC 抑制电路、整流电路和滤波电路。

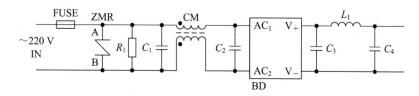

图 5 - 83　主电源输入单元

共模扼流圈 CM 以及电容 C_1、C_2 构成电源噪声抑制电路，也称 EMC 抑制电路，主要用来防止电磁炉在 DC/AC 逆变工作过程中产生残余干扰信号污染电网。同时此电路也可抑制进入电磁炉的电网噪声，减小电网噪声对电磁炉内部单片机的不良影响，对电磁炉工作的稳定性有重要的影响。厂家会根据电磁炉的市场定位以及价格在电磁炉中相应地增加或减少电源噪声抑制电路的级数和参数，大多数电磁炉都会采用 1～3 级的噪声抑制电路。

BD 为半导体整流元器件，它将经过 EMC 抑制电路的交流电整流成脉冲直流电供给逆变部分，此电路形式多采用桥式整流电路。

C_3、L_1、C_4 组成 π 型滤波电路，此电路有两个作用：一是用于平滑从整流器出来的脉冲直流电，使此直流电源更接近理想直流电；二是滤除电磁炉在 DC/AC 逆变工作过程中产生的高频谐波，防止其污染电网。滤波电路的元件取值一般为：C_3、$C_4 \geqslant 4$ μF，耐压 $\geqslant 400$ V(DC)，L_1 为 $370 \sim 550$ mH。L_1 的铁芯材料必须是带有气隙的硅钢片或低密度的铁氧体磁芯。

2）逆变单元

逆变单元是电磁炉的心脏部分，整个逆变电路由 LC 并联谐振电路、IGBT 和一些辅助元器件组成，如图 5 - 84(a) 所示。励磁线圈（也称线圈盘）是电磁炉输出加热功率的唯一元件。实际上励磁线圈是一个形状特殊的电感器，它与谐振电容并联组成 LC 并联谐振电路。在 IGBT 高速并且规律地导通与截止状态下，LC 并联谐振电路不断从电源得到因自身损耗而消耗的能量，于是形成 LC 振荡。而 IGBT 有规律地导通与截止又必须与 LC 并联谐振电路的自然谐振频率严格同步，否则整个逆变部分无法工作，甚至还会烧毁 IGBT。逆变单元振荡电路如图 5 - 84(b) 所示。

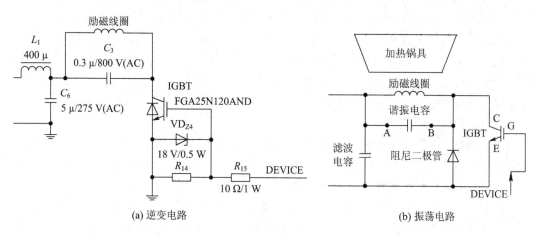

(a) 逆变电路　　　　　　　　　　　　　(b) 振荡电路

图 5 - 84　电磁炉逆变单元

振荡电路的工作波形如图 5 - 85 所示。

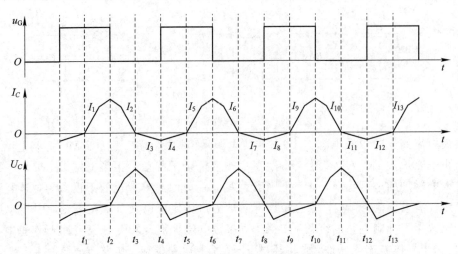

图 5-85　振荡电路的工作波形

$t_1 \sim t_2$ 期间：电路中 IGBT 的门极为高电平，IGBT 饱和导通，电流 I_1 从电源流过线圈盘，电能转换为磁能存储在线圈盘上，并达到最大值。

$t_2 \sim t_3$ 期间：t_2 时刻，IGBT 截止，由于电感电流不能突变，电流 I_2 流向谐振电容 C_3，能量转移到 C_3；t_3 时刻，I_2 减小到零，磁场能量全部释放完毕，谐振电容 C_3 两端的电压 U_C 达到最高值，此时 U_C 为选择 IGBT 和谐振电容 C_3 耐压的依据。

$t_3 \sim t_4$ 期间：谐振电容 C_3 开始通过线圈盘反向放电，$I_3 < 0$；t_4 时刻，电容 C_3 的能量再次转移到线圈盘上，电流 I_3 达到最大，电容电压 $U_C = 0$。

$t_4 \sim t_5$ 期间：电感能量再次转移到电容 C_3，电流 I_4 流向谐振电容 C_3，当控制电路检测到 $U_C = 0$ 时，控制电路给 IGBT 的门极触发信号，但由于感抗的作用，电感不允许电流突变，IGBT 不能导通，电流 I_4 继续向电容 C_3 充电；t_5 时刻，$I_4 = 0$，IGBT 再次导通。

至此，LC 振荡回路完成一个振荡周期。在一个振荡周期里，$t_2 \sim t_3$ 的 I_2 是线圈盘磁能对电容 C_3 的充电电流；$t_3 \sim t_4$ 的 I_3 是电容 C_3 通过线圈盘放电得到的电流；$t_4 \sim t_5$ 的 I_4 是线圈盘两端的电动势反向时形成的阻尼电流。因此，IGBT 的导通电流实际只有 I_1。

IGBT 的 C、E 两端的电压变化情况如下：静态时，IGBT 的 C、E 两端为输入电源经过整流滤波后的直流电源电压；$t_1 \sim t_2$ 期间 IGBT 饱和导通，C、E 两端电压接近 0；$t_2 \sim t_4$ 是 LC 自由振荡的半个周期，谐振电容 C_3 上出现峰值电压，在 t_3 时刻，谐振电容 C_3 两端的峰值电压达到最大值，IGBT 的 C、E 两端也一同承受此峰值电压；$t_4 \sim t_5$ 期间 IGBT 的 C、E 两端为反向负压，阻尼二极管导通。

通过以上分析可知：

（1）在高频电流一个周期中，只有 I_1 是电源供给线圈盘能量的，所以 I_1 的大小就决定加热功率的大小，同时 IGBT 的导通脉冲宽度越大，$t_1 \sim t_2$ 的时间就越长，I_1 就越大，反之亦然。所以要调节加热功率，只需调节 IGBT 的导通脉冲宽度即可。

（2）LC 自由振荡的半个周期是出现峰值电压的时间，也是 IGBT 的截止时间，还是开关脉冲没有到达的时间，这个时间关系是不能错位的。如果峰值脉冲还没有消失，而开关脉冲已提前到来，就会出现很大的瞬间电流导致 IGBT 烧毁。因此，必须保证开关脉冲的前沿与峰值脉冲的后沿严格同步。

3. 变频器

由公式 $n=60f_1(1-S)/P$(其中 S 为转差率，P 为极对数)可知，改变电动机定子频率 f_1 可实现调速方式。如将三相 50 Hz 交流电经过一定电子设备变换，得到不同频率的三相交流电，则可使普通交流电动机获得不同的转速。这种设备称为变频器。变频器可分为交-交和交-直-交两种方式。

交-交变频器主要用于特大功率较低频率的运行，应用面较窄，尚未形成通用的大量使用的产品。而交-直-交变频器目前已形成通用产品，大量使用，这里主要介绍这种形式的变频器。典型的电压控制型通用变频器的硬件结构框图如图 5-86 所示。

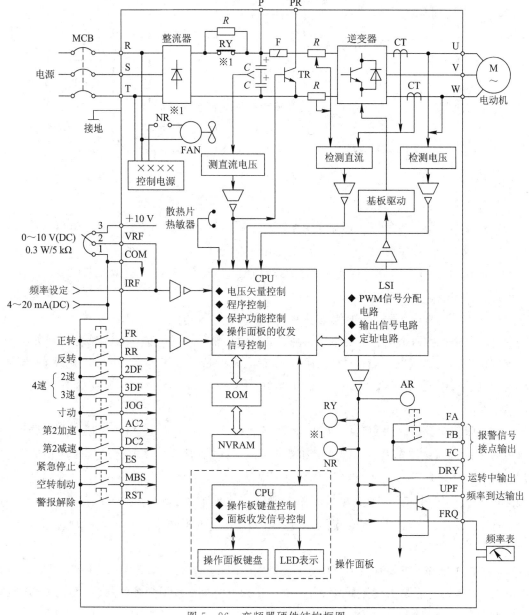

图 5-86 变频器硬件结构框图

变频器的主电路包含整流电路、滤波电路、限流电路、指示电路、逆变电路等，如图 5－87 所示。下面按交-直、直-交进行介绍。

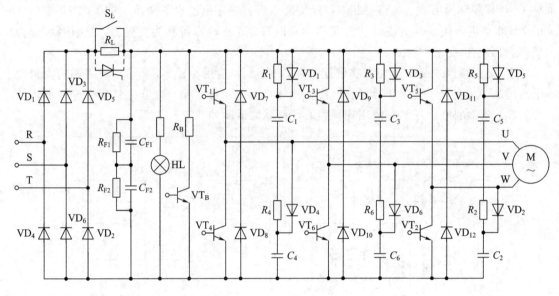

图 5－87　变频器主电路

1) 交-直部分

（1）整流电路：由 $VD_1 \sim VD_6$ 六个整流二极管构成的三相不可控整流桥输出六脉直流电。对于 380 V 的额定电源，一般二极管反向耐压值选 1200 V，二极管的正向电流为电动机额定电流的 1.414～2 倍。直流回路电压为 $U_d = 1.35 U_L = 1.35 \times 380 \text{ V} = 513 \text{ V}$，式中 U_L 为电源的线电压。

（2）滤波电路：由两个大的铝电解电容 C_{F1} 和 C_{F2} 及电阻 R_{F1}、R_{F2} 构成，电容与电阻并联，作用是平均两个电容上的电压，在主电路中主要作用为储能、滤波和缓冲无功功率。整流端的电压工作范围一般在 430～700 V 之间。而一般的高压电容都在 400 V 左右，为了满足耐压需要，必须将两个 400 V 的电容串联起来构成 800 V，容量应选择大于等于 60 $\mu F/A$。

（3）限流电路：由内限流电阻 R_L 和短路触点 S_L（或可控硅）并联而成。变频器刚接入电源的瞬间，滤波电容 C_F（即 C_{F1} 和 C_{F2}）的充电电流很大。该电流过大时能使三相整流桥损坏，还可能形成对电网的干扰。为了限制滤波电容 C_F 的充电电流，在变频器开始接通电源的一段时间内，电路串入限流电阻 R_L，当滤波电容 C_F 充电到一定程度时 S_L 闭合，将 R_L 短接。一般而言，变频器的功率越大，充电电阻越小。充电电阻的选择范围一般为 10～300 Ω。

（4）指示电路：主要有两个作用，一是显示电源是否接通，二是变频器切断电源后显示电容 C_F 存储的电能是否已经释放完毕。因为在断电时刻变频器是带电的，一般的变频器放电需几分钟。

2）直-交部分

（1）逆变电路：将直流电变换成交流电，可以看成是整流的逆向过程。由逆变管 $VT_1 \sim$ VT_6 组成三相逆变桥，$VT_1 \sim VT_6$ 交替通断，将整流后的直流电压变成交流电压，有 $120°$ 方式和 $180°$ 方式，目前主要是 SPWM 调制方式。常用的逆变器件有功率晶体管、绝缘栅双极型晶体管等。

（2）续流二极管（$VD_7 \sim VD_{12}$）：由于电动机为感性负载，其电流具有无功分量，工作时 $VD_7 \sim VD_{12}$ 为无功电流返回直流电源提供通道；降速时电动机处于再生制动状态，$VD_7 \sim$ VD_{12} 为再生电流返回直流电源提供通道。

逆变管 $VT_1 \sim VT_6$ 交替通断，同一桥臂的两个逆变管在切换过程中，$VD_7 \sim VD_{12}$ 为线路的分布电感提供释放能量的通道。

（3）缓冲电路（$VD_1 \sim VD_6$、$R_1 \sim R_6$、$C_1 \sim C_6$）：用于抑制电力电子器件的电压变化率 du/dt 和电流变化率 di/dt，减小器件的开关损耗。缓冲电路中储能元件的能量消耗在其吸收电阻上，称为耗能式缓冲电路。

5.9.2　间接直流变流电路

间接直流变流电路的结构如图 5-88 所示。电路中增加了交流环节，因此也称之为直交直电路，主要用于开关电源等装置中。

图 5-88　间接直流变流电路的结构

常见的间接直流变流电路分为单端（Single End）电路和双端（Double End）电路两大类。在单端电路中，变压器中流过的是直流脉动电流，而双端电路中，变压器中的电流为正负对称的交流电流。前面介绍的电路中，正激和反激变换电路属于单端电路；半桥、全桥和推挽变换电路属于双端电路。

1. 开关电源

如果间接直流变流电路输入端的直流电源是由交流电网整流得来的，则所构成的交-直-交-直电路通常被称为开关电源。由于开关电源采用了工作频率较高的交流环节，因此变压器和滤波器都大大减小，体积和重量都远小于相控整流电源，此外，工作频率的提高还有利于控制性能的提高。常见两款手机充电器的对比如图 5-89 所示。具体原理参看隔离直流变换电路。

2. 无线电能传输

无线电能传输技术（Wireless Power Transfer Technology）由著名电气工程师物理学家尼古拉·特斯拉提出，该技术是指不使用任何物理连接，仅通过借助电磁波、电场和磁场等软介质对电子设备进行输电的技术。它解决了传统的有线充电模式存在的很多弊端，如太多的电线插座给人们的生活带来不便，植入体内的医疗设备无法长期供电，无线传感网

(a) 开关电源

(b) 相控整流电源

图 5 - 89　手机充电器

络的很多节点无法解决电池等问题。

　　无线电能传输系统分为电磁辐射式无线电能传输系统、电磁感应式无线电能传输系统和磁耦合谐振式无线电能传输系统三类。其中磁耦合谐振式无线电能传输系统具有传输距离适中、传输功率大、传输效率高等特点，被广泛用于电动汽车、家用电器、医疗器械、交通运输及一些特殊领域。

　　2006 年美国麻省理工学院(MIT)物理系助理教授 Marin Soljacic 在 AIP 工业物理论坛上首次提出磁耦合谐振式无线电能传输技术，随后国内外研究人员对磁耦合谐振式无线电能传输系统进行了大量的研究。

　　谐振式无线电能传输系统框图如图 5 - 90 所示，发射端主要由交流电源、整流模块、高频逆变、驱动模块、谐振线圈组成，接收端主要由谐振线圈、高频整流与稳压模块及用电负载组成。

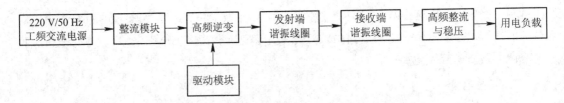

图 5 - 90　谐振式无线电能传输系统框图

　　在能量的发射端，将 220 V、50 Hz 的电源经过整流、逆变得到高频交变电流后输入发射端谐振线圈。从无线电路传输的原理上看，电能、磁能随着电场与磁场的周期变化以电磁波的形式向空间传播，要产生电磁波，首先要有电磁振荡(电磁波的频率越高，其向空间辐射能力的强度就越大)，电磁振荡的频率至少要高于 100 kHz，才有足够的电磁辐射。直接将工频交流电源输入线圈是不符合频率要求的，所以将交流转为直流再转为交流就是在改变电源的工作频率。在发射结构中逆变电路的设计是实验的关键，驱动模块输出触发信号的质量也会直接影响到系统的安全性和稳定性。接收端电路模块的功能与发射端的相反，接收端谐振线圈将接收到的高频交流电源进行整流稳压后再供给负载用电，相比发射端的电路结构而言，该部分的设计难度较小，易于实现。

5.10　电路仿真

逆变电路仿真

在电压型单相全桥逆变电路中，负载为 R、L、C 串联，直流电压 $E=100\ \text{V}$，电阻为 $R=10\ \Omega$，电感为 $L=10\ \text{mH}$，电容为 $C=500\ \mu\text{F}$，逆变器频率为 $f=100\ \text{Hz}$，求输出电压有效值。

仿真模型如图 5-91 所示。

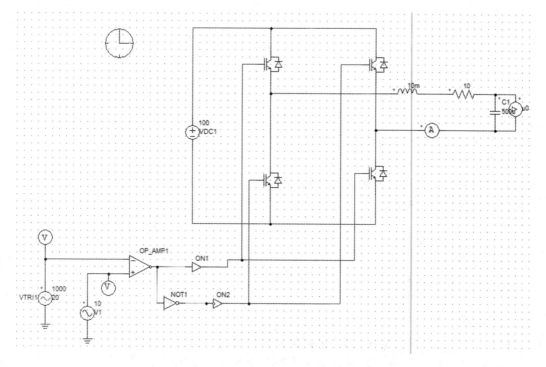

图 5-91　电压型单相全桥逆变电路仿真模型

该电路仿真中使用到的元件模型、数量及提取路径如表 5-2 所示。

表 5-2　仿真使用的元件模型

元件名称	数量	具体参数	提取路径
直流电压源	1	电压为 100 V	电源/电压/正弦函数模块
IGBT	4	—	功率电路/开关/IGBT
电感	1	电感为 10 mH	功率电路/RLC 支路/电感
电阻	1	电阻为 10 Ω	功率电路/RLC 支路/电阻
电容	1	电容为 500 μF	功率电路/RLC 支路/电容
开关器件控制器	2	—	其他/开关控制/开关控制

续表

元件名称	数量	具体参数	提取路径
三角波电压源	1	峰对峰电压值为 20 V，频率为 1000 Hz，占空比为 0.5，直流偏移为 −10	电源/电压/三角波
正弦波电压源	1	峰值为 10 V，频率为 50 Hz	电源/电压/正弦波
非门(NOT)	1	—	控制电路/逻辑元件/非门
运算放大器	1	—	功率电路/其他/运放
电压表	3	—	其他/探头/电压探头(节点到节点)
电流表	1	—	其他/探头/电流探头

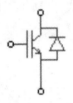

PSIM 在功率电路模块中定制了 IGBT 的仿真模型(见图 5 - 92)。该模型的特点是具有反并联二极管的理想栅极电压控制 IGBT 开关器件。它在门控电平为高电平而开关处于正向偏置时开启，在门控电平处于低电平或电流降至零时关闭。如果反向偏置电压大于二极管正向电压，则反向并联的二极管将导通。反向电压被反向并联二极管钳位，反向电流流过二极管。

图 5 - 92   IGBT 的仿真模型

1. 设置模块参数

模块参数设置如下：

(1) 直流电源参数：将电源电压振幅设置为 100 V。

(2) IGBT 参数：保持默认。

(3) 电感参数：双击电感，将电感值设置为 10 mH。

(4) 电阻参数：双击电阻，将电阻值设置为 10 Ω。

(5) 电容参数：双击电容，将电容值设置为 500 μF。

(6) 三角波电压源参数：设置如图 5 - 93 所示。

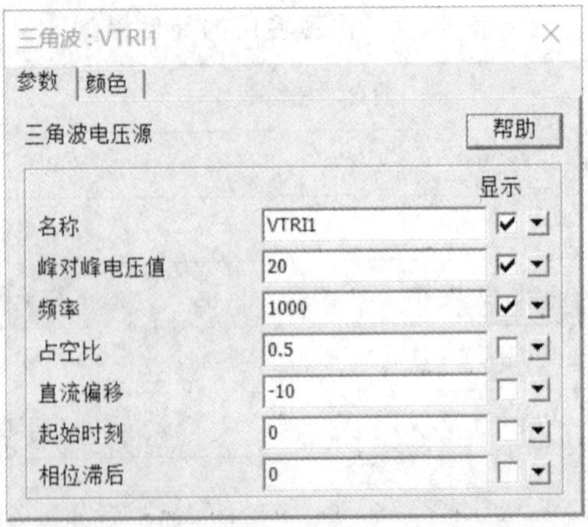

三角波：VTRI1		×
参数 ｜颜色 ｜		
三角波电压源		帮助
		显示
名称	VTRI1	☑ ▾
峰对峰电压值	20	☑ ▾
频率	1000	☑ ▾
占空比	0.5	☐ ▾
直流偏移	-10	☐ ▾
起始时刻	0	☐ ▾
相位滞后	0	☐ ▾

图 5 - 93   三角波电压源参数设置

（7）正弦波电压源参数：设置如图 5-94 所示。

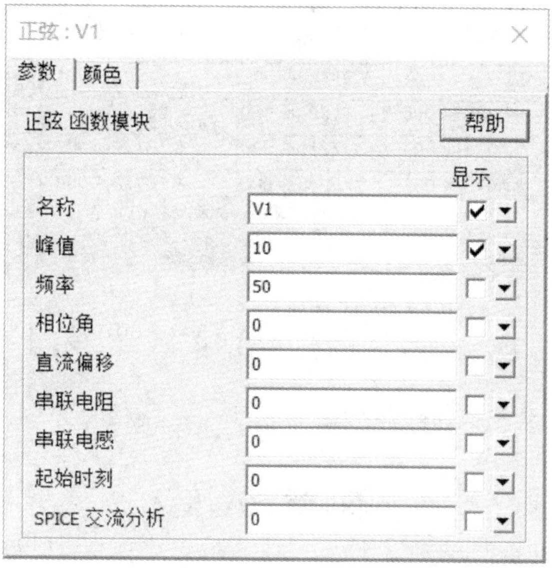

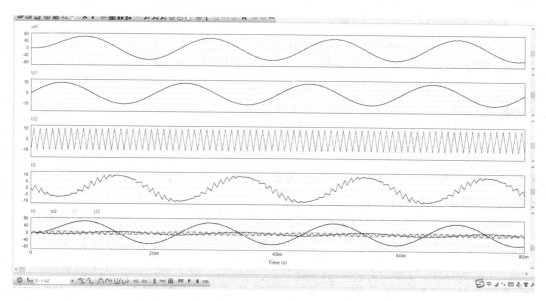

图 5-94　正弦波电压源参数设置

仿真波形如图 5-95 所示。

图 5-95　仿真波形

2. 仿真数据

在"Simview"界面点击菜单栏"测量"选项下的"测量(M)"，在波形下会出现各个波形的数值，如图 5-96 所示。

负载两端的电压有效值仿真数据为 $U_o = 50.59$ V，理论计算值为

⋮	X1	X2	Δ	RMS 值
Time	9.25473e-003	1.31257e-002	3.87097e-003	
u0	6.71169e+001	1.93369e+001	-4.77800e+001	5.05915e+001
U1	2.32001e+000	-8.31590e+000	-1.06359e+001	4.66532e+000
U2	1.89099e-001	-4.97219e+000	-5.16129e+000	5.84409e+000
I0	-3.40737e-001	8.75985e+000	9.10059e+000	6.72442e+000

图 5-96　仿真数据

$$U_{\mathrm{o}}=\sqrt{\frac{2}{T_{\mathrm{s}}}\int_0^{\frac{T_{\mathrm{s}}}{2}}\left(\frac{U_{\mathrm{d}}}{2}\right)^2\mathrm{d}t}=\frac{U_{\mathrm{d}}}{2}=\frac{100}{2}=50\ \mathrm{V}$$

可以得出，仿真结果与理论数据基本一致。

本 章 小 结

20 世纪 80 年代以来，全控型电力电子器件得到了长足的发展，各种器件又各有特点。经过多年的技术创新，特别是 20 世纪 90 年代中期以来，逐渐形成了以 IGBT 为主体的局面。

本章全面地介绍了 IGBT 的基本结构、工作原理、基本特性和主要参数等问题，并集中讨论了 IGBT 的驱动、保护等应用中的共性问题。

此外，本章讲述了基本逆变电路的结构及工作原理。在 DC/DC、AC/DC、DC/AC、AC/AC 四大类基本变换电路中，AC/DC 和 DC/AC 两类电路，即整流电路和逆变电路是更为基本、更为重要的两大类。因此，本章的内容在全书中占有重要的地位。

在"无源逆变概述"一节中指出换流并不是逆变电路特有的概念，四大类基本变换电路中都有换流的问题，但在逆变电路中换流的概念表现得最为集中。在晶闸管时代，换流的概念十分重要。到了全控型器件时代，换流概念的重要性已有所下降，但它仍是电力电子电路的一个重要而基本的概念。

本章主要采用了按直流侧电源性质分类的方法，把逆变电路分为电压源型逆变电路和电流源型逆变电路两类。这样分类更能抓住电路的基本特性，使逆变电路基本理论的框架更清晰。

在实际电力电子装置中，使用的都是各种电力电子电路的组合。对于逆变电路来说，其直流电源往往由整流电路而来，二者结合就构成了交直交电路，即间接交流变流电路。间接交流变流电路中的逆变电路输出频率可调，从而构成了变频器。变频器被广泛用于交流电动机调速传动，在电力电子技术中占有重要的地位。直交直电路，即间接直流变流电路，大量用于开关电源中。

在当今应用的逆变电路中，正弦脉冲宽度调制（SPWM）控制技术是一项非常重要的技术，它广泛用于各种逆变电路中。

课 后 习 题

1. 试说明 PWM 控制的基本原理。

2. 单极性和双极性 PWM 调制有什么区别？三相桥式 PWM 型逆变电路中，输出相电压（输出端相对于直流电源中点的电压）和线电压 SPWM 波形各有几种电平？

3. 对 IGBT 的栅极驱动电路有哪些要求？

4. 整流调压式变频器与斩波调压式变频器有哪些异同点？

参 考 文 献

[1]　浣喜明，姚为正. 电力电子技术[M]. 5 版. 北京：高等教育出版社，2019.

[2]　王兆安，刘进军. 电力电子技术[M]. 5 版. 北京：机械工业出版社，2009.

[3]　徐以荣，冷增祥. 电力电子学基础[M]. 2 版. 南京：东南大学出版社，1996.

[4]　林渭勋. 现代电力电子电路[M]. 杭州：浙江大学出版社，2002.

[5]　肖东. 电力电子技术[M]. 3 版. 北京：冶金工业出版社，2017.

[6]　杨卫国，肖冬，冯琳，等. 电力电子技术[M]. 2 版. 北京：冶金工业出版社，2014.

[7]　李洁，晁晓洁，贾渭娟，等. 电力电子技术[M]. 2 版. 重庆：重庆大学出版社，2019.

[8]　关健，李欣雪. 电力电子技术[M]. 北京：北京理工大学出版社，2018.

[9]　陈坚. 电力电子学：电力电子变换和控制技术[M]. 2 版. 北京：高等教育出版社，2004.

[10]　刘艺柱. 电力电子器件及应用技术[M]. 北京：电子工业出版社，2018.

[11]　胡文华，叶满园. 电力电子技术[M]. 北京：北京航空航天大学出版社，2017.

[12]　雷慧杰，卢春华，李正斌. 电力电子应用技术[M]. 重庆：重庆大学出版社，2017.

[13]　王云亮. 电力电子技术[M]. 4 版. 北京：电子工业出版社，2019.

[14]　张万成. 电力电子技术基础[M]. 北京：北京交通大学出版社，2019.

[15]　王楠，沈倪勇，莫正康. 电力电子应用技术[M]. 4 版. 北京：机械工业出版社，2014.

[16]　徐春燕，雷丹，曹建平，等. 电力电子技术[M]. 武汉：华中科技大学出版社，2018.

[17]　张加胜，张磊，马文忠. 电力电子技术[M]. 东营：中国石油大学出版社，2018.

[18]　李德俊. 电力电子装置应用电路实例精选[M]. 北京：金盾出版社，2010.

[19]　吴小华，李玉忍，杨军. 电力电子技术典型题解析及自测试题[M]. 西安：西北工业大学出版社，2002.

[20]　葛延津. 电力电子技术释疑与习题解析[M]. 沈阳：东北大学出版社，2003.

[21]　洪乃刚. 电机运动控制系统[M]. 北京：机械工业出版社，2015.

[22]　李鹏飞，高国芳，王琴，等. 电力电子技术习题集[M]. 重庆：重庆大学出版社，2015.

[23]　吴国楼，王捷. 开关电源维修技能实训[M]. 北京：清华大学出版社，2014.

[24]　向晓汉，宋昕. 变频器与步进/伺服驱动技术完全精通教程[M]. 北京：化学工业出版社，2015.

[25]　李建林，许洪华，高志刚，等. 风力发电中的电力电子变流技术[M]. 北京：机械工业出版社，2008.

[26]　王文郁，石玉. 电力电子技术应用电路[M]. 北京：机械工业出版社，2001.

[27]　赵良炳. 现代电力电子技术基础[M]. 北京：清华大学出版社，1995.

[28]　郑琼林，耿文学. 电力电子电路精选：常用元器件·实用电路·设计实例[M]. 北京：电子工业出版社，1996.

[29]　龙关锦，仇礼娟. 电子技术及应用[M]. 北京：冶金工业出版社，2015.

[30]　李媛媛，曾国辉. 电力电子系统与控制[M]. 北京：中国铁道出版社，2018.